普通高等教育"十一五"国家级规划教材

21世纪高等教育计算机规划教材

多媒体应用技术
（第2版）

Multimedia Application Technology

■ 季怡 龚声蓉 刘纯平 王林 编著

人民邮电出版社
北 京

图书在版编目（CIP）数据

多媒体应用技术 / 季怡等编著. -- 2版. -- 北京：
人民邮电出版社，2018.9
21世纪高等教育计算机规划教材
ISBN 978-7-115-48364-5

Ⅰ. ①多… Ⅱ. ①季… Ⅲ. ①多媒体技术－高等学校
－教材 Ⅳ. ①TP37

中国版本图书馆CIP数据核字(2018)第086204号

内 容 提 要

本书系统地讲解多媒体技术以及应用。全书共分 12 章，内容在第 1 版的基础上，进行了全面的更新，分别介绍多媒体基本概念、数字音频处理、视觉信息处理、多媒体数据压缩与编码技术、多媒体数据处理的技术标准、多媒体系统结构、超文本与超媒体技术、多媒体数据库技术、虚拟现实技术、流媒体技术、多媒体信息安全技术、多媒体应用开发环境及实例。本书理论与实践相结合，内容系统、完整，实例可操作性强。

本书可作为高等院校计算机科学与技术、软件工程、通信工程等相关专业本科生和研究生的教材，也可供从事多媒体技术研究和开发的工程技术人员参考使用。

◆ 编　著　季　怡　龚声蓉　刘纯平　王　林
　　责任编辑　李　召
　　责任印制　彭志环

◆ 人民邮电出版社出版发行　　北京市丰台区成寿寺路 11 号
　　邮编　100164　　电子邮件　315@ptpress.com.cn
　　网址　https://www.ptpress.com.cn
　　北京盛通印刷股份有限公司印刷

◆ 开本：787×1092　1/16
　　印张：18.75　　　　　　　　2018 年 9 月第 2 版
　　字数：459 千字　　　　　　2024 年 12 月北京第 8 次印刷

定价：55.00 元
读者服务热线：(010)81055256　印装质量热线：(010)81055316
反盗版热线：(010)81055315

本书第 1 版是普通高等教育"十一五"国家级规划教材，江苏省精品教材。该书自 2007 年由人民邮电出版社出版以来，已重印十余次。该书深入浅出，理论与实践相结合，被许多高校选作教材，深受师生喜爱。

通过对读者的跟踪调查，读者选择《多媒体应用技术》一书作为教材或参考资料，大体有以下原因。

（1）通俗易懂。作者在参加各类学术会议时，经常会碰到使用过该书的老师，他们普遍认为该书基础部分介绍得比较清晰，通俗易懂，特别适合选作本科生教材。不少读者也认为，该书"用作课本，挺好""概念性的介绍比较清晰"。

（2）系统全面。不少读者反映，该书"内容比较全面，可以系统地学习""内容覆盖比较广泛"。

（3）理论与实践相结合。不少读者认为，该书理论与实践相结合，除了可以帮助自己了解多媒体技术的基本概念，掌握各种技术和标准外，还有助于自己掌握多媒体信息处理的软件平台，直接将所学知识用于工程实践。

近 10 年来，许多读者纷纷向编辑部或者作者发来 E-mail 或者打来电话，建议该书修订再版，并提出了十分中肯的意见。针对读者的意见及使用过的学生反馈，修订后的《多媒体应用技术》有以下几个显著特点。

（1）强调基础，培养素质，突出"兴趣"。修订后的教材强调多媒体技术基础知识的介绍，力求做到层次分明、条理清晰、难易适度，有利于学生自主学习。

（2）理论适度，注重实践，体现实用性。本书既注重理论、方法和标准的介绍，又兼顾案例分析和具体技术的讨论，把学生需要掌握的基本音频、视频等媒体处理技术作为实例贯穿全书，力求重点培养学生在多媒体技术方面的应用能力。本书在系统介绍基础知识的同时，特别突出了实际动手能力的培养，通过应用软件平台介绍、实例操作和作品展示等方式来强化学生的动手能力。

（3）更新内容，加入近期多媒体技术的发展来增强实用性。近年来这一领域得到了很快的发展，出现了很多新的应用。在本书的教学实践中，有老师提出"多媒体技术发展很快，我每次上课也会补充一些新内容"，所以本书在修订时丰富和更新了各章的内容，加入了最新的标准，重写了语音识别、多媒体数据库等内容，替换和加入了 Unity 3D、Java 多媒体应用等章节。

本书包含三部分，共 12 章。

第 1 部分（第 1～6 章）为基础部分。该部分系统介绍了多媒体技术相关的概念、应用背景、主要内容与核心技术。第 1 章为多媒体技术概述，主要介绍了多媒体技术的相关概念；第 2、3 章为数字音频处理、视觉信息处理，分别介绍了主要听觉媒体和视觉媒体的处理方法；第 4、5 章为多媒体数据压缩与编码技术、多媒体数据处理的技术标准，重点介绍了图像及视频的编码及其标准；第 6 章为多媒体系统结构，在介绍多媒体系统体系结构的同时，也介绍了设计多媒体系统时涉及的主要软硬件。

第 2 部分（第 7～11 章）为应用部分。该部分结合实例，从文本、图形、流媒体和信息安全角度介绍了多媒体技术应用及开发实例。其中第 7、8、9 章介绍超文本与超媒体技术、多媒体数据库技术和虚拟现实技术，第 10 章介绍流媒体技术，第 11 章讲解多媒体信息安全技术。

第 3 部分（第 12 章）主要是多媒体应用开发环境及实例介绍，具体介绍了使用 Java 进行多媒体应用软件设计，实际上 C++、Delphi 等也可以实现相似应用。

由于"多媒体技术"课程的实践性很强，因此，实验甚至课程设计是必不可少的。针对不同的教学对象，建议将实验分为 3 个层次。第一层次主要侧重于验证性实验，以音频、视频、图像、动画等媒体制作工具软件（如 Photoshop、Audition、Premiere、3ds Max 等）应用为主，目的是帮助读者通过这些软件的运用加深对多媒体技术概念的理解。第二层次主要侧重于设计性实验，以 Visual C++ 和 Java 等语言及开发包为主，目的在于帮助读者掌握图形、图像、音频、视频、动画等的简单处理方法，为下一步学习打下基础。第三层次主要侧重于综合性实验，也以 Visual C++ 和 Java 等语言及开发包为主，但实验内容可提升至简易视频监控、流媒体平台的设计，甚至可扩展至毕业设计。因限于篇幅，这部分内容并未一一介绍，有兴趣的读者可以参阅相关的编程书籍。通过本书的学习，读者除了了解多媒体技术的基本概念，掌握各种技术原理外，还将具备初步的应用系统设计能力，能够直接将所学知识用于工程实践。

本书第 1 版由龚声蓉教授、王林副教授、刘纯平教授和陆建德教授共同编写。第 2 版由龚声蓉教授、刘纯平教授、季怡副教授和王林副教授共同编写和修订，其中第 1、4、5、6、8、9、12 章由龚声蓉和季怡编写，第 7、10、11 章由王林编写，第 2、3 章由刘纯平编写，最后由季怡统稿。本书在编写过程中得到了苏州大学计算机科学与技术学院的大力支持，复旦大学的吕智慧老师也给本书提供了中肯的意见和建议，在此表示感谢。本书编写过程中参考了国内出版的相关书籍和论文，对所引用书籍和论文的作者深表感谢。

由于编者水平有限，加上多媒体技术本身发展迅速，书中难免有不足和不当之处，恳请读者批评指正。

编　者

2018 年 7 月

目录

第1章 多媒体技术概述

本章在介绍媒体概念的基础上，重点介绍多媒体技术的概念及特征、多媒体技术的发展、多媒体技术的应用领域，以及多媒体研究的主要内容与核心技术。

1.1 多媒体技术的概念及特征

任何系统理论的产生，都是为了满足人们的需求或需要。计算机科学技术与其所属的各个分支学科也是如此。当人们朝夕面对的计算机屏幕始终是呆板的文本时，人类的想象力和创造性又一次发挥得淋漓尽致。

首先，人们让计算机发出"动听的声音"。这种"数字"声音简单到经过键盘就可以编辑和改变的地步。接着，人们进行各种探索，使计算机的音频处理理论，以及相关的软件、硬件技术得到长足的进步。

随后，人们探索是否可以让计算机展示图片。经过对显示系统的改造，人们在计算机屏幕上呈现丰富多彩的画面，具有广泛发展前景的计算机图像处理技术由此诞生。

后来，人们利用计算机进行各种各样的探索和尝试，逐渐发展起来图形处理技术、CAD技术、动画技术、视频捕捉技术、视频编辑回放技术、虚拟现实技术和增强现实技术等。

这些具有巨大影响力的技术的发展和融合，只不过是最近 30 多年的事情。伴随着这些技术不断进步的脚步，计算机科学技术的一个非常具有活力的分支——多媒体技术诞生。在介绍多媒体技术的概念之前，我们首先介绍一下媒体与多媒体的概念。

1.1.1 媒体

"媒体"即媒介、媒质，是信息的载体，是一种传播、表达信息的方法和手段。国际电信联盟（ITU）根据信息被人们感觉、表示、实现存储或进行传输的载体不同，将媒体分为如下 6 类：一是感知媒体（Perception Medium），指人们的感觉器官所能感觉到的媒体，如人类的各种语言、音乐，自然界的各种声音、图形、图像，计算机系统内的数据、文本等均属于感知媒体。二是表达媒体（Representation Medium），是为了加工、处理和传输感知媒体而通过人工研究、构造出来的媒体，主要用以定义信息的特性。表达媒体以语音编码、图像编码和文本编码等形式来描述，在未来，人们也期望进一步编码和重现触觉、听觉和嗅觉，甚至脑波信号。三是呈现媒体（Presentation Medium），指感知媒体与电信号间相互转换用的媒体，即呈现信息或获取信息的物理设备。呈现媒体有显示器、扬声器、打印机、VR 头盔等输出类设备，以及键盘、鼠标器、扫描器、话筒和摄像机等输入类设备。四是存储媒体（Storage Medium），指存储表达媒体数据（感知媒体数字化后的代码）的物理设备，如光盘、磁盘、磁带、存储卡，以及应用越发广泛的云存储等。五是传输媒体（Transmission Medium），指媒体传输用的一类物理载体，如同轴电缆、光缆、双绞线、无线电链路等。六是交换媒体（Exchange Medium），指在系统之间交换数据的媒体，它们可以是存储媒体、传输媒体，也可以是两者的结合。

这些不同层次的"媒体"为多媒体技术的诞生和发展提供了基本的空间和舞台。在这 6 类媒体中，感知媒体是在多媒体应用中呈现给用户的媒体元素，主要包括如下几个方面。

1. 文本

文本（Text）包含字母、数字、字、词语等基本元素。多媒体系统除具备一般的文本处理功能外，还可应用人工智能技术对文本进行识别、理解、摘编、翻译、发音等复杂处理。超文本是用超链接的方法，将各种不同空间的文字信息组织在一起的网状文本，是超媒体文档不可缺少的组成部分。超文本是对文本索引的一个应用范例，它能在一个或多个文档中快速地搜索和查询特定的文本内容。

2. 图形

图形（Graph）是多媒体中的静态可视元素之一，在计算机中一般是采用算法语言或某些应用软件生成的矢量图（Vector Drawn）的形式来表达的。矢量图具有体积小、线条圆滑变化的特点，是由一系列线条来描述的图形，适用于直线、方框、圆或多边形，以及其他可用角度、坐标、距离来表示的图形。它常常被用于框架结构的视觉处理，如计算机辅助设计（CAD）系统常用矢量图来描述十分复杂的几何图形。

3. 图像

图像（Image）也是多媒体的一种静态可视元素，其基本形式为位图（Bitmap）。位图由图像中的众多像素组成，每个存储位定义了各个像素单元的颜色和亮度。位图的描述与分辨率、颜色种数有关，分辨率与色彩位数越高，图像质量就越高，占用存储空间也就越大。

4. 视频

在多媒体技术中，视频（Video）是一类重要的媒体，属于动态可视元素。图像与视频是两个既有联系又有区别的概念。一般而言，静止的图片被称为图像（Image），动态的影视图像被称为视频（Video）。静态图像的输入要靠扫描仪、数码照相机等外部设备，而视频信号的输入需要用到摄像机、录像机、影碟机、电视接收机等可以输出连续图像信号的设备。

5. 音频

音频（Audio）是指在 15～20000Hz 频率范围内连续变化的波形。音频技术在多媒体中的应用极为广泛，多媒体涉及多个方面的音频处理技术，如：音频采集，即把模拟信号转换成数字信号；语音编/解码，即把语音数据进行压缩编码、解压缩；音乐合成，即利用音乐合成芯片，把乐谱转换成乐曲输出；文本/语音转换，即将计算机的文本转换成声音输出；语音识别，即让计算机能够听懂人类的语音，并进行交互。

6. 动画

动画（Animation）是采用计算机动画软件创作并生成的一系列可供实时演播的连续画面，属于一种动态可视媒体元素。动画和视频信号之所以具有动感的视觉效果，是因为人的眼睛具有一种"视觉暂留"的生物特点，在观察过物体之后，物体的映像会在人眼的视网膜上保留短暂的时间，这样，当一系列略微有差异的图像快速播放时，人们会产生一种物体在做连续运动的感觉。

1.1.2 多媒体

在内涵上，"多媒体"（Multimedia）本身并不应该是一个名词，而是一个形容词，它只能被用作定语。因而，单独说多媒体是没有意义的，只有将其与名词相联系（如多媒体终端、多媒体系统）才是正确的说法。在绝大多数场合，多媒体指的是多媒体技术，即指能够同时获取、处理、编辑、存储和回放两种或者两种以上不同类型信息媒体的技术。这些信息媒体包括文字、声音、图形、图像、动画、视频等，它一般不是指多种媒体本身，而主要是指处理和应用的一整套技术手段。

从技术角度来说，多媒体是计算机综合处理文本、图形、图像、音频、视频等多种媒体信息，使多种信息建立逻辑连接，集成为一个系统并具有交互性和实时性的崭新技术。它是一种迅速发展的综合性电子信息技术，已渗透到相关领域的方方面面，给人们的工作、生活和娱乐带来了深刻的变革。

1.1.3 多媒体技术的基本特征

1. 多样性

人类对信息的接收和产生主要在 5 个感知空间，即视觉、听觉、触觉、嗅觉和味觉，其中前 3 者占了 95%以上的信息量。借助于这些多感知形式的信息交流，人类对信息的处理可以说是得心应手。但是，计算机以及与之相类似的一系列设备，都远远没有达到人类感知能力的水平。在许多方面，人类只能使用改造或变形后的信息，而且信息只能按照特定的形态才能被加工处理，才能被理解。可以说，在信息交互方面，计算机还处于初级阶段，这 方面在最近几年得到了一定的发展。

多媒体技术就是要把机器处理的信息多样化或多维化，使之在信息交互的过程中，具有更加广阔和更加自由的空间。多媒体信息多维化不仅仅是指捕获或输入，而且包括回放或输出，目前主要涉及视觉和听觉两个方面，触觉、味觉、嗅觉等信息有待于将来在虚拟现实系统中进一步研究。通过对多维化信息进行变换、组合和加工，可以大大丰富信息的表现力。

2. 集成性

早期多媒体中的各项技术都可以单一使用，但很难有很大的作为，因为它们是单一、零散的，如单一的图像、声音、交互技术等，表现为信息空间的不完整。例如，仅有静态图像而无动态视频，仅有语音而无图像等。这些都限制了信息空间的组织，也限制了信息被有效使用。同样，信息交互手段的单调性制约了多媒体应用的进一步需求。

因此，多媒体的集成性主要表现在两个方面，即多种信息媒体的集成及处理这些媒体的设备集成。对前者而言，各种信息媒体尽管可能是多通道的输入或输出，但应该成为一体。这种集成包括信息的多通道统一获取、多媒体信息的统一存储与组织、多媒体信息表现合成等各方个面。对于后者而言，集成指的是多媒体的各种设备应该成为一体。从硬件角度来说，多媒体应该具有能够处理多媒体信息的高速或并行的 CPU+GPU 系统、大容量的存储系统，以及外设、宽带的通信网络接口等。从软件角度来说，多媒体应该有集成一体化的多媒体操作系统，适于多媒体信息管理、使用的软件系统，以及高效的各类应用软件等。同时多媒体还要在网络的支持下，利用云技术，集成构造出支持广泛信息应用的信息系统等。

3．交互性

交互性将向用户提供更加有效地控制和使用信息的方法和手段，同时也为多媒体应用开辟更加广阔的领域。交互可以增加人们对信息的注意力和理解力，延长信息保留的时间。但在单一的文本空间中，这种交互的效果和作用较差，人们只能"使用"信息，很难做到自由地控制和干预信息的处理。当引入交互性后，"活动"本身作为一种媒体，介入信息转变为知识的过程。借助于活动，人们可以获得更多的信息，改变使用信息的传统方法。

4．实时性

实时性是指在多媒体系统中音频、动画和视频等对象是和时间密切相关的，多媒体技术必然要提供对这些实际媒体的实时处理能力。例如，在视频会议系统中传输的声音和图像都应尽量避免延时、断续或停顿，否则发言者要表达的内容就可能出现歧义或根本就没有意义。

5．非线性

一般而言，使用者对非线性的信息存取需求比对线性存取大得多，这种现象在流媒体的编辑与合成时尤为突出。而在查询系统中，传统的查询系统都是按线性方式检索信息，不符合人类的联想记忆方式。多媒体信息系统克服了这个缺点，它用非线性的结构构成表达特定内容的信息网络，使人们可以有选择地查询自己感兴趣的多媒体信息。

总之，多媒体有许多特征，但其最显著的特征是具有媒体的多样性、集成性和交互性。

1.2　多媒体技术的发展

多媒体技术的发展是社会需求的结果，是社会不断推动的结果，是计算机技术不断成熟和扩展的结果。

1984 年，美国 Apple（苹果）公司开创了用计算机进行图像处理的先河，在世界上首次使用 Bitmap（位图）的概念对图像进行描述，从而实现了对图像进行简单的处理、存储和传送等。苹果公司对图像进行处理的计算机是该公司自行研制和开发的"Apple"（苹果）牌计算机，其操作系统名为 Macintosh，也有人把"苹果"计算机直接叫作 Macintosh 计算机。在当时，Macintosh 操作系统首次采用了先进的图形用户界面，体现了全新的 Windows（窗口）概念和 Icon（图标）程序设计理念，并且建立了新型的图形化人机接口标准。

1985 年，美国 Commodore（霍顿）公司将世界上首台多媒体计算机系统展现在世人面前，该计算机系统被命名为 Amiga。在随后的展示会上，该公司展示了自己研制的多媒体计算机系统 Amiga 的完整系列产品。当时，计算机硬件技术有了较大的突破，为解决大容量存储的问题，激光只读存储器 CD-ROM 问世，为多媒体数据的存储和处理提供了理想的条件，并对计算机多媒体技术的发展起到了决定性的推动作用。在这一时期，CDDA（Compact Disk Digital Audio）技术也已经趋于成熟，使计算机具备了处理和播放高质量数字音响的能力。这样，计算机的应用领域又多了一种媒体形式，即音乐处理。

1986 年 3 月，荷兰 PHILIPS（飞利浦）公司和日本 SONY（索尼）公司共同制定了交互式激光光盘（Compact Disc Interactive, CD-I）系统标准，使多媒体信息的存储趋于规范化和标准化。CD-I 标准允许一片直径 5 英寸的激光盘上存储 650MB 的数字信息量。

1987 年 3 月，RCA 公司制定了 DVI（Digital Video Interactive）技术标准，该技术标准在交互式视频技术方面进行了规范化和标准化，使计算机能够利用激光光盘以 DVI 标准存储静止图像和活动图像，并能存储声音等多种模式的信息。DVI 标准的问世，使计算机处理多媒体信息具备了统一的技术标准。同年，美国 Apple（苹果）公司开发了 Hyper Card 超级卡，该卡安装在苹果计算机中，使该型计算机具备快速、稳定地处理多媒体信息的能力。

1990 年 11 月，美国 Microsoft（微软）公司和包括荷兰 PHILIPS（飞利浦）公司在内的一些计算机技术公司成立"多媒体个人计算机市场协会"。该协会的主要任务是对计算机的多媒体技术进行规范化管理和制定相应的标准。该协会制定了多媒体计算机的"MPC 标准"。该标准对计算机增加多媒体功能所需的软硬件进行了最低标准的规范、提供量化指标，以及多媒体的升级规范等。

1991 年，多媒体个人计算机市场协会提出 MPC1 标准。全球计算机业共同遵守该标准所规定的各项内容，从而促进了 MPC 的标准化和生产销售，使多媒体个人计算机成为一种新的流行趋势。

1993 年 5 月，多媒体个人计算机市场协会公布了 MPC2 标准。该标准根据硬件和软件的迅猛发展状况做出较大的调整和修改，尤其对声音、图像、视频和动画的播放，以及 Photo CD 做出新的规定。此后，多媒体个人计算机市场协会演变成多媒体个人计算机工作组（Multimedia PC Working Group）。

1995 年 6 月，多媒体个人计算机工作组公布了 MPC3 标准。该标准为适合多媒体个人计算机的发展，又提高了软件、硬件的技术指标。更为重要的是，MPC3 标准制定了视频压缩技术 MPEG 的技术指标，使视频播放技术更加成熟和规范化，并已指定了采用全屏幕播放，使用软件进行视频数据解压缩等技术标准。同年，由美国 Microsoft（微软）公司开发的功能强大的 Windows 95 操作系统问世，使多媒体计算机的用户界面更容易操作，功能更为强劲。随着视频、音频压缩技术日趋成熟，高速的奔腾系列 CPU 开始"武装"个人计算机，个人计算机已经占据市场主导地位，多媒体技术得到了蓬勃发展。国际互联网络 Internet 的兴起，也促进了多媒体技术的发展，更新更高的 MPC 标准相继问世。

1995 年，索尼公司推出了第一代 Play Station，任天堂公司、微软公司也在 2010 年分别推出了 Nintendo Wii、XBOX 系列的多功能游戏机系列，推动交互技术等多方面的发展。其中 XBOX360 系列还引入了 3D Kinect 摄像头，更加丰富了多媒体技术的内容，加入了众多新应用。

近年来，虚拟现实（Virtual Reality）有了长足的发展，2016 年，市场上有 HTC 公司的 Vive Pre、Facebook 收购的 Oculus 公司的 Rift、三星的 Gear VR、索尼的 Play Station VR 等，其中部分头盔式产品除了 3D 显示部分和内置处理器外，已经拥有更为先进的头部追踪和运动感知能力，可与外部相机连接，以更精确地追踪头部运动，综合音、像、交互等各方面，给用户沉浸式感受。除娱乐、游戏等功能外，这些产品还可以被广泛应用于教育、科研、医疗等领域。

目前，多媒体技术的发展趋势是逐渐把计算机技术、通信技术和大众传播技术融合在一起，建立更广泛意义上的多媒体平台，实现更深层次的技术支持和应用。从多媒体应用方面看，多媒体技术有以下几个发展趋势：从单个 PC 用户环境转向多用户环境和个性化用户环境；从集中式、局部环境转向分布式、远程环境；从专用平台和系统有关的解决方案转向开放性、可移植的解决方案；多媒体通信从单向通信转向双向通信；从被动的、简单的交互方式转向主动的、高级的交互方式；从改造原有的应用转向建立新的应用。

其实，多媒体技术将越来越多地被应用于生产，协同工作、生产过程可视化等将换来生产率的提高。多媒体技术也将越来越多地被应用于生活和消费，新的多媒体消费产品和应用将不断涌现。

1.3　多媒体技术的应用领域

1.3.1　娱乐

1．家庭信息中心

家庭将是未来人们生活、活动甚至工作的主要场所，借助家庭信息中心，人们可以在家中工作、娱乐。人们可以以家庭信息中心实现多种形式的远程交流、收发传真和电子邮件，通过视频通信与亲属或同事面对面地交谈、处理工作事宜，更可以进行更丰富的交互式娱乐和休闲。

2．视频点播系统

交互式电视会成为电视传播的主要方式。通过增加机顶盒和铺设高速光缆，将有线电视（Cable TV）改造成为交互式电视系统，从而实现视频点播、交互式电视、家庭购物、多人网络游戏等功能。

3．高清晰电视与数字电视

从开发和生产厂商及应用的角度出发，可以将多媒体计算机分成两大类：一类是家电制造厂商研制的电视计算机（Teleputer），是把 CPU 放到家电中，通过编程控制管理电视机、音响，有人称它为"灵智"电视（Smart TV）；另一类是计算机制造厂商研制的计算机电视（Compuvision），采用微处理器作为 CPU，其他设备还有显卡、光盘系统、音响设备及扩展的多窗口系统，有人说它的发展方向是 TV-Killer。

4．影视娱乐业

影视娱乐业采用计算机技术，能满足人们日益增长的娱乐需求，这已经众人皆知了。多媒体技术作为关键手段，把影视娱乐业推向了新的高度。在作品的制作和处理上，其作用发挥得淋漓尽致。

例如，动画片的制作过程就能充分说明计算机技术在影视娱乐业中的作用。动画片经历了从手工绘画到计算机绘画的过程，动画模式也从经典的平面动画发展到体现高科技的三维动画。由于计算机的介入，动画的表现内容更加丰富多彩，更加离奇和更具有刺激性。

随着多媒体技术逐步趋于成熟，在影视娱乐业中使用先进的计算机技术已经成为一种时髦的趋势，大量的计算机特效被用于影视作品中，从而增加了艺术感染力和商业卖点。

1.3.2　教育与培训

教育领域是应用多媒体技术最早的领域，也是进展最快的领域。多媒体技术的各种特点比较适合应用于教育。以最自然、最容易接受的多媒体形式使人们接受教育，不但扩展了信息量、提高了知识的趣味性，还增加了人们学习的主动性。近期慕课（Massive Open Online Courses，Mooc）整合课件、视频、在线交互等多种形式的数字化教学资源，形成更多元化的学习工具，为全世界的教育提供了更加丰富的课程资源。

1．CAI——计算机辅助教学

计算机辅助教学（Computer Assisted Instruction，CAI）是多媒体技术在教育领域中应用的典型范例，它是新型的教育技术和计算机应用技术相结合的产物，其核心内容是指以计算机多媒体技术为教学媒介而进行的教学活动。

CAI 的表现形式如下。

（1）利用数字化的声音、文字、图片及动态画面，展现各学科中的可视化内容，意在强化形象思维模式，使概念和原理更易于接受。

（2）在学校教育中，以"示教型"课堂教学为基本出发点，展示形象、逼真的自然现象、自然规律、科普知识，以及各个领域里的尖端技术等。

（3）利用 CAI 软件本身具备的互动性，提供自学机会。以传授知识、提供范例、自我上机练习、自动识别概念和答案等手段展开教学，使受教育者在自学中掌握知识。

2．CAL——计算机辅助学习

计算机辅助学习（Computer Assisted Learning，CAL）着重体现在学习信息的供求关系方面。CAL 向受教育者提供有关学习的帮助信息。在计算机辅助下，受教育者可以检索与某个科学领域相关的教学内容，查阅自然科学、社会科学及其他领域中的信息，征求疑难问题的解决办法，寻求各个学科之间的关系和探讨人们共同关心的问题等。

3．CBI——计算机化教学

计算机化教学（Computer Based Instruction，CBI）是近年来发展起来的，它代表了多媒体技术应用的较高境界。CBI 将使计算机教学手段从"辅助"位置走到前台，成为主角，必将成为教育方式的主流和方向。

CBI 计算机化教学的主要特点如下。

（1）充分运用计算机技术，将全部教学内容包容到计算机所做的工作中，为受教育者提供海量信息，这就是所谓"全程多媒体教学"的概念。

（2）教学手段彻底更新，计算机教学手段从辅助变为主导，教师的作用发生转移，从宣讲方式转移到解答疑难问题和深化知识点上。

（3）强化教师与学生之间的互动关系，在教育者与受教育者之间建立学术和观念的交流界面，在共同的计算机平台上实现平等交流。

（4）强化素质教育，提高主动参与意识，强化实际动手能力，提高学生在计算机方面的应用技巧。

4．CBL——计算机化学习

计算机化学习（Computer Based Learning，CBL）是充分利用多媒体技术提供学习机会和手段的方式。在计算机技术的支持下，受教育者可在计算机上自主学习多学科、多领域的知识。实施 CBL 的关键，是在全新的教育理念指导下，充分发挥计算机技术的作用，以多媒体的形式展现学习的内容和相关信息。

5．CAT——计算机辅助训练

计算机辅助训练（Computer Assisted Training，CAT）是一种教学的辅助手段，它通过计算机提供多种训练科目和练习，使受教育者快速理解和消化所学知识，充分理解和掌握重点、难点。

CAT 的主要作用如下。

（1）提出训练科目和训练要求。

（2）对受教育者提供自主练习的机会和题目。

（3）利用自动识别功能，对受教育者所接受的训练做出评价。

（4）提供训练题目的最佳方案，激发受教育者的主动思维和识别能力。

（5）通过综合练习，提高受教育者的综合能力，从而提高素质。

6．CMI——计算机管理教学

计算机管理教学，（Computer Managed Instruction，CMI）主要是利用计算机技术解决多方位、多层次教学管理的问题。教学管理的计算机化，可大幅度提高工作效率，使管理更趋科学化和严格化，大幅提高教学管理水平。CMI 主要管理的对象有以下几个。

（1）监测教学活动是否符合教学大纲及相关的教学规定。

（2）监督教学进度，反馈教学信息，为教学决策提供参考意见。

（3）指导和规范受教育者的学习，评价学习效果。

（4）教学材料、教学计划、受教育者的学习成绩等的保存和管理。

在实施 CMI 时，计算机技术的应用强度是一个关键问题。计算机介入管理越多，效率越高，效果越明显，同时还可减少人为因素造成的纰漏和疏忽。

1.3.3　电子出版物

多媒体光盘可以把软件、游戏、电影、书籍、杂志和报纸等以电子出版物的形式出版、发行，供用户通过多媒体 PC 或其他多媒体终端设备阅读和使用。这类出版物不仅可以被静态阅读，而且可以进行动态执行，演示出活动的效果，使出版物的表达和表现力更加丰富与生动。近年来，与网络相结合的多媒体网络出版活动越来越多，产生了良好的效果，无论时效性、消息传递效果还是信息的容量，都大大优于传统出版物。

1.3.4　咨询、信息服务与广告

由于多媒体信息有非常易于理解、直观、生动和表现力强等诸多优点，其更适合被用作制作信息咨询系统，如城市道路查询、航班咨询、专业业务咨询系统等。

1．平面设计与广告业

多媒体技术被广泛用于商业与公益广告。从影视广告、招贴广告，到市场广告、企业广告，其绚丽的色彩、变化多端的形态、特殊的创意效果，不但使人们了解了广告的意图，而且得到了艺术享受。近年来，由于 Internet 国际互联网的兴起，广告范围更为扩大，表现手段更为多媒体化，人们接受的信息量成倍增长。

多媒体技术在商业广告领域中的作用有以下几个。

（1）提供最直观、最易于接受的宣传方式，在视觉、听觉、感觉等方面宣扬广告意图。

（2）提供交互功能，使消费者能够了解商业信息、服务信息，以及其他相关信息。

（3）提供消费者的反馈信息，促使商家及时改变营销手段和促销方式。

（4）提供商业法规咨询、消费者权益咨询、问题解答等服务。

随着社会的发展和经济的增长，广告广受人们重视，从表现手法到信息反馈，广告几乎已离不开多媒体技术，这是商业乃至于整个社会发展的必然结果。

2．Internet 信息

Internet 的兴起与发展，在很大程度上对多媒体技术的进一步发展起到了积极的作用。人们在网络上传递多媒体信息，以多种形式互相交流，为多媒体技术的发展创造了合适的土壤和条件。

多媒体技术应用在互联网上，有如下独特之处。

（1）网络信息多元化，其中包括视觉信息和听觉信息等。

（2）在时间和空间上没有限制，人们可以在任何时间、任何地点以多媒体形式接收和发送信息。

（3）发挥人、机各自的优势，充分利用网络资源，集网络上的众家之长，补己之短。还可以利用网络的多媒体功能，从事复杂而丰富的经济活动和社会活动。

（4）建立网络虚拟世界，使网络用户在多媒体平台上享受虚拟世界带来的高等教育、教学实践、图书、音乐、绘画、实验等。

（5）为人们提供展示自己实力和能力的机会和条件。在 Internet 上，个人可以以多媒体形式向全世界展示自己。

3．旅游业

旅游是人们享受生活的一种重要方式，多媒体技术应用于旅游业，充分体现了信息社会的特点。通过多媒体展示，人们可以全方位了解这个星球上各个角落发生的事情。

多媒体技术应用于旅游业，为旅游业带来以下明显变革。

（1）从介绍旅游景点的印刷品，过渡到数字化载体——光盘。大量的信息、逼真的图片、动听的解说，犹如亲临其境一般，在很大程度上强化了宣传效果和力度。

（2）通过多媒体技术，真实地反映各地的风土人情、文化背景、语言和音乐，全方位地展现自然、生活与社会活动。

（3）提供检索、咨询等互动信息，搭起旅游者与旅游公司沟通的桥梁，提高服务质量。

（4）数字化的信息便于加工、整理和保存，更便于更新，从而提高旅游业顺应市场变化的能力，以及增加对市场反馈信息的敏感度。

（5）扩大宣传范围和力度。便于携带和扩散的数字化光盘，使旅游信息通过 Internet、航空和电信，前所未有地快速"到达"世界的各个角落。

1.3.5 工业控制与科学研究

1．工业控制

现代化企业的综合信息管理和生产过程的自动化控制，都离不开对多媒体信息的采集、监视、存储、传输，以及综合分析处理、管理。应用多媒体技术来综合处理多种信息，可以做到信息处理综合化、智能化，从而提高工业生产和管理的自动化水平。

多媒体技术在工业生产实时监控系统中，尤其在生产现场设备故障诊断和生产过程参数监测等方面，有着非常重大的实际应用价值。特别是在一些危险环境中，多媒体实时监控系统将起到越来越重要的作用。

2．科学计算可视化

将多媒体技术用于科学计算可视化，可把本来抽象、枯燥的数据用三维图像动态显示，使研究对象的内在特性与其外形变化同步显示。将多媒体技术用于模拟实验和仿真研究，会大大促进科研与设计工作的发展。

3．过程模拟领域

在设备运行、化学反应、火山喷发、海洋洋流、天气预报、人体演化、生物进化等自然现象的诸多方面，采用多媒体技术模拟其发生的过程，使人们能够轻松、形象地了解事物变化的原理和关键环节，建立必要的感性认识，使复杂、难以用语言准确描述的变化过程变得形象而具体。

事实证明，人们更乐于接受感觉得到的事物。多媒体技术的应用，有利于人们揭开特定事物的变化规律、了解变化的本质。

1.3.6 医疗影像与远程诊断

通过多媒体通信网络，人们可以建立远程学习系统和远程医疗保健系统。远程医疗保健可以使处于偏远地区的病人同中心城市中的病人一样及时得到专家的诊断。

现代先进的医疗诊断技术的共同特点是以现代物理技术为基础,借助于计算机技术,对医疗影像进行数字化和重建处理。计算机在成像过程中起着至关重要的作用。随着临床要求的不断提高及多媒体技术的发展,社会上出现了新一代具有多媒体处理功能的医疗诊断系统。多媒体医疗影像系统在媒体种类、媒体介质、媒体存储及管理方式、诊断辅助信息、直观性和实时性等方面,都使传统诊断技术相形见绌,引起医疗领域的一场重大变革。

1.3.7　多媒体办公系统

多媒体办公系统是视听一体化的办公信息处理和通信系统。它主要有以下功能。

(1)办公信息管理,将文件、档案、报表、数据、图形、音像资料等各种信息进行加工、整理、存储,形成可共享的信息资源。

(2)召开可视的电话会议、电视会议。

(3)进行多媒体邮件的传递。

多种办公设备与多媒体系统的集成,加上对云资源的运用,简化了办公流程,真正实现了办公自动化。

1.3.8　多媒体技术在通信系统中的应用

多媒体通信是 20 世纪 90 年代迅速发展起来的一项技术。一方面,多媒体技术使计算机能同时处理视频、音频和文本等多种信息,提高了信息的多样性;另一方面,网络通信技术取消了人们之间的地域限制,提高了信息的瞬时性。二者结合所产生的多媒体通信技术把计算机的交互性、通信的分布性及电视的实效性有效地融为一体,成为当前信息社会的一个重要标志。

多媒体通信涉及的技术面极为广泛,包括人机界面、数字信号处理、大容量存储装置、数据库管理系统、计算机结构、多媒体操作系统、高速网络、通信协议、网络管理及相关的各种软件工程技术。目前,多媒体通信主要应用于可视电话、视频会议、远程文件传输、浏览与检索多媒体信息资源、多媒体邮件及远程教学等方面。

1.4　多媒体研究的主要内容与核心技术

要想把一台普通的计算机变成具有多媒体计算功能的计算机,要解决多种媒体的数字化、压缩、通信传输、存储、同步回放等一系列的关键技术问题。综合起来讲,多媒体技术的核心问题应当是:多媒体信号数字化与计算机获取技术;多媒体数据压缩编码和解码技术;多媒体数据的实时处理和特效技术;多媒体数据的输出与回放技术。

如何高效地解决如上问题,也是多媒体相关研究领域及本课程研究的核心问题。

多媒体技术的研究涉及如下众多领域。

1. 多媒体数据压缩编解码技术

在多媒体计算机系统中要表示、传输和处理大量的声音、图像甚至影像视频信息,其数据量之大是非常惊人的,而且信息品种多、实时性要求高,这些都给数据的存储、传输及加工处理均带来巨大的压力。因此，在采用新技术、增加 CPU 处理速度、存储容量和提高通信带宽的同时，还需研究高效的数据压缩编解码技术，并加入使用专用图形处理器（Graphics Processing Unit, GPU）专门针对图形图像信息的高速处理，实现远远高于基于 CPU 的传统算法效率。

数据压缩编解码技术作为多媒体技术中最为关键的核心技术，在技术本身和应用方面近年来都取得了引人注目的进展，而其中图像压缩编解码技术更是如此。

2．多媒体数据存储技术

随着多媒体与计算机技术的发展，多媒体数据量越来越大，对存储设备的要求越来越高。因此，高效快速的存储设备是多媒体技术得以应用的基本部件之一。

3．多媒体数据库技术

多媒体数据库是一个由若干多媒体对象所构成的集合。这些数据对象按一定的方式被组织在一起，可为其他的应用所共享。多媒体数据库管理系统则负责完成对多媒体数据库的各种操作和管理功能，包括对数据库的定义、操作和控制等传统数据库功能。此外，还必须解决一些新的问题，如海量数据的存储功能、信息提取功能等。

多媒体对象是异构型的，是由若干类型不一且具有不同特点的媒体对象复合而成的。它们的数据量大，内部存在着多种复杂的约束关系，其复杂程度远远高于传统的数据对象，特别是与传统应用相比，多媒体应用有着许多新的需求，如对连续媒体对象的实时处理、对数据对象内容的分析等。有鉴于此，传统的数据库已不适用于多媒体信息管理，因此必须研究新的多媒体数据库技术。这种新的多媒体数据库系统应当能够：支持多种媒体数据类型及多个媒体对象的多种合成方式；能够为大量数据提供高性能的存储管理；支持传统的数据库管理系统功能；支持多媒体信息提取的功能；能为用户提供丰富而便捷的交互手段。

多媒体数据库要研究的内容主要有多媒体数据模型、体系结构、时空编组、数据模拟、查询处理及用户接口技术等。一般可从以下 3 个方面进行。

（1）对现有的关系数据库模型进行扩充。

（2）研究面向对象数据库等适应多媒体数据的新型数据库。

（3）研究超文本/超媒体模型数据库。

4．超文本和超媒体技术

超文本和超媒体技术是一种模拟人脑的联想记忆方式，把一些信息块按照需要用一定的逻辑顺序链接成非线性网状结构的信息管理技术。超文本技术以节点作为基本单位，这种节点要比字符高出一个层次。由链把节点链接成网状结构，即非线性文本结构。这种已组织成网的信息网络即是超文本。随着计算机技术的发展，节点中的数据不再仅仅是文字，还可以是图形、图像、声音、动画、动态视频、计算机程序或它们的组合等。由于超文本的节点和链的形式可以被十分容易地推广到多媒体，可以是基于包含不同媒体的节点，所以它自然地成了支持多媒体数据管理的天然技术。同时多媒体信息的引入在某种程度上又为超文本带来不同凡响的效果，大大改善了信息的交互程度和表达思想的准确性。将多媒体信息引入超文本，最终形成了超媒体的概念。

5．智能多媒体技术

在 1993 年底的多媒体系统和应用国际会议上，英国的两位科学家首次提出了智能多媒体的概念，引起了人们的普遍关注和研究兴趣。正如人工智能被看作一种高级计算一样，智能多媒体应被看作一种更加拟人化的高级智能计算技术。多媒体技术的进一步发展迫切需要引入人工智能，要利用多媒体技术解决计算机视觉和听觉方面的问题，必须引入知识，这必然要引入人工智能的概念、方法和技术。例如，电影画面与音乐有机结合所产生的整体艺术效果，远远超出孤立画面与音乐效果的简单组合。智能多媒体中的知识表示和推理，必然反映多媒体信息空间的非线性特性，而仅仅依靠简单地排列组合多媒体信息的方法，是不可行的。多媒体技术与人工智能的结合必将把两者的发展推向一个崭新的阶段。

6．多媒体信息检索技术

多媒体信息检索是根据用户的要求，对图形、图像、文本、声音、动画和视频等信息进行检索，以得到用户所需的信息。基于特征的多媒体信息检索系统有着广阔的应用前景，它将被广泛地应用于电子会议、远程教学、远程医疗、电子图书馆、地理信息系统、计算机支持协同工作等领域。例如，数字图书馆技术可将物理信息转化为数字多媒体形式，通过网络安全地发送给世界各地的用户。计算机使用自然语言查询和概念查询对返回给用户的信息进行筛选，使相关数据的定位更为简单和精确；聚集功能将查询结果组织在一起，使用户能够简单地识别并选择相关的信息；摘要功能能够对查询结果进行主要观点的概括，从而使用户不必查看全部文本就可以确定所要查找的信息。

7．虚拟现实技术（VR）

虚拟现实技术也被称为"虚拟环境"或"临境"技术，就是采用计算机多媒体技术生成一个逼真的、具有临场感觉的环境，是一种全新的人机交互系统。它可被广泛地应用于模拟训练、科学可视化、军事演习、航天仿真、娱乐、设计与规划、教育与培训、商业等领域。

虚拟现实技术本质上是一种高度逼真地模拟人在现实生活中视觉、听觉、动作等行为的交互技术。它用计算机加上先进的外围设备，模拟生活中的一切，包括过去发生的事件和将要发生的事件。虚拟现实与计算机技术、传感技术、机器人技术、人工智能及心理学等密切相关，是一种高度集成的、综合性极强的技术。

近期，人们还引入了增强现实（Augmented Reality，AR）技术，将摄像机所拍摄到的实景和三维尺度空间建模技术等相结合，达到真实世界和模拟世界的无缝连接，并具有场景融合、实时交互、实时跟踪功能，未来将在医疗、军事、娱乐、旅游、教育等多个领域带来革命性的变革。

8．人机交互技术（HCI）

人和计算机之间的交互是目前被人们研究最多的问题。计算机能处理和表现越来越多的信息，因此人与计算机之间的交互便显得日益重要。人与计算机之间的信息交流有 4 种不同的形式，即人—人（通过计算机）、人—机、机—人和机—机。

9. 多媒体网络与通信技术

现代化社会中，人们的工作方式具有群体性和交互性。传统的电信业务如电话、传真等通信方式已不能适应社会的需要，社会迫切要求通信与多媒体技术相结合，为人们提供更加高效和快捷的沟通途径，如提供多媒体电子邮件、视频会议、远程交互式教学系统、视频点播等新型的服务。

多媒体通信是一个综合性技术，涉及多媒体、计算机和通信等领域，长期以来，一直是多媒体应用的一个重要方面。由于多媒体的传输涉及图像、声音和视频数据等多个方面，需要完成大数据量的连续媒体信息的实时传输、时空同步和数据压缩。如语音和视频有较强的实时性要求，它容许出现某些字节的错误，但不能容忍任何延迟；而对数据来说，可以容忍延时，但不能有任何错误，因为即便是一个字节的错误都会改变整个数据的意义。为了给多媒体通信提供新型的传输网络，人们重点发展宽带数字网。它能被用来传输高保真立体声音效和高清晰度电视节目，是多媒体通信的理想环境。

10. 分布式多媒体技术

分布式多媒体技术是多媒体技术、网络通信技术、分布式处理技术、人机交互技术、人工智能技术等多种技术的集成。

分布式多媒体技术具有广泛的应用，包括计算机支持协同工作（CSCW）、远程教育、远程会议、分布式多媒体信息点播、分布式多媒体办公自动化、Internet/Intranet 中的分布式多媒体应用和移动式多媒体系统等。其中 CSCW 是其主要应用领域之一，主要的 CSCW 应用系统有消息系统、会议系统、合著与讨论系统等，具有分布式、信息共享、多用户界面、连接协调等特征。

1.5 本章小结

音乐、广播、电视等单媒体难以满足人们对信息交流和处理的要求，多媒体方式则能和人们自然交流及处理信息。

多媒体技术并非简单地将几个单媒体技术加在一起，而是有机集成多种技术，而形成一个新的多媒体系统。多媒体技术不仅使计算机应用更有效，更接近人类习惯的信息交流方式，而且将开拓前所未有的应用领域，使信息空间走向多元化，使人们思想的表达不再局限于顺序的、单调的、狭窄的范围。多媒体技术为这种自由提供了多维化空间的交互能力。

总之，多媒体技术已成为人们关注的热点之一，多媒体技术将引起信息社会一场划时代的大变革。

思考与练习

一、判断题

1. 多媒体办公系统是视听一体化的办公信息处理和通信系统。　　　　　　　　（　　）

2．CAI 指计算机辅助教学。　　　　　　　　　　　　　（　　）

3．CAL 指计算机化学习。　　　　　　　　　　　　　　（　　）

4．CBI 指计算机化教学。　　　　　　　　　　　　　　（　　）

5．CBL 指计算机辅助学习。　　　　　　　　　　　　　（　　）

6．CAT 指计算机辅助设计。　　　　　　　　　　　　　（　　）

7．CMI 指计算机管理教学。　　　　　　　　　　　　　（　　）

二、填空题

1．国际电信联盟（ITU）将媒体分为＿＿＿＿＿＿、＿＿＿＿＿＿、＿＿＿＿＿＿、＿＿＿＿＿＿、＿＿＿＿＿＿、＿＿＿＿＿＿6类。

2．感知媒体是在多媒体应用中呈现给用户的媒体元素，它主要包括＿＿＿＿＿＿、＿＿＿＿＿＿、＿＿＿＿＿＿、＿＿＿＿＿＿、＿＿＿＿＿＿、＿＿＿＿＿＿等。

3．多媒体技术在娱乐领域的主要应用包括＿＿＿＿＿＿、＿＿＿＿＿＿、＿＿＿＿＿＿等。

4．多媒体数据库系统应当能够支持多种媒体数据类型及＿＿＿＿＿＿＿、＿＿＿＿＿＿＿、＿＿＿＿＿＿＿、＿＿＿＿＿＿＿、＿＿＿＿＿＿＿等。

三、简答题

1．什么是多媒体技术？它有哪些主要特征？

2．多媒体应用领域主要包括哪些方面？

3．简述多媒体所涉及的核心问题。

4．设想一下未来，多媒体技术可能渗透和应用到哪些领域。

5．试从一两个应用实例出发，谈谈多媒体技术在各应用领域中的重要性。

6．为什么要研究多媒体数据库技术？研究多媒体数据库可以从哪三方面入手？

第 **2** 章　数字音频处理

　　声音是多媒体信息的一个重要组成部分，也是表达思想和情感的一种必不可少的媒体。本章将在介绍模拟音频与数字音频概念的基础上，简要介绍音频的数字化、音频信号编码、语音合成与识别等技术，最后给出在 VC++ 中播放声音的几种方法。

2.1　概述

　　声音是携带信息的重要媒体。研究表明，人类从外部世界获取的信息中，10% 是通过听觉获得的，因此声音是多媒体技术研究中的一个重要内容。

　　如图 2.1 所示，声音是由物体振动产生的，这种振动引起周围空气压强的振荡，从而使耳朵产生听觉。声音的种类繁多，人的语音是最重要的声音，此外，还有动物、乐器等发出的声音、风声、雨声、雷声等自然声音，以及机器合成产生的声音等。这些声音有许多共同的特性，也有它们各自的特性。在用计算机处理这些声音时，既要考虑它们的共性，又要利用它们各自的特性。

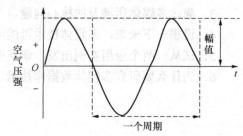

图 2.1　空气压强振荡的波形

　　人耳能识别的声音频率（范围在 20～20000Hz）通常被称为音频（Audio）信号。音频信号所携带的信息大体上可分为语音（Speech）、音乐和音效 3 类。语音是指具有语言内涵和人类约定俗成的特殊媒体，如人的发音器官发出的声音范围在 80～3400Hz，人说话的信号频率通常为 300～3000Hz，就是语音信号。低于 20Hz 的信号被称为次声波（Subsonic），高于 20000Hz 的信号被称为超声波（Ultrasonic）。对次声波和超声波，人的耳朵都无法听到。图 2.2 给出了声音的频率范围。音乐是规范的、符号化了的声音，音效是指人类熟悉的其他声音，如动物发出的声音、机器产生的声音、自然界的风雨雷电声等。音频信号可以携带大量精细、准确的信息。在多媒体系统中，处理的信号主要是音频信号。

　　声音包含 3 个要素，即音调、音强和音色，这 3 个要素与声波参数紧密相关。

　　（1）基频与音调：一个声源每秒钟可产生成百上千个波，通常把每秒钟波峰所产生的数目称为信号的频率，单位用赫兹（Hz）或千赫兹（kHz）表示。例如，一个声波信号在一秒钟内有 5000 个波峰，则可将它的频率表示为 5000Hz 或 5kHz。

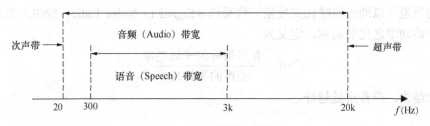

图 2.2 声音的频率范围

人对声音频率的感觉表现为音调的高低，在音乐中被称为音高。音调正是由频率 ω 所决定的。音乐中音阶的划分是在频率的对数坐标（20×log）上取等分而得的（见表 2.1）。

表 2.1 音阶

音阶	C	D	E	F	G	A	B
简谱符号	1	2	3	4	5	6	7
频率（Hz）	261	293	330	349	392	440	494
频率（对数）	48.3	49.3	50.3	50.8	51.8	52.8	53.8

（2）谐波与音色：$n×\omega_0$ 被称为 ω_0 的高次谐波分量，也被称为泛音。音色是由混入基音的泛音所决定的，高次谐波越丰富，音色就越有明亮感和穿透力。不同的谐波具有不同的幅值和相位偏移，由此产生各种音色效果。

（3）幅度与音强：信号的幅度是从信号的基线到当前波峰的距离。幅度决定了信号音量的强弱程度。幅度越大，声音越强。对音频信号，它的强度用分贝（dB）表示。分贝的幅度就是音量。人耳对声音细节的分辨只有在强度适中时才最灵敏。人的听觉响应与强度成对数关系。一般的人只能察觉出 3dB 的音强变化。在处理音频信号时，绝对强度可以放大，但其相对强度更有意义，一般用动态范围定义，即

$$动态范围 = 20×log（信号的最大强度/信号的最小强度）（dB） \tag{2-1}$$

（4）音宽与频带：频带宽度也被称为带宽，它是描述组成复合信号的频率范围。例如，普通电话容许语音信号通过，带宽约为 3.2kHz；高保真度（High-Fidelity，Hi-Fi）声音的频率范围为 10～20000Hz，带宽约为 20kHz。

客观上，通常用频带宽度、动态范围、信噪比等指标衡量音频信号的质量。音频信号的频带越宽，所包含的音频信号分量越丰富，音质越好。图 2.3 给出了 CD-DA 数字音乐、调频（FM）广播、调幅（AM）广播和电话的带宽。

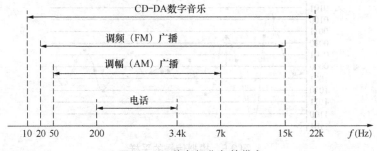

图 2.3 几种音频业务的带宽

动态范围越大，信号强度的相对变化范围越大，音响效果越好。

声音的质量可以通过信噪比来度量。信噪比（Signal to Noise Ratio，SNR）是有用信号与噪声的平均功率之比的简称，定义为：

$$SNR = \frac{有用信号的平均功率}{噪声的平均功率} \qquad (2-2)$$

信噪比越大，声音质量越好。

2.2 数字音频的获取

音频信息处理主要包括音频信号的数字化和音频信息的压缩两大技术，图 2.4 为音频信息处理框图。模拟信号很容易受到电子干扰，因此随着技术的发展，声音信号就逐渐过渡到了数字存储阶段，A/D 转换和 D/A 转换技术便应运而生。A/D 转换就是把模拟信号转换成数字信号，模拟电信号变为由 0 和 1 组成的信号。数字化的声音信息使计算机能够进行识别、处理和压缩，现在几乎所有的专业化声音录制器、编辑器都是数字的。因此，数字音频的获取实际上就是音频信号的数字化过程，这一过程将模拟音频信号转换成有限个数字表示的离散序列，即数字音频序列。数字化过程涉及模拟音频信号的采样、量化和编码。对同一音频信号采用不同的采样、量化和编码方式，就可形成多种形式的数字音频。

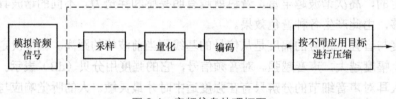

图 2.4　音频信息处理框图

2.2.1 采样

所谓采样（Sampling），就是在某些特定的时刻对模拟信号进行取值，如图 2.5 所示。采样的过程是每隔一个时间间隔在模拟声音的波形上取一个幅度值，把时间上的连续信号变成时间上的离散信号。该时间间隔被称为采样周期（t），其倒数为采样频率（$f_s=1/t$）。采样频率表征计算机每秒钟采集多少个声音样本。一般来讲，采样频率越高，即采样的间隔时间越短，则在单位时间内，计算机得到的声音样本数据就越多，对声音波形的表示也越精确，声音失真越小，但用于存储音频的数据量越大。

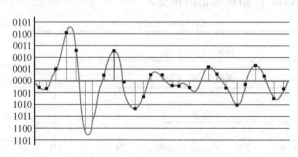

图 2.5　模拟信号的采样

采样过程涉及采样频率和采样精度的选择。采样频率的高低是由奈奎斯特采样定理和声音信号本身的最高频率决定的。根据奈奎斯特（Nyquist）定理，只有采样频率高于声音信号最高频率的两倍时，才能把数字信号表示的声音还原为原来的声音。奈奎斯特采样定理用公式表示为 $f_s \geq 2f_m$，其中，f_m 为声音信号的最高频率。

例如，在数字电话系统中，由于电话语音的最高信号频率约为 3.4kHz，为将人的声音变为数字信号，电话语音采样频率不低于 6.8kHz，通常选为 8kHz。要想获得 CD 音质的效果，则要保证采样频率为 44.1kHz，也就是能够捕获频率高达 22050Hz 的信号。这是因为，人耳能够听见的最高声音频率为 20kHz，为了避免高于 20kHz 的高频信号干扰采样，在进行采样之前，需要对输入的声音信号进行滤波。考虑到滤波器在 20kHz 处大约有 10%的衰减，因此再将其提高 10%成为 22kHz。这个值再乘以 2 就得到 44kHz 的采样频率。但是，为了能够与电视信号同步，PAL 电视的扫描为 50Hz，NTSC 电视的场扫描为 60Hz，所以取 50 和 60 的整数倍，选用 44100Hz 作为激光唱盘声音的采样标准。

2.2.2　量化

采样只解决了音频波形信号在时间坐标（即横轴）上把一个波形切分成若干个等分的数字化问题，但是每个样本某一瞬间声波幅度的电压值的大小仍为连续值，因此，需要用某种数字化的方法来反映。这种将每个采样值在幅度上进行离散化处理的过程即量化。

量化可分为均匀量化和非均匀量化。均匀量化是将采样后的信号按整个声波的幅度等间隔分成有限个区段，把落入某个区段内的样值归为一类，并赋予相同的量化值（见图 2.6）。以 8bit 或 16bit 的方式来划分纵轴为例，其纵轴将会被划分为 2^8 个和 2^{16} 个量化等级，用以记录其幅度大小。

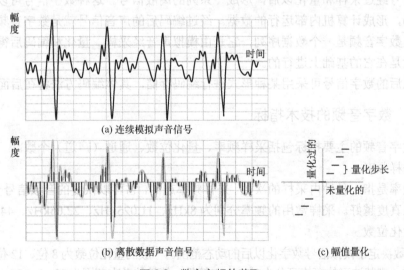

图 2.6　数字音频的获取

非均匀量化根据信号的不同区间来确定量化间隔。对信号值小的区间，其量化间隔也小；反之，量化间隔就大。这样就可以在满足精度要求的情况下用较少的位数来表示。还原声音数据时，采用相同的规则。非均匀量化的实现方法通常是将抽样值 x 通过一个变换 $y = f(x)$ 后，再对 y 进行均匀量化，这个变换通常被称为压扩。根据函数 f 的不同，非均匀压扩可以

分为 μ 律压扩算法和 A 律压扩算法。这两种算法主要用于数字电话通信中。北美地区和日本等采用 μ 律压扩算法，我国和欧洲各国均采用 A 律压扩算法。

μ 律压扩算法按下式确定量化输入和输出的关系：

$$F_\mu(x) = \text{sgn}(x)\frac{\ln(1+\mu|x|)}{\ln(1+\mu)} \tag{2-3}$$

式中，x 为输入信号幅度，规格化成 $-1 \le x \le 1$；sgn（x）为 x 的极性；μ 为确定压扩量的参数，它反映最大量化间隔和最小量化间隔之比，取 $100 \le \mu \le 500$。μ 越大，压扩越厉害。具体计算时，用 $\mu=255$，把对数曲线变成 8 条折线，以简化计算过程。

A 律压扩按下式确定量化输入和输出的关系：

$$F_A(x) = \text{sgn}(x)\frac{A|x|}{1+\ln A} \qquad 0 \le |x| \le 1/A \tag{2-4}$$

$$F_A(x) = \text{sgn}(x)\frac{1+\ln(A|x|)}{1+\ln A} \qquad 1/A < |x| \le 1 \tag{2-5}$$

式中，x 为输入信号幅度，规格化成 $-1 \le x \le 1$；sgn（x）为 x 的极性；A 为确定压扩的参数。A 律压扩的前一部分是线性的，其余部分与 μ 律压扩相同。具体计算时，$A=87.56$，为简化计算，同样把对数曲线部分变成折线。

A 律压扩与 μ 律压扩相比，压扩的动态范围略小，小信号幅度时质量比 μ 律稍差。无论是 A 律还是 μ 律压扩算法，它们的特性在输入信号幅度小时都呈线性，在输入信号幅度大时呈对数压扩特性。

量化会引入失真，并且量化失真是一种不可逆失真，这就是通常所说的量化噪声。

模拟信号经过采样和量化以后，形成一系列的离散信号。这种数字信号可以以一定的方式进行编码，形成计算机内部运行的数据。经过编码后的声音信号就是数字音频信号。由此可以看出，数字音频是一个数据序列，它是由模拟声音经采样、量化和编码后得到的。音频压缩编码就是在它的基础上进行的。

对量化后的数字信号可采用某种形式进行编码存储，具体编码方法将在后面章节介绍。

2.2.3 数字音频的技术指标

衡量数字音频的主要指标包括采样频率、量化位数、通道（声道）个数。

（1）采样频率

采样频率是指一秒钟内采样的次数。采样频率越高，它可以恢复的音频信号分量越丰富，其声音的保真度越好。采样常用的频率分别为 8kHz、11.025kHz、22.05kHz、44.1kHz 等。

（2）量化位数

量化位数决定了模拟信号数字化以后的动态范围。一般的量化位数为 8 位、12 位、16 位。若以 8 位采样，则其波形的幅值可分为 $2^8 = 256$ 等份，等效的动态范围为 $20 \times \lg 256 = 48(\text{dB})$。若以 16 位采样，则其波形的幅值可分为 $2^{16} = 65536$ 等份，等效的动态范围为 $20 \times \lg 65536 = 96(\text{dB})$。同样，量化位数越高，数字化后得到的音频信号就越可能接近原始信号，但所需要的存储空间也越大。

（3）通道（声道）个数

一次产生一组声波数据称为单声道；如果一次同时产生两组声波数据，则称为双声道或立体声。除了这两种声道类型外，还有四声道环绕（4.1 声道）、Dolby AC-3 音效（5.1 声道）。

音频信号数字化之后，其数据传输率（每秒 Bit 数）与信号在计算机中的实时传输有直接关系，而其总数据量又与计算机的存储空间有直接关系。因此，数据传输率是计算机处理时要掌握的基本技术参数。未经压缩的数字音频数据传输率可按下式计算。

数据传输率（bit/s）=采样频率（Hz）× 量化位数（bit）× 声道数　　　　（2-6）

以下给出几种音质的音频数据的传输率。

（1）CD 音质（20～20000Hz）

44.1kHz 采样，16bit 量化，双声道；数据传输率为 $44.1 \times 16 \times 2 = 1.411$（Mbit/s）。

（2）AM

① Radio 音质（50～7000kHz）

16kHz 采样，14bit 量化；数据传输率为 $16 \times 14 = 224$（kbit/s）。

② Telephone 音质（300～3400Hz）

8kHz 采样，8bit 量化；数据传输率为 $8 \times 8 = 64$（kbit/s）。

【例 2.1】假定语音信号的带宽是 50～10000Hz，而音乐信号的带宽是 15～20000Hz。采用奈奎斯特频率，并用 12bit 表示语音信号样值，用 16bit 表示音乐信号样值，计算这两种信号数字化以后的比特率及存储一段 10 分钟的立体声音乐所需要的存储器容量。

解：语音信号：取样帧率 = $2 \times 10 = 20$（kHz）；比特率 = $20 \times 12 =$（240 kbit/s）。

音乐信号：取样频率 = $2 \times 20 = 40$（kHz）；比特率 = $40 \times 16 \times 2 = 1280$（kbit/s）（立体声）。

所需存储空间 = $1280 \times 600/8 = 96$（MB）。

2.2.4　数字音频的文件格式

音频信号数字化后，需要以各种形式在存储器上存储。常见的声音格式包括 WAV、MIDI、MP3、RA 等，而非常见的包括 ASF、AU、AAC、WMA、MP4、AIFF、SND、XM、S3M 等。可以将这些文件格式分为 3 类。

非压缩格式，包括 WAV、AIFF、AU 和 PCM。

无损压缩格式，包括 FLAC、APE(Monkey's Audio)、WV、WavPack、TTA、ATRAC(Advanced Lossless)、m4a (ALAC)、MPEG-4 SLS、MPEG-4 ALS、MPEG-4 DST、Windows Media Audio Lossless（无损 WMA）和 SHN(Shorten)。

有损压缩格式，包括 Opus、MP3、Vorbis、Musepack、AAC、ATRAC 和 Windows Media Audio Lossy（有损 WMA）。

1．WAV 文件格式简介

WAV 是 Microsoft Windows 提供的音频格式。由于 Windows 本身的影响力，这个格式已经成为事实上的通用音频格式，它通常用来保存一些没有压缩的音频。目前所有的音频播放软件和编辑软件都支持这一格式，并将该格式作为默认文件保存格式之一。这些软件包括 Sound Forge、Audition、WaveLab 等。

WAV 文件由 3 部分组成：文件头（标明是 WAV 文件、文件结构和数据的总字节数）、数字化参数（如采样频率、声道数、编码算法等）、实际波形数据。一般来说，声音质量与其

WAV 格式的文件大小成正比。

2．MP3 文件格式简介

MP3 是第一个实用的有损音频压缩编码技术。在 MP3 出现之前，一般的音频编码即使以有损方式进行压缩，能达到 4:1 的压缩比例已经非常不错了。但是，MP3 可以实现 12:1 的压缩比例，这使 MP3 迅速流行起来。MP3 之所以能够达到如此高的压缩比例，同时又能保持相当不错的音质，是因为采用了知觉音频编码技术，也就是利用了人耳的特性，削减音乐中人耳听不到的成分，同时尝试尽可能地维持原来的声音质量。

通常使用比特率来衡量 MP3 文件的压缩比例。通常比特率越高，压缩文件就越大，但音乐中获得保留的成分就越多，音质就越好。目前，社会上还流行着可变比特率方式编码的 MP3，这种编码方式的特点是可以根据编码的内容动态地选择合适的比特率，因此编码的结果是在保证了音质的同时又照顾了文件的大小。

MP3 是世界上第一个有损压缩的编码方案，可以说所有的播放软件都支持它。另外，几乎所有的音频编辑工具都支持打开和保存 MP3 文件。

3．MIDI 文件格式简介

MIDI 最初应用在电子乐器上用来记录乐手的弹奏，以便以后重播。在计算机里引入支持 MIDI 合成的声音卡之后，MIDI 才正式成为一种音频格式。MIDI 的内容除了乐谱之外，还记录每个音符的弹奏方法。

许多播放器都支持普通的 MIDI 文件，但要达到好的效果，就必须安装软波表，如 WinGroove、Roland Virtual Sound Canvas 和 YAMAHA S-YXG Player。如果要对 MIDI 文件进行编辑，可以使用的比较出名的软件是 Anvil Studio 和 Sonar。另外还有一些曲谱软件，如 Sibelius 等。

2.3 音频信号压缩编码

随着人们对音质要求的增加，信号频率范围逐渐增加，要求描述信号的数据量也就随之增加，从而带来处理这些数据的时间和传输、存储这些数据的容量增加，因此多媒体音频压缩技术是多媒体技术实用化的关键之一。

根据解压后数据是否有失真，可以将音频压缩分为无损压缩（无失真压缩）和有损压缩（有失真压缩）。无损压缩编码建立在香农信息论基础之上，以经典集合论为工具，用概率统计模型来描述信源。其压缩思想基于数据统计，因此只能去除数据冗余，属于低层压缩编码。无损压缩的压缩效率低，但是可以无失真地重现原始数据。

音频信息编码技术主要可分为 3 类，即波形编码、参数编码、混合编码。

（1）波形编码。这种方法主要基于语音波形预测，它力图使重建的语音波形保持原有的波形状态。常用的波形编码技术有增量调制（DM）、自适应差分脉冲编码调制（ADPCM）、子带编码（SBC）和矢量量化编码（VQ）等。波形编码的特点是在高码率的条件下获得高质量的音频信号，适用于高保真度语音和音乐信号的压缩技术。如 PCM（Pulse Code Modulation，脉冲编码调制）编码是一种最通用的无压缩编码，特点是保真度高，解码速度快，但编码后的数据量大。CD-DA 就采用这种编码方式。又如 ADPCM 编码是一种有损压缩，它丢掉了部分信息。由于人耳对声音的不敏感性，适当的有损压缩对视听播放效果影响不大。ADPCM 记录的量化值不是每个采样点的幅值，而是该点的幅值与前一个采样点幅值之差。这样，每个采样点的量化位就不需要 16bit，由此可减少信号的容量。可选的幅度差的量化比特位为 8bit、4bit 和 2bit。SB16 的 ADPCM 编码采用 4bit 量化位，对 CD 音质信号压缩，其压缩比为 1:4，压缩后基本上分辨不出失真。

它的优点是编码方法简单、易于实现、适应能力强、语音质量好等，缺点是压缩比相对来说较低，需要较高的编码速率。

（2）参数编码：参数编码的方法是将音频信号以某种模型表示，再抽出合适的模型参数和参考激励信号进行编码；声音重放时，根据这些参数重建。显然，参数编码压缩比很高，但计算量大。它主要用于在窄带信道上提供 4.8kbit/s 以下的低速语音通信和一些对延时要求较宽的应用场合（如卫星通信等）。最常用的参数编码法为线性预测（LPC）编码。

（3）混合编码：这种方法克服了原有波形编码与参数编码的弱点，并且结合波形编码的高质量和参数编码的低数据率，取得了比较好的效果。混合编码是指同时使用两种或两种以上的编码方法进行编码的过程。由于每种编码方法都有自己的优势和不足，若用两种或两种以上的编码方法进行编码，可以优势互补，克服各自的不足，从而达到高效数据压缩的目的。常用的混合编码包括多脉冲线性预测 MP-LPC，矢量和激励线性预测 VSELP，码本激励线性预测 CELP，短延时码本激励线性预测编码 LD-CELP，以及规则码激励长时预测 RPE-LTP 等。

2.3.1　编码方法

根据不同的应用，可以选用不同的压缩编码算法，常用的音频编码压缩算法有以下几种。

1．增量调制

增量调制（DM）是一种比较简单且有数据压缩功能的波形编码方法。在编码端，由前一个输入信号的编码值经解码器解码，可得到下一个信号的预测值。输入的模拟音频信号与预测值在比较器上相减，从而得到差值。差值的极性可以是正也可以是负。若为正，则编码输出为 1；若为负，则编码输出为 0。这样，在增量调制的输出端可以得到一串 1 位编码的 DM 码。增量调制编码的系统结构如图 2.7 所示。

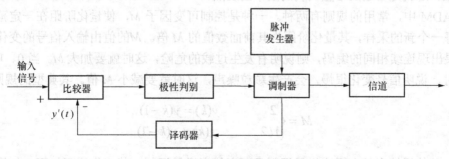

图 2.7　增量调制编码的系统结构

图 2.8 给出了增量调制编码的过程。图中，纵坐标表示输入的模拟电压，横坐标表示随

时间增加而顺序产生的 DM 码。图中虚线表示输入的音频模拟信号。从图 2.8 可以看到，当输入信号变化比较快时，编码器的输出无法跟上信号的变化，使重建的模拟信号发生畸变，这就是所谓的"斜率过载"。可以看出，当输入模拟信号的变化速度超过经解码器输出的预测信号的最大变化速度时，就会发生斜率过载。增加采样速度，可以避免斜率过载的发生。但采样速度的增加又会使数据的压缩效率降低。

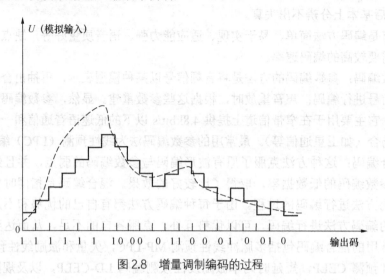

图 2.8　增量调制编码的过程

从图 2.8 还能发现另一个问题：当输入信号没有变化时，预测信号和输入信号的差会十分接近，这时，编码器的输出是 0 和 1 交替出现的，这现象被称为增量调制的"散粒噪声"。为了减少散粒噪声，人们希望使输出编码 1 位所表示的模拟电压 Δ（又叫量化阶距）小一些，但是，减少量化阶距 Δ，在固定采样速度下将产生更严重的斜率过载。为了解决这些矛盾，人们研究出自适应增量调制（ADM)方法。

2．自适应增量调制（ADM）

从前面分析可以看出，为减少斜率过载，希望增加阶距；为减少散粒噪声，又希望减少阶距。于是人们就想，若使 DM 的量化阶距 Δ 适应信号变化的要求，必须既降低斜率过载又减小散粒噪声的影响。也就是说，当发现信号变化快时，增加阶距；当发现信号变化缓慢时，减少阶距。这就是自适应增量调制的基本出发点。

在 ADM 中，常用的规则有两种。一种是控制可变因子 M，使量化阶距在一定范围内变化。对每一个新的采样，其量化阶距为其前面数值的 M 倍。M 的值由输入信号的变化率来决定。如果出现连续相同的编码，则说明有发生过载的危险，这时就要加大 M。当 0、1 信号交替出现时，说明信号变化很慢，会产生颗粒噪声，这时就要减小 M 值。其典型的规则为：

$$M = \begin{cases} 2 & y(k) = y(k-1) \\ 1/2 & y(k) \neq y(k-1) \end{cases} \tag{2-7}$$

另一种使用较多的自适应增量调制是可变斜率增量调制。其工作原理如下：如果调制器连续输出 3 个相同的码，则量化阶距加上一个大的增量，也就是说，3 个连续相同的码表示有过载发生。反之，量化阶距增加一个小的增量。

可变斜率增量的自适应规则为：

$$\Delta(k) = \begin{cases} \beta\Delta(k-1) + P & y(k) = y(k-1) = y(k-2) \\ \beta\Delta(k-1) + Q & \text{其他} \end{cases} \qquad (2\text{-}8)$$

式中，β 可在 $0\sim1$ 之间取值；P 和 Q 为增量，而且 P 要大于等于 Q。

可以看到，β 的大小可以通过调节增量调制来适应输入信号变化所需时间的长短。

3．脉冲编码调制 PCM

PCM 编码是对连续语音信号进行空间采样、幅度量化及用适当码字将其编码的总称。PCM 是一种最通用的无压缩编码，其特点是保真度高，解码速度快，但编码后的数据量大。CD-DA 就采用这种编码方式。PCM 可以按量化方式的不同分为均匀量化 PCM、非均匀量化 PCM 和自适应量化 PCM 等几种。

如果采用相等的量化间隔对采样得到的信号做量化，那么这种量化就是均匀量化。均匀量化就是采用相同的"等分尺"来度量采样得到的幅度，也被称为线性量化。均匀量化 PCM 就是直接对声音信号做 A/D 转换，在处理过程中没有利用声音信号的任何特性，也没有进行压缩。该方法将输入的声音信号的幅度范围分成 $N=2^B$ 等份（B 为量化位数），所以落入同一等份数的采样值都编码成相同的二进制码。只要采样频率足够大，量化位数也适当，便能获得较高的声音信号数字化效果。为了满足听觉上的效果，均匀量化 PCM 必须使用较多的量化位数。这样所记录和产生的音乐，可以达到最接近原声的效果。当然提高采样频率及分辨率后，数据存储空间将会增大。但是对音频信号而言，大多数情况下信号幅度都很小，出现大幅度信号的概率很小，然而为了适应这种很少出现的大信号，在均匀量化时不得不增加二进制码位。对大量的小信号来说，如此多的码位是一种浪费。因此，均匀量化 PCM 效率不高，有必要进行改进。

改进 PCM 编码技术的一个方法是采用非均匀量化，这种非均匀量化 PCM，就是前面所说的 μ 律压扩算法，即让量化级高度随信号幅度而变化。信号幅度小，则缩小量化级高度，信号幅度大时，则增大量化级高度。这样就可以在满足精度要求的情况下用较少的位数实现编码。在声音数据还原时，采用相同的规则。其实质在于减少表示采样的位数，从而达到数据压缩的目的。这种对小信号扩展，大信号压缩的特性可以用式（2-3）表示。另一种常用的压扩特性为 A 律 13 折线，它实际上是将 μ 律压扩特性曲线以 13 段直线代替而成的。对于 A 律[式（2-4）、式（2-5）]13 折线，一个信号样值的编码由两部分构成，即段落码（信号属于13 折线中的哪一段）和段内码。

4．差分脉冲编码调制 DPCM

在非均匀 PCM 编码中，存在着大量的冗余信息。这是因为信号邻近样本间的相关性很强，若采用某种措施，便可以去掉那些冗余的信息，差分脉冲编码调制（DPCM）是常用的一种方法。

差分脉冲编码调制的中心思想是对信号的差值而不是对信号本身进行编码。这个差值是指信号值与预测值的差值。预测值可以由过去的采样值进行预测，其计算公式如下所示：

$$\hat{y}_0 = a_1 y_1 + a_2 y_2 + \cdots + a_N y_N = \sum_{i=1}^{N} a_i y_i \qquad (2\text{-}9)$$

式中，a_i 为预测系数。

因此，利用若干个前面的采样值可以预测当前值。当前值与预测值的差为：

$$e_0 = y_0 - \hat{y}_0 \qquad （2\text{-}10）$$

差分脉冲编码调制就是将上述每个样点的差值量化编码，而后用于存储或传递。由于相邻采样点有较大的相关性，预测值常接近于真实值，故差值一般都比较小，从而使用较少的数据位来表示，这样就减少了数据量。在接收端或数据回放时，可用类似的过程重建原始数据。DPCM 系统方框图如图 2.9 所示。

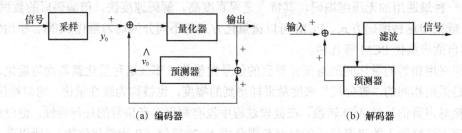

图 2.9 DPCM 系统框图

5. 自适应差分脉冲编码调制 PCM

为了进一步提高编码的性能，人们将自适应量化器和自适应预测器结合在一起用于 DPCM 之中，从而实现了自适应差分脉冲编码 ADPCM（Adaptive Differential Pulse Code Modulation），其简化框图如图 2.10 所示。ADPCM 是一种有损压缩编码，记录的量化值不是每个采样点的幅值，而是该点的幅值与前一个采样点幅值之差。这样，每个采样点的量化位就不需要 16bit，由此可以减少信号的容量。可选的幅度差的量化比特位为 8bit、4bit 和 2bit。

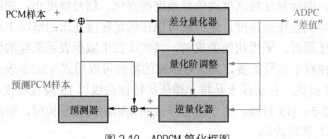

图 2.10 ADPCM 简化框图

采用 PCM 编码、ADPCM 编码等生成的数字音频数据，都是以 WAV 的文件格式存储的。

6. 子带编码

声音信号对人耳的听觉贡献与信号频率有关，如人耳对 1kHz 附近频率成分尤其敏感。根据这种特点，可以设想将输入信号用某种方法划分成不同频段上的子信号，然后区别对待，根据各子信号的特性，分别编码。例如对语音信号中能量较大、对听觉有重要影响的部分（如

500～800Hz 频段内的信号）分配较多的码字，对次要信号（如话带中大于 3kHz 的信号）则分配较少的码字。各子信号分别编码后的码字在接收方被分别解码，最后再合成出解码语音。因此，可以设想，首先用一组带通滤波器，将输入的音频信号分成若干个连续的频段，并将这些频段称为子带。然后再分别对这些子带中的音频分量进行采样和编码。最后将各子带的编码信号组织到一起，进行存储或送到信道上传送。在信道的接收端（或在回放时）得到各子带编码的混合信号，将各子带的编码取出来，对它们分别进行解码，产生各子带的音频分量，再将各子带的音频分量组合在一起，恢复原始的音频信号。子带编码的原理框图如图 2.11 所示。

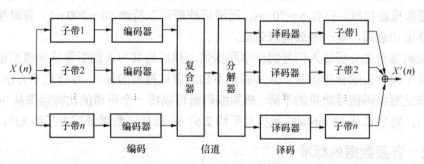

图 2.11　子带编码的原理框图

7．变换域编码

在子带编码中，划分子带的方法是通过带通滤波器来完成的。另外一种方法就是通过变换域编码方法，将输入信号直接转换到频域，然后在频域划分各频段，根据不同的频段能量大小分配码字，然后编码，接收端解码后再用相应的反变换转换成时域信号。

事实上，只有采用离散傅里叶变换（FFT）或离散余弦变换（DCT），变换后的各系数才真正代表频率分量。由于 DCT 接近最佳变换，因而语音变换域编码基本上都采用 DCT，在这个意义上可以称语音变换域编码为频域编码。

在语音子带编码中，常用的子带数目为 2～4，宽带音频编码也只不过用 32 个子带。语音的变换域编码，其变换系数或称频率分量数目要大得多，通常取在 123～256 范围内。变换域编码将连续 8 个输入语音样点块，经线性变换后再进行量化处理，因此变换域编码也被称为块编码。

8．感知编码

感知编码（Perceptual Audio Coding）主要是利用人耳听觉的心理声学特性（主要是频谱掩蔽特性和时间掩蔽特性）。凡是人耳感知不到的成分都可以丢弃，而对可感觉到的部分进行编码时，只要其不超过人类的听阈阈值，就可以允许有较大的量化失真。

根据人类听觉系统的心理声学模型，存在听觉阈值电平，低于这个电平的声音信号就可以被去掉，而不影响音质，并且听觉阈值的大小和声音频率有关，大多数人对 2～5kHz 的声音最敏感。一个人是否能听到声音取决于声音的频率，以及声音的幅度是否高于这种频率下的听觉阈值，而听觉阈值以外的电平可以被去除，以压缩数据。

心理声学模型中的另一个重要概念是掩蔽效应，即一种频率的声音的存在会阻碍听觉系统感受到另一种频率的声音。前者被称为掩蔽声音（Masking Tone），后者被称为被掩蔽声音（Masked Tone）。掩蔽具体又分成频域掩蔽和时域掩蔽。所谓频域掩蔽，是指掩蔽声与被掩蔽声同时作用时发生掩蔽效应，即较强的声音信号可以掩蔽临近频段中同时发声的较弱的信号。这种特性被称为频域掩蔽或同时掩蔽（Simultaneous Masking）。在时间上相邻的声音之间也有掩蔽现象，并且被称为时域掩蔽。所谓时域掩蔽，是指掩蔽效应发生在掩蔽声与被掩蔽声不同时出现时，又被称为异时掩蔽。时域掩蔽又分为超前掩蔽（Premasking）和滞后掩蔽（Postmasking），如果掩蔽声音出现之前的一段时间内发生掩蔽效应，则被称为导前掩蔽；否则被称为滞后掩蔽。产生时域掩蔽的主要原因是人的大脑处理信息需要花费一定的时间。一般来说，超前掩蔽很短，只有 5～20 ms，而滞后掩蔽可以持续 50～200 ms。异时掩蔽会随着时间的推移很快衰减，是一种弱掩蔽效应。

感知编码器首先分析输入信号的频率和振幅，然后将其与人的听觉感知模型进行比较。编码器用这个模型去除音频信号中人耳感觉不到或者被掩蔽的部分。尽管这个方法是有损的，人耳却无法觉察编码信号质量的下降。感知编码器可以将一个声道的比特速率从 768kbit/s 降至 128kbit/s，将字长从 16 bit/取样减少至平均 2.67 bit/取样，数据量减少了约 83%。

2.3.2 音频数据的标准

从数据通信的角度看，音频编码标准主要有 3 种：一是在电话传输系统中应用的电话质量的音频压缩编码技术标准[如 PCM（ITU G.711）、ADPCM（ITU G.721）等]，可满足电话级的语音质量要求；二是在窄带综合服务数据网传送中应用的调幅广播质量的音频压缩编码技术标准（如 G.722），可提供调幅广播级的语音质量要求；三是在电视传输系统、视频点播系统中应用的音频编码标准（如 MPEG 音频标准），可提供立体声声音质量。

1. 电话质量的音频压缩编码技术标准

电话质量语音信号频率规定在 300～3400Hz，采用标准的脉冲编码调制（PCM），当采样频率为 8kHz，进行 8bit 量化时，所得数据速率为 64kbit/s，即一个数字话路。

（1）G.711

G.711 标准是 1972 年 CCITT（现称为 ITU-T）制定的 PCM 语音标准，采样频率为 8kHz，每个样本值用 8 位二进制编码，因此输出的数据率为 64kbit/s。采用非线性量化 μ 律或 A 律，将样本精度为 13 位的 PCM 按 A 律压扩编码，14 位的 PCM 按 μ 律压扩编码转换为 8 位编码，其质量相当于 12bit 线性量化的音质。

（2）G.721

G.721 标准是 ITU-T 于 1984 年制定的，主要目的是用于 64kbit/s 的 A 律和 μ 律 PCM 与 32kbit/s 的 ADPCM 之间的转换。它基于 ADPCM 技术，采样频率为 8kHz，每个样本与预测值的差值用 4 位编码，其编码速率为 32kbit/s。这一技术是对信号和它的预测值的差分信号进行量化，同时再根据邻近差分信号的特性自适应改变量化参数，从而提高压缩比，又能保持一定信号质量。因此，ADPCM 能对中等电话质量要求的信号进行高效编码，而且可以在调幅广播和交互式激光唱盘音频信号压缩中应用。

（3）G.728

G.728 标准是一个追求低比特率的标准，其速率为 16kbit/s，其质量与 32kbit/s 的 G.721

标准基本相当。它使用了 LD-CELP（低延时码本激励线性预测）算法。

G.728 标准是低速率（56～128kbit/s）ISDN 可视电话的推荐语音编码器，可实现低延时，对随机比特差错有相当强的承受能力，超出任何语音编码器。

（4）G.729

G.729 是这一系列目前的最新标准，因为其低码率特性，通常用于 VoIP（Voice over Internet Protocol），大致有 6.4 kbit/s、8kbit/s、11.8 kbit/s 3 种码率适应不同的网速。它主要采用激励线性预测 CS-ACELP 算法。

2. 调幅广播质量的音频压缩编码技术标准

调幅广播质量音频信号的频率在 50～7000Hz。CCITT 在 1988 年制定了 G.722 标准。G.722 标准采用 16kHz 采样，14bit 量化，信号数据速率为 224kbit/s，采用子带编码方法，将输入音频信号经滤波器分成高子带和低子带两个部分，分别进行 ADPCM 编码，再混合形成输出码流，224kbit/s 可以被压缩成 64kbit/s，最后进行数据插入（最高插入速率达 16kbit/s），因此利用 G.722 标准可以在窄带综合服务数据网 N-ISDN 中的一个 B 信道上传送调幅广播质量的音频信号。

3. 高保真度立体声音频压缩编码技术标准

高保真立体声音频信号频率范围是 50～20000Hz，采用 44.1kHz 采样频率，16bit 量化进行数字化转换，其数据速率每声道达 705kbit/s。

一般语音信号的动态范围和频响比较小，采用 8kHz 取样，每样值用 8bit 表示，现在的语音压缩技术可把码率从原来的 64kbit/s 压缩到 4kbit/s 左右。但多媒体通信中的声音比语音复杂得多，它的动态范围可达 100dB，频响范围可达 20～20000Hz。因此，声音数字化后的信息量也非常大，例如把 6 声道环绕立体声数字化，按每声道取样频率 48kHz，每样值 18bit 表示，则数字化后的数据码率为 $6×48×10^3×18÷10^6 = 5.184(\text{Mbit/s})$，即使是两声道立体声，数字化后码率也达到 1.5Mbit/s 左右，而电视图像信号数字压缩后，码率为 1.5～10Mbit/s，因此，相对而言，声音未经数字压缩的码率就太高了，为了更有效地利用宝贵的信道资源，必须对声音进行数字压缩编码。

由于有必要确定一套通用的视频和声音编码方案，ISO/IEC 标准组织成立了 ISO/IES JTC1/SC29/WG11，即运动图像专家组（MPEG，Moving Picture Experts Group）。该小组致力于制定运动图像（视频）及音频的压缩、处理和播放标准。它开发出了一系列标准，如 MPEG-1、MPEG-2，MPEG-4、MPEG-7 和 MPEG-21 等。

"低于 1.5Mbit/s 的用于数字存储媒体的活动图像和相关声音之国际标准 ISO/IEC"（MPEG-1）于 1992 年 11 月被制定完成。其中 ISO11172.3 作为 "MPEG 音频" 标准，成为国际上公认的高保真立体声音频压缩标准，一般被称为 "MPEG-1 音频"。MPEG-1 音频第一和第二层次编码是将输入音频信号进行采样频率为 48kHz、44.1kHz、32kHz 的采样，经滤波器组分为 32 个子带，同时利用人耳屏蔽效应，根据音频信号的性质计算各频率分量的人耳屏蔽门限，选择各子带的量化参数，获得较高的压缩比。MPEG 第三层次是在上述处理后再引入辅助子带，非均匀量化和熵编码技术，再进一步提高压缩比。MPEG 音频压缩技术的数据速率为每声道 32～448kbit/s，适合于 CD-DA 光盘应用。

MPEG-2 也定义了音频标准，由两部分组成，即 MPEG-2 音频（Audio，ISO/IEC 13818-3）

和 MPEG-2 AAC（先进的音频编码，ISO/IEC 13818-3）。MPEG-2 音频编码标准是对 MPEG-1 后向兼容的、支持 2～5 声道的后继版本。主要考虑到高质量的 5+1 声道、低比特率和后向兼容性，以保证现存的两声道解码器能从 5+1 个多声道信号中解出相应的立体声。MPEG-2 AAC 除后向兼容 MPEG-1 音频外，还有非后向兼容的音频标准。

MPEG-4 Audio 标准（ISO/IEC 14496-3）可集成从话音到高质量的多通道声音，从自然声音到合成声音，编码方法还包括：参数编码，码激励线性预测（CELP）编码，时间/频率（T/F）编码，结构化声音（SA）编码，文语转换（TTS）的合成声音，以及 MIDI 合成声音等。

MPEG-7 Audio 标准提供了音频描述工具。

杜比实验室的 AC-3 编码（Audio Coding - 3）发布于 1994 年，是一种有损音频编码格式。起源于为高清晰度电视 HDTV 提供高质量声音，AC-3 系统被要求具有 5.1 声道来替代已经使用了很久的 4-2-4 矩阵模拟声音系统；同时为了可靠地记录数字声音数据，并且不干扰原有的图像和模拟声音。AC-3 在 1993 年被美国 HDTV 大联盟及 ACATS 采用，国际电信联盟 ITU-R 也采纳了 5.1 声道的方案。AC-3 系统在设计时考虑了感知编码和心理声学模型，大幅删除了在理论上认为多余的细节信号，在实际使用中提供 32～640kbit/s 之间的可调数据率，其中影院内通常用 640kbit/s。

杜比 AC-4 是杜比实验室 2015 年发布的最新音频编码，提供了对从 5.1 声道到增强型 7.1.4 声道的支持，增加了多语言支持，提供全景声的沉浸式体验，并且其码率降低到 AC-3 编码的 50%。杜比 AC-4 的核心要素已被欧洲电信标准化协会（European Telecommunications Standard Institute）定义为 TS 103190 标准，并被数字视频广播（DVB）项目在 TS 101154 标准中采纳。

2.4 音乐合成和 MIDI

数字音频实际上是一种数字式录音/重放的过程，它需要很大的数据量。在多媒体系统中，除了用数字音频的方式之外，还可以用采样合成的方式产生音乐。音乐合成的方式是根据一定的协议标准，采用音乐符号记录方法来记录和解释乐谱，并合成相应的音乐信号，这也就是 MIDI（Musical Instrument Digital Interface）方式。MIDI 是乐器数字接口的缩写，泛指数字音乐的国际标准，它是音乐与计算机结合的产物。MIDI 不是把音乐的波形进行数字化采样和编码，而是将数字式电子乐器弹奏过程记录下来，如按了哪一个键、力度多大、时间多长等。当需要播放这首乐曲时，系统根据记录的乐谱指令，通过音乐合成器生成音乐声波，经放大后由扬声器播出。

音乐合成器生成的音乐采用 MIDI 文件存储。MIDI 文件是用来记录音乐的一种文件格式，文件后缀是 ".mid" 或者 ".midi"。这种文件格式非常特殊，其中记录的不是音频数据，而是演奏音乐的指令，不同的指令与不同的乐器对应，就像乐队演奏交响曲一样，每一种乐器发出不同的声音，合在一起组成听众听到的音乐。MIDI 文件的这种特殊结构方便了音乐创作人，他们不用学习计算机中音频数据的编码原理，用他们熟悉的传统的音乐创作方式就能创作出数字音乐。同时这种特殊结构还使 MIDI 文件非常小，同一首音乐，保存为 WAV 文件需要几兆字节，保存为 MIDI 文件可能只需要几百字节，这就是很多手机铃声都是 MIDI 文件格式的原因。当然这种特殊结构也限制了 MIDI 的使用范围，由于演奏指令与乐器对应，因此，MIDI 通常被用来记录纯音乐，而不用于表示一般的声音，如人声、自然界发出的声音等。

一个 MIDI 文件包括一个头块和若干个轨迹块。每个轨迹块可以包含若干个指令，每个指令的基本格式是一样的，在基本格式的基础上各个指令有所差别，指令可以用来记录一个声音、一个系统命令等。

2.4.1 计算机上合成音乐的产生过程

MIDI 音乐的产生过程如图 2.12 所示。MIDI 电子乐器通过 MIDI 接口与计算机相连。这样，计算机可通过音序器软件来采集 MIDI 电子乐器发出的一系列指令。这一系列指令可记录到以.mid 被为扩展名的 MIDI 文件中。在计算机上，音序器可对 MIDI 文件进行编辑和修改。最后，MIDI 指令被送往音乐合成器，由合成器将 MIDI 指令符号进行解释并产生波形，然后通过声音发生器送往扬声器播放出来。

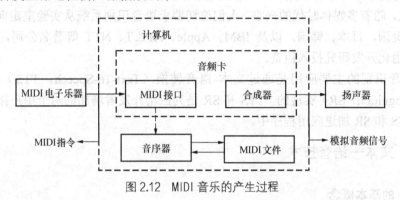

图 2.12 MIDI 音乐的产生过程

2.4.2 MIDI 音乐合成器

计算机系统把 MIDI 指令送到合成器，由合成器产生相应的声音。同样的乐谱如果选择不同的乐器播放，会听到不同的音色。MIDI 制造商协会制定了普通 MIDI 规格，一般被称为 GM 规格。GM 规定了 128 种音色的声音排序，即它支持 128 种乐器声音。当然还有更为详细的 MIDI 标准，但普通音频卡只要支持 GM 规格就可以了。

MIDI 标准提供了 16 个通道。按照所用通道数的不同，合成器又可分成基本型和扩展型两种，如表 2.2 所示。这两种合成器的差别在于能够同时播放的乐器数不同。

表 2.2 两种合成器对应的通道号

合成器类型	旋律乐器通道	打击乐器通道
基本型合成器	13～15	16
扩展型合成器	1～9	10

MIDI 合成的产生方式有两种，即 FM（frequency modulation）合成和波形表（wavetable）合成。FM 是使高频振荡波的频率按调制信号规律变化的一种调制方式。FM 频率调制合成是通过硬件产生正弦信号，再经处理合成音乐。合成的方式是将波形组合在一起。这种方式在理论上有无限多组波形，既可以模拟任何声音，又可以任意修改音色，但实际上是做不到的。目前的音频卡使用最广的 FM 音源 OPL III 也只有 4 个正弦波发生器来模拟音色，所以用 FM 音源发出 GM 中的乐器声时，其真实度相当差，因为较高或较低频率的信号失真度很大。

目前较高级的音频卡一般都采用波形表合成方式。波形表的原理是在 ROM 中已存储了各种实际乐器的声音采样，当需要合成某种乐器的声音时，调用相应的实际声音采样，合成该乐器的乐音。显然，ROM 存储器的容量越大，合成的效果越好，但价格也越贵。

2.5 语音识别

人的表达方式有多种，其中语音是最迅速、最常用和最自然的一种。语音识别以语音为研究对象，它是多媒体音频技术的一个重要研究方向，其最终目标是实现人与机器进行自然语言通信。最早的自动语音识别研究工作开始于 20 世纪 50 年代。1952 年，当时 AT&T 的 Bell 实验室实现了第一个可识别 10 个孤立英文数字的语音识别系统——Audry 系统。进入 20 世纪 90 年代，随着多媒体时代的来临，人们迫切要求语音识别系统从实验室走向实用。许多发达国家如美国、日本、韩国，以及 IBM、Apple、AT&T、NTT 等著名公司，都为语音识别系统的实用化开发研究投入巨资。

目前语音识别的主要应用是通过文本-语音转换（Text-To-Speech，TTS）和语音识别（Speech Recognition，SR）实现的。TTS 和 SR 是为应用开发者增加的两个用户接口设备，开发者可将 TTS 和 SR 加进应用程序中。

2.5.1 文本—语音技术

1. TTS 的基本概念

文本—语音转换（Text-to-Speech，TTS）是将文本形式的信息转换成自然语音的一种技术，其最终目标是力图使计算机能够以清晰自然的声音，以各种各样的语言，甚至以各种各样的情绪来朗读任意的文本。也就是说，要使计算机具有像人一样甚至比人更强的说话能力。因而它是一个十分复杂的问题，涉及语言学、韵律学、语音学、自然语言处理、信号处理、人工智能等诸多学科。

TTS 分为综合型和连贯型两种类型。综合型语音就是通过分析单词，由计算机确认单词的发音，然后这些音素就被输入一个复杂的模仿人声发声的算法，这样就可以读文本了。通过这种方式，TTS 能读出任何单词，甚至读出自造的词，但是它发出的声音不带任何感情，带有明显的机器语音味道。

连贯型语音系统分析文本从预先备好的文库里抽出单词和词组的录音。数字化录音是连贯的，因为声音是事先录制的语音，听起来很舒服。遗憾的是，如果文本包含没有录的词和短语，TTS 就读不出来了。连贯型 TTS 可以被看作一种声音压缩形式，因为单词和常用的短语，只能录一次。连贯型 TTS 会节省开发时间并减少错误，使软件增加相应的功能。连贯型 TTS 只播放一个 WAV 文件，只占用计算机系统很少的处理能力。

汉语文本-语音转换的研究约始于 20 世纪 60 年代，最初发展较为缓慢，到了 70 年代后期，由于计算机科学的发展，才有了较快的进步。近期，百度发布文本到语音转化系统 Deep Voice，它是全部由深度神经网络构建的系统，在文本到语音的转化速度上比谷歌的计算机语音合成系统 WaveNet 快 400 倍。

总之，TTS 系统最根本的两个主要目标便在于它的自然度（Naturalness）和可理解性（Intelligibility）。可理解性指合成语音的清晰度，即听者对于原信息的提取和理解程度。自然度是衡量一个 TTS 系统好坏的最重要的指标。其描述了理解内容之外的信息，如整体容易程度、流畅度、全局的风格一致性、地域或者语言层面的微妙差异等。因此，研究更好的文本-语音转换方法，提高合成语音的自然程度就成为当务之急。

2. TTS 系统的组成与工作过程

典型的 TTS 系统（如百度的 Deep Voice）包含如下 5 个模型：字母到音素（grapheme-to-phoneme）的转换模型；定位音素边界的分割模型；音素时长预测模型；基础频率预测模型；音频合成模型。

字母到音素的转换模型将字符转换为音素（如 ARPBET 等标准音标系统）的串。

定位音素边界的分割模型则是在语音数据库中确定音素的边界。如给定一个声音文件和一个对应的内容字符到音素脚本，分割模型确定在声音文件中每个音素的开始和结束边界。

音素时长模型预测每个音素在音素串中的发声时长。

基础频率预测模型决定一个音素是否被发声。如果发声，则通过音素的时长预测其需要的基础频率。

音频合成模型结合上面 4 个模型，在高码率下对应文本合成语音。

这里可以利用分词知识库对文本进行语义、语法和词法分析，进而知道哪些是短语或句子，哪些是词及停顿等问题；语言学处理包括文体分析，还要将输入的文字转换成计算机能够处理的内部参数。

人类发音具有不同的声调、语气和停顿方式，发音的长短也不同。韵律生成提取出其中的韵律特征，以解决要发什么音、怎样发音的问题。韵律生成方法采用基于规则的方法。

语音生成是根据韵律建模的结果，从原始语音数据库中取出相应的语音基元，利用特定的语音合成技术对语音基元进行韵律特性的调整和修改，最终合成符合要求的语音。

3. TTS 的应用领域

文本—语音转换在各种计算机相关领域中有着广泛的应用前景。目前，人与计算机之间进行交互的最常规手段是通过键盘输入信息，通过屏幕或打印机以视觉形式输出信息。这种方式不同于人与人之间通过语音来交流信息的自然的交往方式，因而不仅极大地限制了普通用户使用计算机，而且在某些特定场合使用起来也很不方便。因此，构造一个以语音为媒介的与计算机进行交互的系统即智能计算机界面，是人们长久以来的梦想，也是科技人员孜孜以求的目标。显然，智能计算机界面包括两个相对独立的部分："倾听"部分，即语音识别；"诉说"部分，即文本—语音转换。随着这两方面技术的不断发展，人机接口将会从根本上得到改善，从而使计算机以崭新的面貌进入人类生活，发挥出更大的作用。

除了人机交互外，TTS 系统在医疗、教育、通信、信息、家电等领域也具有相当广泛的用途。

2.5.2　语音识别系统实例——深度学习

语音识别是把输入的语音信号经过数字信号处理后得到一组特征参数，然后将这组特征参数与预存的模板进行比较，从而确定说话者所说内容的一门新的声音识别技术。

语音识别系统根据不同的分类方式及依据，分为以下几类：根据对说话人说话方式的要求，可以分为孤立字（词）语音识别系统、连接字语音识别系统及连续语音识别系统；根据对说话人的依赖程度，可以分为特定人和非特定人语音识别系统；根据词汇量大小，可以分为小词汇量、中等词汇量、大词汇量、无限词汇量语音识别系统。

不同的语音识别系统，虽然具体实现细节有所不同，但所采用的基本技术相似。语音识别技术主要包括特征提取技术、模式匹配准则及模型训练技术3个方面，此外，还涉及语音识别单元的选取技术。

选择识别单元是语音识别研究的第一步。语音识别单元有单词（句）、音节和音素3种，具体选择哪一种，由具体的研究任务决定。特征提取就是通过对语音信号进行分析处理，去除对语音识别无关紧要的冗余信息，获得影响语音识别的重要信息。对于非特定人语音识别来讲，希望特征参数尽可能多地反映语义信息，尽量减少说话人的个人信息。模型训练是指按照一定的准则，从大量已知模式中获取表征该模式本质特征的模型参数，而模式匹配则是根据一定的准则，使未知模式与模型库中的某一个模型获得最佳匹配。

语音识别已经存在数十年了，但是直到2016年后，人们才有了成熟和易用的产品（如亚马逊公司的Alexa、微软开发的Cortana和苹果公司的Siri等语音助理产品），原因是深度学习的发展让语音识别足够准确，能够让语音识别在普适环境中得到使用。

只有语音识别的准确率从95%达到99%时，语音识别才能成为人与计算机交互的主要方式。在这里，4%的准确性差距就相当"难以容忍的不可靠"到"令人难以置信的有用性"之间的差距。由于有深度学习，人们在逐步实现这一过程。

在将音频进行传统的采样量化进行数字化后，作为音频数据的预处理，这里以20 ms时间段将取得的幅值数据进行分组，每组含有320个样本（16000Hz）。

从图2.13可知，这段音频可以分解为不同频率的声音，低音、中音甚至高音混合在一起，构成了人类复杂的语音。在预处理中，我们使用傅里叶变换来分离各个频带，然后通过将每个频带（从低到高，50Hz为一个频带）中的能量相加，为该音频片段创建了一个特征图（见图2.14）。

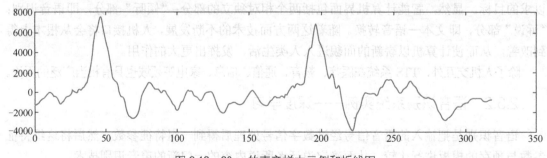

图2.13　20ms的声音样本示例和折线图

将所有音频片断特征图拼起来，就得到了图2.15所示的人类语音的完整频谱图，神经网络可以更加容易地从频谱图中找到规律，如低音部分能量较高，就可能说明这是来自一个男性讲者的声音。

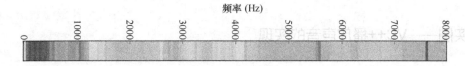

图 2.14　20ms 的声音样本的频带能量特征图

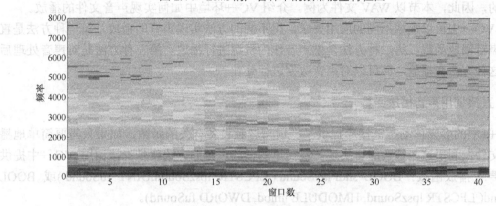

图 2.15　人类语音的完整频谱图

　　对于每一音频频谱切片，将其输入到深度神经网络，神经网络都会试图找出与声音对应的字母。其输出结果是一个和相应字符的匹配概率，这里使用循环神经网络（具有能影响未来预测的记忆的神经网络）。其每个字母都将影响它对下一个字母的预测。例如，如果我们已经说出"HEL"，那么接下来我们很可能说出"LO"以说出"HELLO"，而不太可能会说像"XYZ"这种根本无法发音的词。因此，具有先前预测的记忆将有助于神经网络对未来进行更准确的预测。当在神经网络上运行整个音频剪辑（一次一块）后，最终将得到与每个音频块最可能对应的字符的一个映射。

　　根据图 2.16，可能的转录拼接有"HELLO""HULLO"和"AULLO"，显然"HELLO"在文本数据库中更频繁地出现，因此选择"HELLO"作为最后的转录，从而完成音频识别。

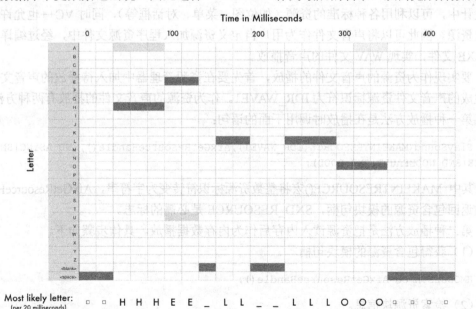

图 2.16　完成从音频片段到词语的转录

2.6 实例——VC++播放声音的实现

实现音频分析的基础是对音频文件的解析。尽管音频文件的存储格式很多，但基本原理是一致的，因此，本节以 WAV 文件为例，介绍 VC++环境中如何实现声音文件的播放。

在 VC++中可以根据不同的应用要求，用不同的方法实现声音的播放。第一种方法是直接调用声音播放函数。第二种方法是把声音作为资源进行播放。第三种方法是对声音处理后播放，这种方法在播放之前可以对声音数据进行处理。

1. 直接调用声音播放函数

VC++中的多媒体动态链接库提供了一组与音频设备有关的函数，如果只需要简单地播放声音文件，利用这些函数即可实现。最简单的播放声音的方法就是直接调用 VC++中提供的如下声音播放函数：BOOL sndPlaySound (LPCSTR lpszSound,UINT fuSound)或 BOOL PlaySound(LPCSTR lpszSound, HMODULE hmod, DWORD fuSound)。

其中参数 lpszSound 是需要播放声音的.WAV 文件的路径和文件名，hmod 在这里为 NULL，fuSound 是播放声音的标志。例如播放 C:\sound\music.wav 可以用 sndPlaySound ("c:\\sound\\music.wav", SND_ASYNC)或 PlaySound("c:\\sound\\music.wav", NULL, SND_ASYNC|SND_NODEFAULT)。

如果没有找到 music.wav 文件，第一种格式将播放系统默认的声音，第二种格式不会播放系统默认的声音。

2. 把声音文件作为资源进行播放

除了简单的声音文件的播放之外，还可以将声音文件作为资源进行播放。在 VC++的程序设计中，可以利用各种标准的资源（如位图、菜单、对话框等），同时 VC++也允许用户自定义资源。因此可以将声音文件作为用户自定义资源加入程序资源文件中，经过编译链接生成 EXE 文件，实现 WAV 文件的声音播放。

要实现作为资源的声音文件的播放，首先要在资源管理器中加入待播放的声音文件。假设生成的声音文件资源标识符为 IDR_WAVE1。作为资源的声音文件的播放有两种方法。

第一种播放方法是在播放时调用下面的语句：

```
PlaySound(MAKEINTRESOURCE(IDR_WAVE1),AfxGetResourceHandle(),SND_ASYNC|SND_RES
OURCE|SND_NODEFAULT|SND_LOOP);
```

其中 MAKEINTRESOURCE()宏将整数资源标识符转变为字符串，AfxGetResourceHandle()函数返回包含资源的模块句柄，SND_RESOURCE 是必需的标志。

第二种播放方法是把资源读入内存后作为内存数据播放。具体步骤如下。

（1）获得包含资源的模块句柄。

```
HMODULE hmod=AfxGetResourceHandle();
```

（2）检索资源块信息。

```
HRSRChSndResource=FindResource(hmod,MAKEINTRESOURCE(IDR_WAVE1), _T("WAVE"));
```

（3）装载资源数据并加锁。

```
HGLOBAL hGlobalMem=LoadResource(hmod,hSndResource);
LPCTSTR lpMemSound=(LPCSTR)LockResource(hGlobalMem);
```

（4）播放声音文件。

```
sndPlaySound(lpMemSound,SND_MEMORY));
```

（5）释放资源句柄。

```
FreeResource(hGlobalMem);
```

3. 对声音处理后播放

如果需要灵活地对声音文件进行各种处理，就需要利用 VC++中提供的一组对音频设备及多媒体文件直接进行操作的函数。

首先介绍几个要用到的数据结构。WAVEFORMATEX 结构定义了 WAV 音频数据文件的格式。WAVEHDR 结构定义了波形音频缓冲区。读出的数据首先要填充此缓冲区才能被送到音频设备播放。WAVEOUTCAPS 结构描述了音频设备的性能。MMCKINFO 结构包含了 RIFF 文件中一个块的信息。下面给出程序源代码清单，该源化码在 VC++环境下可直接使用。

```
LPSTR szFileName;//声音文件名
MMCKINFO mmckinfoParent;
MMCKINFO mmckinfoSubChunk;
DWORD dwFmtSize;
HMMIO m_hmmio;//音频文件句柄
DWORD m_WaveLong;
HPSTR lpData;//音频数据
HANDLE m_hData;
HANDLE m_hFormat;
WAVEFORMATEX * lpFormat;
DWORD m_dwDataOffset;
DWORD m_dwDataSize;
WAVEHDR pWaveOutHdr;
WAVEOUTCAPS pwoc;
HWAVEOUT hWaveOut;
//打开波形文件
if(!(m_hmmio=mmioOpen(szFileName,NULL,MMIO_READ|MMIO_ALLOCBUF)))
{//File open Error
    Error("Failed to open the file.");//错误处理函数
    return false;
    }
    //检查打开文件是否是声音文件
    mmckinfoParent.fccType =mmioFOURCC('W','A','V','E');
    if(mmioDescend(m_hmmio,(LPMMCKINFO)&mmckinfoParent,NULL,MMIO_FINDRIFF))
    {
    //NOT WAVE FILE AND QUIT
    }
//寻找 'fmt' 块
    mmckinfoSubChunk.ckid =mmioFOURCC('f','m','t',' ');
```

```
if(mmioDescend(m_hmmio,&mmckinfoSubChunk,&mmckinfoParent,MMIO_FINDCHUNK))
{
//Can't find 'fmt' chunk
}
//获得 'fmt '块的大小，申请内存
dwFmtSize=mmckinfoSubChunk.cksize ;
m_hFormat=LocalAlloc(LMEM_MOVEABLE,LOWORD(dwFmtSize));
if(!m_hFormat)
{
//failed alloc memory
}
lpFormat=(WAVEFORMATEX*)LocalLock(m_hFormat);
if(!lpFormat)
{
//failed to lock the memory
}
if((unsigned long)mmioRead(m_hmmio,(HPSTR)lpFormat,dwFmtSize)!=dwFmtSize)
{
//failed to read format chunk
}
//离开 'fmt' 块
mmioAscend(m_hmmio,&mmckinfoSubChunk,0);
//寻找 'data' 块
mmckinfoSubChunk.ckid=mmioFOURCC('d','a','t','a');
if(mmioDescend(m_hmmio,&mmckinfoSubChunk,&mmckinfoParent,MMIO_FINDCHUNK))
{
//Can't find 'data' chunk
}
//获得 'data'块的大小
m_dwDataSize=mmckinfoSubChunk.cksize ;
m_dwDataOffset =mmckinfoSubChunk.dwDataOffset ;
if(m_dwDataSize==0L)
{
//no data in the 'data' chunk
}
//为音频数据分配内存
lpData=new char[m_dwDataSize];
if(!lpData)
{
fail
}
if(mmioSeek(m_hmmio,SoundOffset,SEEK_SET)<0)
{
//Failed to read the data chunk
}
m_WaveLong=mmioRead(m_hmmio,lpData,SoundLong);
if(m_WaveLong<0)
{
//Failed to read the data chunk
}
//检查音频设备，返回音频输出设备的性能
```

```
if(waveOutGetDeVCaps(WAVE_MAPPER,&pwoc,sizeof(WAVEOUTCAPS))!=0)
{
//Unable to allocate or lock memory
}
//检查音频输出设备是否能播放指定的音频文件
if(waveOutOpen(&hWaveOut,DevsNum,lpFormat,NULL,NULL,CALLBACK_NULL)!=0)
{
//Failed to OPEN the wave out devices
}
//准备待播放的数据
pWaveOutHdr.lpData =(HPSTR)lpData;
pWaveOutHdr.dwBufferLength =m_WaveLong;
pWaveOutHdr.dwFlags =0;
if(waveOutPrepareHeader(hWaveOut,&pWaveOutHdr,sizeof(WAVEHDR))!=0)
{
//Failed to prepare the wave data buffer
}
//播放音频数据文件
if(waveOutWrite(hWaveOut,&pWaveOutHdr,sizeof(WAVEHDR))!=0)
{
//Failed to write the wave data buffer
}
//关闭音频输出设备，释放内存
waveOutReset(hWaveOut);
waveOutClose(hWaveOut);
LocalUnlock(m_hFormat);
LocalFree(m_hFormat);
delete [] lpData;
```

如下几点说明。

（1）以上使用的音频设备和声音文件操作函数的声明包含在 mmsystem.h 头文件中，因此在程序中必须用#include "mmsystem.h"语句加入头文件。同时在编译时要加入静态链接导入库 winmm.lib，具体实现方法是从 Developer Studio 的 Project 菜单中选择 Settings，然后在 Link 选项卡上的 Object/Library Modules 控制中加入 winmm.lib。

（2）在 pWaveOutHdr.lpData 中指定不同的数据，可以播放音频数据文件中任意指定位置的声音。

（3）以上程序均在 VC++6.0 中调试通过，文中省略了对错误及异常情况的处理，在实际应用中必须加入。

2.7 本章小结

声音是多媒体信息的一个重要组成部分，也是表达思想和情感的一种必不可少的媒体。无论其应用目的是什么，只要进入多媒体领域，人们总是希望合理使用语音信息，使多媒体应用系统变得更加丰富多彩。在多媒体系统中，音频可被用作输入或输出。输入可以是自然语言或语音命令，输出可以是语音或音乐，这些都会涉及音频处理技术。本章介绍了声音的要素、数字音频的获取、音频信号压缩编码、音乐合成和 MIDI、语音识别等。

思考与练习

一、判断题

1. A/D 转换就是把模拟信号转换成数字信号。　　　　　　　　　　（　　）
2. 一般来说，声音质量与其 WAV 格式的文件大小成反比。　　　　　（　　）
3. 根据解压后数据是否有失真，可以将音频压缩分为无损压缩和有损压缩。（　　）
4. PCM 编码是对连续语音信号进行空间采样、幅度量化及用适当码字将其编码的总称。
　　　　　　　　　　　　　　　　　　　　　　　　　　　　　　（　　）
5. 电话质量语音信号频率规定在 30～3400Hz。　　　　　　　　　（　　）
6. 多音色指合成器同时演奏若干音符时发出的声音。　　　　　　　（　　）
7. 语音识别单元有单词（句）、音节和音素 3 种。　　　　　　　　（　　）
8. 对于非特定人语音识别来讲，人们希望特征参数尽可能多地反映语义信息，尽量减少说话人的个人信息。　　　　　　　　　　　　　　　　　　　　　　　（　　）

二、选择题

1. 采样频率越高，则（　　）。
    A. 采样的间隔时间越长　　　B. 在单位时间内，计算机得到的声音样本数据就越少
    C. 存储音频的数据量越小　　D. 声音波形的表示也越精确，声音失真越小
2. （　　）是第一个实用的有损音频压缩编码技术。
    A. WAV 文件格式　　　　　　B. MP3 文件格式
    C. MIDI 文件格式　　　　　　D. RA 文件格式
3. （　　）算法主要基于语音波形预测，它力图使重建的语音波形保持原有的波形状态。
    A. 差分脉冲编码调制　　　　B. 线性预测编码
    C. 码激励 LPC　　　　　　　D. 矢量和激励 LPC
4. （　　）调制的中心思想是对信号的差值而不是对信号本身进行编码。
    A. 增量调制　　　　　　　　B. 自适应增量调制
    C. 脉冲编码调制 PCM　　　　D. 差分脉冲编码调制
5. MPEG-2 音频标准和 MPEG-1 音频标准相比，（　　）
    A. 减少了声道数　　　　　　B. 缩小了编码器的输出速率范围
    C. 增加了低取样和低码率　　D. MPEG-2 音频标准不保持后向兼容 MPEG-1
6. 下面关于 FM（Frequency Modulation）合成的说法，不正确的是（　　）。
    A. FM 是使高频振荡波的频率按调制信号规律变化的一种调制方式
    B. FM 频率调制合成是通过硬件产生正弦信号，再经处理，合成音乐
    C. 合成的方式是将波形组合在一起
    D. 这种方式在理论上有无限多组波形，既可以模拟任何声音，而且可以任意修改音色，实际上也是可以做到的

三、填空题

1. 声音包含 3 个要素，即____、____和____。

2. 信噪比定义为_____与_____之比。

3. 量化可分为_____量化和_____量化。

4. 衡量数字音频的主要指标包括_____、_____、_____。

5. PCM 方法可以按量化方式的不同分为_____、_____和_____
____等几种。

6. 根据语音处理的特点，请列举汉语 TTS 系统的 5 个主要组成部分：_____；
_____；_____；_____；_____。

四、简答题

1. 什么是音频信号？决定音频信号波形的参数有哪些？

2. 声音的质量与它所占用的频带宽度有关，请说出 4 级声音质量（CD-DA 数字音乐、
电话等）的带宽。

3. 什么是采样？根据 Nyquist 理论，若原有声音信号的频率为 20kHz，则采样频率应为
多少？

4. 什么是量化？若一个数字化声音的量化位数为 16，则能够表示的声音幅度等级是多少？

5. 音频信号能进行压缩的依据是什么？

6. 简述 PCM 编码方法的几种形式。

7. 音频压缩编码的标准有哪些？

8. 选择采样频率为 44.1kHz、量化位数为 16 位的录音参数，在不采用压缩技术的情况
下，计算录制 1min 的立体声需要多少 MB 存储空间？

9. 什么是 MIDI？MIDI 系统的合成器、音序器、音源各起什么作用？

第 3 章　视觉信息处理

视觉是人类感知外部世界的最重要的一个途径，而计算机视觉信息处理技术是把人们带到近于真实世界的最强大的工具。在多媒体技术中，视觉信息的获取及处理无疑占有举足轻重的地位，视觉信息处理技术在目前乃至将来都是多媒体应用的一个核心技术。视觉数据类型可以是静态图像、视频、图形、动画等。本章将在介绍视觉信息密切相关的颜色的基本概念与颜色空间的表示与转换的基础上，重点介绍图形、图像、视频、动画的基本概念、涉及的主要研究内容等。

3.1　概述

3.1.1　颜色的基本概念

颜色是人的视觉系统对可见光的感知结果。物体由于构成和内部结构的不同，受光线照射后，一部分光线被吸收，其余的被反射或投射出来。由于物体的表面具有不同的吸收光线与反射光的能力，反射光不同，眼睛就会看到不同的颜色。因此，颜色与光有密切关系，也与被光照射的物体及观察者有关。

颜色通常使用光的波长来定义，用波长定义的颜色叫作光谱色。人们已经发现，用不同波长的光进行组合时可以产生不同的颜色感觉。

虽然人们可以通过光谱功率分布，也就是用每一种波长的功率（占总功率的一部分）在可见光谱中的分布来精确地描述颜色，但因为眼睛对颜色的采样仅用相应于红、绿和蓝色 3 种锥体细胞，因此这种描述方法就产生了很大冗余。这些锥体细胞采样得到的信号通过大脑产生不同颜色的感觉，这些感觉由国际照明委员会（CIE）作了定义，用颜色的 3 个特性来区分。这些特性是色调（Hue）、饱和度（Saturation）和明度（Brightness），它们是颜色所固有的并且是截然不同的特性。

色调又被称为色相，指颜色的外观，用于区别颜色的名称或颜色的种类。色调是视觉系统对一个区域所呈现颜色的感觉。对颜色的感觉实际上就是视觉系统对可见物体辐射或者发射的光波波长的感觉。色调取决于可见光谱中的光波的频率，它是最容易把颜色区分开的一种属性。色调用红、橙、黄、绿、青、蓝、靛、紫等术语来刻画。例如我们说一幅画具红色调，是指它在颜色上总体偏红。色调的种类很多，如果仔细分析，可有 1000 万种以上，黑、灰、白则为无色彩。色调有一个自然次序，即红、橙、黄、绿、青、蓝、靛、紫。在这个次序中，当人们混合相邻颜色时，可以获得在这两种颜色之间连续变化的色调。用于描述感知色调的一个术语是色彩。色彩是视觉系统对一个区域呈现的色调多少的感觉。

　　饱和度是颜色的纯洁性，可用来区别颜色的程度。当一种颜色渗入其他光成分越多时，就说颜色越不饱和。例如绿色，当它混入了白色时，虽然仍旧具有绿色的特征，但它的鲜艳度降低了，成为淡绿色；当它混入黑色时，成为暗绿色。不同的色相饱和度不相等，例如饱和度最高的色是红色，黄色次之，绿色的饱和度几乎才达到红色的一半。完全饱和的颜色则是指没有渗入白光所呈现的颜色，例如仅由单一波长组成的光谱色就是完全饱和的颜色。

　　明度是视觉系统对可见物体辐射或者发光多少的感知属性。有色表面的明度取决于亮度和表面的反射率。由于感知的明度与反射率不成正比（被认为是一种对数关系），因此在颜色度量系统中使用一个比例因子来表示明度。在无彩色中，明度最高的色为白色，明度最低的色为黑色，中间存在一个从亮到暗的灰色系列。在有彩色中，任何一种纯度色都有着自己的明度特征。例如，黄色为明度最高的色，处于光谱的中心位置，紫色是明度最低的色，处于光谱的边缘。明度在三要素中具较强的独立性，它可以不带任何色相的特征而通过黑白灰的关系单独呈现出来。色相与饱和度则必须依赖一定的明暗才能显现，色彩一旦发生，明暗关系就会同时出现。

　　亮度是用反映视觉特性的光谱敏感函数加权之后得到的辐射功率，用单位面积上反射或者发射的光的强度表示。由于明度很难度量，通常可以用亮度来度量。

　　在饱和的彩色光中增加白光的成分，相当于增加了光能，因而变得更亮了，但是它的饱和度却降低了。若增加黑色光的成分，相当于降低了光能，因而变得更暗，其饱和度也降低了。饱和度越高，颜色越艳丽、越鲜明突出，越能发挥颜色的固有特性。但饱和度高的颜色容易让人感到单调刺眼。饱和度低，色感比较柔和协调，可混色太杂则容易让人感觉浑浊，色调显得灰暗。

3.1.2　颜色空间的表示与转换

　　颜色常用颜色空间来表示。颜色空间是用一种数学方法形象化表示颜色，人们用它来指定和产生颜色。例如，对人来说，可以通过色调、饱和度、明度来定义颜色；对显示设备来说，可以使用红、绿和蓝荧光体的发光量来描述颜色；对打印或者印刷设备来说，可以使用青色、品红色、黄色和黑色的反射、吸收来产生指定的颜色。颜色空间通常用三维模型表示，空间中的颜色能够使用颜色模型产生。颜色空间中的颜色通常用代表 3 个参数的三维坐标来描述，其颜色取决于所使用的坐标。在显示技术和印刷技术中，颜色空间经常被称为颜色模型。颜色空间侧重于颜色的表示，而颜色模型侧重于颜色的生成。

　　一个典型的多媒体计算机系统，常常涉及用几种不同的颜色空间表示图形和图像的颜色，以对应于不同的场合和应用，各种颜色空间可以方便地进行转换。

1. RGB 颜色空间

　　计算机颜色显示器显示颜色的原理与彩色电视机一样，都采用红（R）、绿（G）、蓝（B）相加混色的原理，通过发射出 3 种不同强度的电子束，使屏幕内侧覆盖的红、绿、蓝荧光材料发光而产生颜色。这种颜色的表示方法被称为 RGB 颜色空间表示。在多媒体计算机技术中，用得最多的是 RGB 颜色空间表示。

在 RGB 颜色空间，任意色光 F 都可以用 R、G、B 三基色不同分量的相加混合而成，即：

$$F = r[R] + g[G] + b[B] \tag{3-1}$$

自然界中任何一种色光都可由 R、G、B 三基色按不同的比例相加混合而成，当三基色分量都为 0（最弱）时混合为黑色光；当三基色分量都为 k（最强）时混合为白色光。这就是三基色原理。

2．HSI 颜色空间

HSI（Hue Saturation and Intensity）模型中，H 表示色调，S 表示饱和度，I 表示亮度，它反映了人的视觉系统观察颜色的方式。通常把色调与饱和度通称为色度，用来表示颜色的类别与深浅程度。由于人的视觉对亮度的敏感程度远强于对颜色浓淡的敏感程度，为了便于颜色处理和识别，人的视觉系统经常采用 HSI 颜色空间，它比 RGB 颜色空间更符合人的视觉特性。在图像处理和计算机视觉中，大量算法都可在 HSI 颜色空间中方便地使用，它们可以分开处理而且是相互独立的。因此，在 HSI 颜色空间可以大大简化图像分析和处理的工作量。RGB 颜色空间可与 HSI 互转换，HSI 与 RGB 颜色空间的转换关系如下。

$$F = \frac{2R - G - B}{G - B} \tag{3-2}$$

$$I = \frac{R + G + B}{3}$$

$$S = 1 - \left[\frac{\min(R, G, B)}{I} \right]$$

$$H = \frac{I}{360} [90 - \arctan(F / \sqrt{3}) + \{0, G > B; 180, G < B\}]$$

3．YUV 颜色空间

YUV 颜色空间也被称为电视信号彩色坐标系统。在现代彩色电视系统中，通常采用 3 管彩色摄像机或彩色 CCD（电耦合器件）摄像机，它把得到的彩色图像信号，经分色分别放大校正得到 RGB，再经过矩阵变换电路得到亮度信号 Y 和两个色差信号 R-Y、B-Y，最后发送端将亮度和色差 3 个信号分别进行编码，用同一信道发送出去。这就是常用的 YUV 颜色空间。

YUV 彩色电视信号传输时，将 R、G、B 信号改组成亮度信号和色度信号。PAL 制式将 R、G、B 信号改组成 Y、U、V 信号，其中 Y 信号表示亮度，U、V 信号是色差信号。采用 YUV 颜色空间的重要性是它的亮度信号 Y 和色度信号 U、V 是分离的。只有 Y 信号分量而没有 U、V 分量的图就是黑白灰度图。彩色电视采用 YUV 颜色空间，正是为了用亮度信号 Y 解决彩色电视机与黑白电视机的兼容问题，使黑白电视机也能接收彩色信号。

根据美国国家电视制式委员会 NTSC 制式的标准，当白光的亮度用 Y 来表示时，它和红、绿、蓝光的关系可用下式描述。

$$Y = 0.3R + 0.59G + 0.11B \tag{3-3}$$

这就是常用的亮度公式。色差 *U*、*V* 是由 *B–Y*、*R–Y* 按不同比例压缩而成的。YUV 颜色空间与 RGB 颜色空间的转换关系如下：

$$\begin{bmatrix} Y \\ U \\ V \end{bmatrix} = \begin{bmatrix} 0.3 & 0.59 & 0.11 \\ -0.15 & -0.29 & 0.44 \\ 0.61 & -0.52 & -0.096 \end{bmatrix} \begin{bmatrix} R \\ G \\ B \end{bmatrix} \tag{3-4}$$

如果要由 YUV 颜色空间转化成 RGB 颜色空间，只要进行相应的逆运算即可。与 YUV 颜色空间类似的还有 Lab 颜色空间，它也用亮度和色差来描述颜色分量，其中 *L* 为亮度，*a* 和 *b* 分别为各色差分量。

YIQ 模型与 YUV 模型非常类似，是在彩色电视制式中使用的另一种重要的颜色模型，主要在 NTSC 彩色电视制式中使用。这里的 *Y* 表示亮度，*I*、*Q* 是两个彩色分量。YIQ 和 RGB 的对应关系用下式表示：

$$\begin{bmatrix} Y \\ I \\ Q \end{bmatrix} = \begin{bmatrix} 0.299 & 0.587 & 0.114 \\ 0.596 & -0.275 & -0.321 \\ 0.212 & -0.523 & 0.311 \end{bmatrix} \begin{bmatrix} R \\ G \\ B \end{bmatrix} \tag{3-5}$$

4. CMYK 颜色空间

CMYK 颜色空间也是一种表示颜色的常用方式。它通过相加来产生其他颜色，这种做法通常被称为加色合成法。彩色印刷或彩色打印的纸张是不能发射光线的，因而印刷机或彩色打印机就只能使用一些能够吸收特定的光波而反射其他光波的油墨或颜料。油墨或颜料的三基色是青（Cyan）、品红（Magenta）和黄（Yellow），简称为 CMY。青色对应蓝绿色，品红色对应紫红色。理论上说，任何一种由颜料表现的颜色都可以用这三种基色按不同的比例混合而成，这种颜色表示方法被称为 CMY 颜色空间表示法。彩色打印机采用 CMY 颜色空间，而在印刷工业上则通常用 CMYK 表色系统，它是通过颜色相减来产生其他颜色的，所以这种方式被称为减色合成法。

在 CMY 相减混色中，三基色等量相减时得到黑色；等量黄色（Y）和品红色（M）相减而青色（C）为 0 时，得到红色（R）；等量青色（C）和品红色（M）相减而黄色（Y）为 0 时，得到蓝色（B）；等量黄色（Y）和青色（C）相减而品红色（M）为 0 时，得到绿色（G）。

CMY 颜色空间正好与 RGB 颜色空间互补，也即用白色减去 RGB 颜色空间中的某一颜色值就等于同样颜色在 CMY 颜色空间中的值。根据这个原理，很容易把 RGB 颜色空间转换成 CMY 颜色空间。由于彩色墨水和颜料的化学特性，用等量的 CMY 三基色得到的黑色不是真正的黑色，因此在印刷术中常加入一种真正的黑色，所以 CMY 又写成 CMYK。

实际应用中，一幅图像在计算机中用 RGB 颜色空间显示；用 RGB 或 HSI 颜色空间编辑处理；打印输出时要转换成 CMY 颜色空间；如果要印刷，则要转换成 CMYK 四幅印刷分色图，用于套印彩色印刷品。

3.2 图形处理技术

图形通常由点、线、面、体等几何元素，以及灰度、色彩、线型、线宽等非几何属性组成。从处理技术上来看，图形主要分为两类，一类是基于线条信息表示的，用于刻画物体形状的点、线、面、体等几何要素，如工程图、等高线地图、曲面的线框图等，如图 3.1 所示。另一类是反映物体表面属性或材质的灰度颜色等非几何要素，它侧重于根据给定的物体描述模型、光照及摄像机来生成真实感图形，如图 3.2 所示。计算机图形处理是指利用由概念或数学描述所表示物体的几何数据或几何模型，用计算机进行显示、存储、修改、完善等操作的过程。

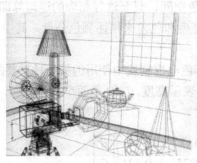

图 3.1　线框图　　　　　　　　图 3.2　真实感图形

　　计算机图形学的研究内容涉及用计算机对图形数据进行处理的硬件和软件两个方面的技术，主要是围绕着计算机图形信息的输入、表达、存储、显示、变换，以及表示物体的图形的准确性、真实性和实时性的基础算法进行研究。如图形硬件、图形标准、图形交互技术、光栅图形生成算法、曲线曲面造型、实体造型、真实感图形计算与显示算法，以及科学计算可视化、计算机动画、自然景物仿真、虚拟现实等。可以说，计算机图形学一个主要的目的就是要利用计算机产生令人赏心悦目的真实感图形。为此，必须建立图形所描述的场景的几何表示，再用某种光照模型计算在假想的光源、纹理、材质属性下的光照明效果。所以计算机图形学与另一门学科计算机辅助几何设计有着密切的关系。图形处理技术大致可分为以下几类。

　　（1）图形元素的几何变换，即对图形的平移、放大、缩小、旋转、镜像等操作。

　　（2）自由曲线和曲面的插值、拟合、拼接、分解、过渡、光顺、整体和局部修改等。

　　（3）三维几何造型技术，包括对基本体素的定义及输入，规则曲面与自由曲面的造型技术，以及它们之间的布尔运算方法的研究。

　　（4）三维形体的实时显示，包括投影变换、窗口裁剪等。

　　（5）真实感图形生成技术，包括三维图形的消隐算法，光照模型的建立，阴影层次及彩色浓淡图的生成等。

　　（6）山、水、花、草、烟云等模糊景物的模拟生成和虚拟现实环境的生成及其控制算法等。

　　（7）科学计算可视化和三维或高维数据场的可视化，包括将科学计算中大量难以理解的数据通过计算机图形显示出来，从而使人们加深对其科学过程的理解。

　　图形处理技术的主要应用领域在计算机辅助设计和制造、计算机教育、计算机艺术、计算机模拟、计算机可视化、计算机动画和虚拟现实。CAD 是图形学的主要应用领域之一。

3.3 图像技术

图像是人类视觉所感受到的一种形象化的信息，其最大特点就是直观可见、形象生动。图像处理是一门非常成熟而发展又十分迅速的实用性科学，其应用范围遍及科技、教育、商业和艺术等领域。图像又与视频技术关系密切，实际应用中的许多图像就来自于视频采集。计算机图像处理研究的主要内容是如何对模拟图像进行采样、量化，以产生数字图像；如何对数字图像做各种变换，以方便处理；如何压缩图像数据，以便存储和传输等。

3.3.1 图像数字化

1. 图像的含义

图像数字化是指将一幅图像从原来的形式转化为数字的形式，包括对图像进行采样、量化及编码等过程。

采样是对图像空间坐标的离散化，它决定了图像的空间分辨率。简单地讲，就是用一个网格（见图3.3）把待处理的图像覆盖，然后把每一小格上模拟图像的各个亮度取平均值，作为该小方格中点的值；或者把方格的交叉点处模拟图像的亮度值作为该方格交叉点上的值。这样，一幅模拟图像变成只用小方格中点的值来代表的离散值图像，或者只用方格交叉点的值表示的离散值图像。这个网格被称为采样网格，其意义是以网格为基础，采用某种形式抽取模拟图像代表点的值，即采样。采样后形成的图像被称为数字图像。

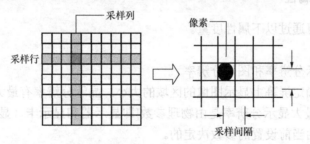

图 3.3　图像的采样

对一幅图像采样时，若每行（即横向）像素为 M 个，每列（即纵向）像素为 N 个，则图像大小为 $M \times N$ 个像素，从而 $f(x,y)$ 构成一个 $M \times N$ 实数矩阵，即：

$$f(x,y) = \begin{bmatrix} f(0,0) & f(0,1) & \dots & f(0,N-1) \\ f(1,0) & f(1,1) & \dots & f(1,N-1) \\ \vdots & & & \\ f(M-1,0) & f(M-1,1) & \dots & f(M-1,N-1) \end{bmatrix}$$

其中每个元素为图像 $f(x,y)$ 的离散采样值，称之为像元或像素。

把采样后所得的各像素灰度值从模拟量到离散量的转换称为图像灰度的量化。简言之，量化是对图像幅度坐标的离散化，它决定了图像的幅度分辨率。量化的方法包括分层量化、均匀量化和非均匀量化。分层量化是把每一个离散样本的连续灰度值只分成有限多的层次。

均匀量化是把原图像灰度层次从最暗至最亮均匀分为有限个层次，如果采用不均匀分层，就称为非均匀量化。实际应用中一般采用等间隔量化。

图 3.4 给出了图像均匀量化成 256 级灰度的例子。图 3.4（a）为量化为 256 级灰度的整幅图像，为便于显示，仅给出了 16×16 的子图（用方框标出），图 3.4（b）是 16×16 子图放大 4×4 倍后的结果，图 3.4（c）为对应的量化后数据。

```
18 17 19 17 21 29 45 59 65 59 58 66 67 61 69 60
22 20 20 17 19 25 51 65 82 90 84 74 73 78 57 56
27 23 23 18 17 21 42 47 66 90 97 90 84 86 58 61
28 25 24 21 19 21 24 24 30 50 77 95 93 84 79 77
26 24 24 23 22 23 26 38 37 28 43 77 93 88 102 91
24 20 20 21 22 23 40 68 75 47 29 48 80 97 109 97
23 16 15 17 19 19 36 55 73 68 44 33 58 92 108 103
23 14 11 13 15 17 16 12 36 69 64 35 42 77 108 110
18 21 20 16 7  8  14 31 60 63 30 32 79 106 118
19 16 13 18 17 5  11 23 48 57 38 45 84 122 128
21 18 10 13 22 35 29 42 51 53 46 40 63 104 140 137
22 24 16 18 35 46 58 77 82 60 35 42 90 140 152 140
21 27 19 21 35 44 46 53 52 38 36 72 131 172 164 146
20 26 24 31 46 54 28 14 13 31 70 128 174 187 180 156
20 26 36 60 88 101 74 55 63 99 138 178 196 186 190 163
22 28 50 91 133 152 149 140 160 189 197 201 198 182 192 165
```

    (a)   256 级灰度图像　　　　　　(b)　子图　　　　　(c) 子图对应的量化数据

图 3.4　图像量化实例

2．图像的基本属性

图像质量好坏可通过以下属性度量。

（1）分辨率

分辨率包括显示分辨率和图像分辨率。

显示分辨率是确定屏幕上显示图像的区域的大小。显示分辨率有最大显示分辨率和当前显示分辨率之别。最大显示分辨率是由物理参数[即显示器和显示卡（显示缓存）]决定的。当前显示分辨率是由当前设置的参数决定的。

图像分辨率是组成一幅图像的像素数目。对同样大小的一幅原图，如果数字化时图像分辨率高，则组成该图的像素点数目越多，看起来就越逼真。如图 3.5 所示，采样点数越多，图像质量越好；当采样点数减少时，图上的块状效应就逐渐明显。因此，图像分辨率在图像输入/输出时起作用，不同的分辨率会造成不同的图像清晰度。

 (a) 采样点为 256×256　　(b) 采样点为 64×64　　(c) 采样点为 32×32　　(d) 采样点为 16×16

图 3.5　采样点数与图像质量之间的关系

如果按照不同的图像分辨率来扫描图像,可以看出图像分辨率与显示分辨率的关系和不同。如果图像的点数大于显示分辨率的点数,则该图像在显示器上只能显示出图像的一部分。只有当图像大小与显示分辨率相同时,一幅图像才能充满整屏。

(2)图像深度与颜色类型

图像深度是指位图中记录每个像素点所占的位数,它决定了彩色图像中可出现的最多颜色数,或者灰度图像中的最大灰度等级数。

图 3.6 给出了量化级数与图像质量之间的关系,从中可以看出,每个像素点所占的位数越多,量化级数越高,图像细节也越清晰。

(a) 量化为 2 级的 Lena 图像　　(b) 量化为 16 级的 Lena 图像　　(c) 量化为 256 级的 Lena 图像

图 3.6　量化级数与图像质量之间的关系

图像的颜色需要用三维空间来表示,而颜色的空间表示法又不是唯一的,所以每个像素点的图像深度的分配还与图像所用的颜色空间有关。以最常用的 RGB 颜色空间为例,图像深度与颜色的映射关系主要有真彩色、伪彩色和直接色。

真彩色是指图像中的每个像素值都分成 R、G、B 3 个基色分量,每个基色分量直接决定其基色的强度,这样产生的颜色被称为真彩色。例如图像深度为 24bit,用 R：G：$B = 8$：8：8 来表示颜色,则 R、G、B 各用 8bit 来表示各自基色分量的强度,每个基色分量的强度等级为 $2^8 = 256$ 种,图像可容纳 $2^{24} = 16777216$ 种颜色。这样得到的颜色可以反映原图的真实颜色,故称真彩色。

伪彩色图像的每个像素值实际上是一个索引值或代码,该代码值作为颜色查找表(Color Look-Up Table,CLUT)中某一项的入口地址,根据该地址可查找出包含实际 R、G、B 的强度值。这种用查找映射的方法产生的颜色被称为伪彩色。用这种方式产生的颜色本身是真的,不过它不一定反映原图的颜色。伪彩色一般用于 65536 色以下的显示方式中。

直接色的获取是通过每个像素点的 R、G、B 分量分别作为单独的索引值进行变换,经相应的颜色变换表找出各自的基色强度,用变换后的 R、G、B 强度值产生的颜色。直接色与真彩色比,相同之处是都采用 R、G、B 分量来决定基色强度,不同之处是前者的基色强度是由 R、G、B 经变换后得到的,而后者是直接用 R、G、B 决定。VGA 显示系统用直接色可以得到相当逼真的彩色图像。

(3) 显示深度

显示深度表示显示缓存中记录屏幕上一个点的位数,也即显示器可以显示的颜色数。因此,显示一幅图像时,屏幕上呈现的颜色效果与图像文件所提供的颜色信息有关,也即与图像深度有关;同时也与显示器当前可容纳的颜色容量有关,也即与显示深度有关。

当显示深度大于图像深度时，屏幕上的颜色能较真实地反映图像文件的颜色效果。如当显示深度为 24bit、图像深度为 8 bit 时，屏幕上可以显示按该图像的调色板选取的 256 种颜色；图像深度为 4 bit 时可显示 16 色。这种情况下，显示的颜色完全取决于图像的颜色定义。

当显示深度等于图像深度时，如果用真彩色显示模式来显示真彩色图像，或者显示调色板与图像调色板一致时，屏幕上的颜色能较真实地反映图像文件的颜色效果。反之，如果显示调色板与图像调色板不一致，则显示颜色会失真。

当显示深度小于图像深度时，显示的颜色会失真。例如，若显示深度为 8 位，需要显示一幅真彩色的图像时，显然达不到应有的颜色效果。

因此，很容易理解为什么有时用真彩色记录图像，但在 VGA 显示器上显示的颜色不是原图像的颜色。在多媒体应用中，图像深度的选取要考虑应用环境。

（4）图像数据的容量

在扫描生成一幅图像时，实际上就是按一定的图像分辨率和一定的图像深度对模拟图片或照片进行采样，从而生成一幅数字化的图像。图像的分辨率越高、图像深度越深，则数字化后的图像效果越逼真，图像数据量也就越大。按照像素点及其深度映射的图像数据大小可用下式来估算。

$$图像数据量 = 图像的总像素 \times 图像深度/8（Byte） \tag{3-6}$$

由此可知，如果要确定一幅图像的参数，一要考虑图像的容量，二要考虑图像输出的效果。在多媒体应用中，更应考虑好图像容量与效果的关系。由于图像数据量很大，因此，数据的压缩就成为图像处理的重要内容之一。

3.3.2 图像变换

由于图像阵列很大，直接在空间域中进行处理，涉及的计算量很大。因此，人们往往采用各种图像变换方法，如傅里叶变换（FFT）、离散余弦变换（DCT）、离散小波变换（DWT）等间接处理技术，将空间域的处理转换为变换域的处理，不仅可以减少计算量，而且可以获得更有效的信息。图像变换还包括传统的几何变换，如图像的缩放、旋转、平移、投影转换等。

3.3.3 图像增强

图像增强处理是指根据一定的要求，突出图像中感兴趣的信息，而减弱或去除不需要的信息，从而使有用信息得到加强的图像处理方法。根据增强处理过程所在的空间不同，图像增强技术可分为基于空间域的增强方法和基于频率域的增强方法两类。前者直接在图像所在的二维空间进行处理，即直接对每一像元的灰度值进行处理；后者则是先将图像从空间域按照某种变换模型（如傅里叶变换)变换到频率域，然后在频率域空间对图像进行处理，再将其反变换到空间域。图像增强的主要方法有直方图增强法、空域滤波法、频率域滤波法及彩色增强法等。

3.3.4 图像压缩编码

数字图像的数据量是非常大的，存储时会占用大量空间，在数据传输时数码率非常高，这对通信信道及网络都造成很大压力。因此，图像处理的重要内容之一就是对图像的压缩编码。图像压缩的主要参数之一是图像数据压缩比，定义为压缩后的图像数据量与压缩前的图像数据量之比，即：

$$图像数据压缩比 = \frac{压缩后的图像数据量}{压缩前的图像数据量} \tag{3-7}$$

显然,压缩比越小,压缩后的图像文件数据量越小,图像质量有可能损失越多。当然,压缩的效果还与压缩前的图像效果及压缩方法有关。

常见的图像编码方法有有损图像压缩编码、无损图像压缩编码等。关于图像压缩编码的具体实现技术,在将第四章作详细介绍。

3.3.5 图像恢复与重建

一幅图像进行数字化处理后,得到一个二维数组,这个过程是从图像到数据,而这个数据描述了图像。有了这个描述图像的数据,就可以进行各种处理。然而,如果有一组与图像有关的物理数据,能否反过来建立图像呢?这就是图像重建所要解决的问题了,可以将图像重建理解为上述过程的逆过程。在放射学、核医学、非破坏性工业测试、数据压缩等领域,图像重建技术得到了广泛的应用,显示出了它的重要价值。

图像重建是一个极其复杂的信号处理过程,是采用某种滤波方法,去除噪声、干扰和模糊等,恢复或重建原来的图像。由图像的多个一维投影重建该图像,可看作特殊的图像复原技术。常见的图像重建方法有投影重建方法、变换重建方法、级数展开重建方法、体素级重建方法和切片级重建方法等。图 3.7 给出几种方法进行图像重建的例子。

(a) 退化图像

(b) 正则化总体最小二乘法重建图像

(c) 局部线化 D.F.P 方法重建图像

(d) 自适应正则化总体最小二乘法重建图像

图 3.7　图像重建实例

3.4　视频处理

视频(Video)就其本质而言,实际上就是其内容随时间变化的一组动态图像(25 帧/s

或 30 帧/s），所以视频又被称为序列图像、运动图像或活动图像。从数学角度描述，视频指随时间变化的图像，或称为时变图像。

3.4.1 视频信号的获取

视频可分为模拟视频和数字视频。

1. 模拟视频

普通的广播电视信号是一种典型的模拟视频信号。电视摄像机通过电子扫描，将时间、空间函数所描述的景物进行光电转换后，得到单一的时间函数的电信号，其电平的高低对应于景物亮度的大小，即用一个电信号来表征景物。这种电视信号被称为模拟电视信号，其特点是信号在时间和幅度上都是连续变化的。对模拟电视信号进行处理的视频技术（如校正、调制、滤波、录制、编辑、合成等）被称为模拟视频技术。在电视接收机中，通过显示器进行光电转换，产生为人眼所接受的模拟信号的光图像。

模拟电视系统通常用光栅扫描方式。光栅扫描是指在一定的时间间隔内电子束以从左到右、从上到下的方式扫描感光表面。若时间间隔为一帧图像的时间，则获得的是一场图像；在电视系统中，两场图像为一帧。

光栅扫描的基本参数是帧频和每帧扫描行数，它们分别对应于光栅扫描的时间分辨率和空间垂直分辨率。视频是由许多多相隔 Δt 的帧组成的。根据人眼视觉惰性，低于一定阈值的帧频会使人眼感觉到图像动作的跳跃和闪烁，所以提高帧频能有效地改善画面的连续性和稳定性。每帧扫描行越多，图像就越清晰。电影的帧频为 24 帧/s，电视系统通常为 25～30 帧/s（50～60 场）的隔行扫描方式；模拟电视的行数为 525～625 行/帧。

扫描方式分为逐行扫描和隔行扫描。

（1）逐行扫描

逐行扫描如图 3.8 所示。在图 3.8（a）中，实线为行扫描正程，电子束从左到右扫描过的轨迹；虚线是行扫描逆程，电子束从右到左扫过的轨迹。行扫描周期为电子束从左到右扫描完一行正程所需的时间加上从右返到左所需的时间。

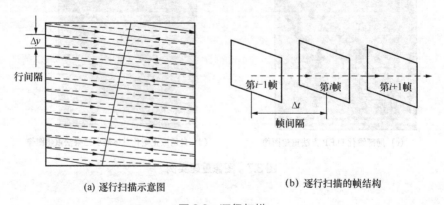

（a）逐行扫描示意图　　　　　　（b）逐行扫描的帧结构

图 3.8　逐行扫描

（2）隔行扫描

隔行扫描如图 3.9 所示。在隔行扫描中，一幅图像由奇数场（场正程）和偶数场（场逆程）组成。场扫描周期为场扫描正程时间加上逆程时间。采用隔行扫描的目的是压缩光电转换后所产生的视频信号的频带。例如，电视采用一帧图像隔行后的顺序传输，可以压缩一半频带而不明显降低图像质量。又如，逐行扫描 30Hz 人们会觉得闪烁，但是同样的扫描频率，如果用隔行扫描技术人们就不会觉得闪烁。当然，和真正逐行扫描 60Hz 的效果相比，还是有差距的。

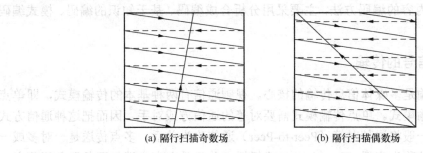

(a) 隔行扫描奇数场　　　　　　　(b) 隔行扫描偶数场

图 3.9　隔行扫描

2. 数字视频

模拟视频信号经过数字化处理后，就变成了一帧帧由数字图像组成的图像序列，即数字视频信号。它用二进制数字表示，是计算机能够处理的数字信号。每帧图像由 N 行、每行 M 个像素组成，即每帧图像共有 $M \times N$ 个像素。利用人眼视觉惰性，每秒连续播放 30 帧（帧频 f_p）以上，就能给人以较好的连续运动场景的感觉。

与模拟视频相比，数字视频有如下优点。

（1）适合于网络应用：在网络环境中，视频信息可以很方便地实现资源的共享，通过网络线、光纤，数字信号可以很方便地从资源中心传到办公室和家中。视频数字信号可以长距离传输而不会产生任何不良影响，而模拟信号在传输过程中会有信号损失。

（2）再现性好：模拟信号是连续变化的，所以不管复制时采用的精确度多高，失真总是不可避免的，经过多次复制以后，误差变大。数字视频可以不失真地进行无限次复制，其抗干扰能力是模拟视频无法比拟的。它不会因存储、传输和复制而产生图像质量的退化，从而能够准确地再现图像。

（3）便于计算机编辑处理：模拟信号只能简单调整亮度、对比度和颜色等，极大地限制了处理手段和应用范围。而数字视频信号可以被传送到计算机内进行存储、处理，很容易进行创造性的编辑与合成，并进行动态交互。

数字视频的缺陷是处理速度慢，所需的数据存储空间大，因而数字图像的处理成本较高。目前，通过对数字视频的压缩，可以节省大量的存储空间；云存储、光盘技术和其他大规模存储的应用，也使大量视频信息的存储成为可能。

3.4.2　视频信号的编码

数字视频的数据量非常大。例如，一路 PAL 制式的数字电视（DTV）的信息传输速率高达 216Mbit/s，1GB 容量的存储器也只能存储不到 10s 的数字视频。如果不压缩，要进行传输和存储几乎是不可能的，因此视频压缩编码无论在视频通信还是在视频存储中，都具有极其重要的意义。视频信号编码的目的就是在确保视频质量的前提下，尽可能地减少视频序列的数据量，以便更经济地在给定的信道上传输实时视频信息或者在给定的存储容量中存放更多的视频图像。视频编码可以被看作一个通过对视频信源模型参数编码来描述视频信源的过程。视频编码发展很快，可分为第一代视频编码方法和第二代视频编码方法。第一代视频编码方法主要有预测编码、变换编码和基于块的混合编码等。第二代视频编码也被称为基于内容的编码方法，主要采用分析合成编码、基于知识的编码、模式编码和语义编码等。

3.4.3　视频信号的传输

视频信号的传输是多媒体信息传输的核心。视频通信有两种基本的传输模式，即单点传输模式和多点传输模式。单点传输模式需要对等的通信方或对手，因而把这种通信方式称为一对一方式。一般将这种对等（Peer-to-Peer）通信称为单播。多点传送是一对多或一对全部的方式，也被称为广播（Broadcast）或组播。单播是在客户端与服务器之间建立一个独立的数据通道，服务器送出的数据包只能传送给一个用户。单播会造成服务器负载过重、网络利用率低等问题，但方式灵活，适用性好。组播是适用于电视会议等应用的一种传输方式，服务器同时将连续的数据包发送给多个用户，多个用户共享同一信息。组播减少了网络上传输数据包的总量，大大提高了网络的利用率，但传输的稳定性和灵活性还有待进一步提高。

根据服务方式的不同，视频流业务可以分为直播和点播。点播是将编码后的视频流存储起来，编码在离线的状态下进行，而直播则需要编码器实时地对视频信息进行编码。显然，点播更适合采用单播机制传送，服务器根据不同用户的点播要求将不同的视频内容传送给用户，而直播则适合采用组播机制传送。

视频传输通常要求实时，对时延十分敏感。为保证可靠传输，必须根据视频业务的特殊属性和网络的具体特点采用差错控制技术实现错误恢复。此外，视频传输涉及传输比特率、吞吐量、延迟等一些重要的网络性能参数。

3.4.4　视频信号的运动分析与估计

运动分析与估计是数字视频处理的基本内容，也是视频处理研究的热点与难点。它所研究的内容主要是测量计算机投影到拍摄平面上的变化，并用来分析物体的运动结构，估计物体的运动参数。与运动图像（视频）处理相关的研究内容包括运动目标检测与分割、运动物体的三维结构及空间关系的求解等。

运动分析主要有两种方法：一是根据时间相邻的两幅或多幅图像求解物体的运动参数和三维结构信息；二是基于光流分析的运动分析。所谓光流，实际上是观察到的二维运动，它是从人的视觉系统对光的感受延伸过来的，即当人眼在观察物体时，物体会在视网膜上产生连续的光强变化，就像光的流动。

目前，运动分析与估计广泛应用于计算机视觉、目标跟踪、工业监视和视频压缩等场合。例如，场景运动目标的监测，地面和空中交通的管制，高速运动目标的检测、测量、跟踪和识别，无人驾驶飞机等目标的自动导航，工业自动化监测和制造中的机器视觉，体育、舞蹈、表演中的动作分析，心脏跳动、血液流动等动态医学图像的分析，以及农作物生长的分析等。

3.4.5　三维视频处理与显示

　　三维视频处理是对三维视频信号进行处理，即在普通二维视频信息的基础上增加深度信息，更逼真地描述现实世界。人在观看空间物体时，不论单眼或双眼都可以产生立体视觉，只是单眼观看的辨别精度比用双眼观看时差，立体感弱。当用单眼观看时，由于视线方向的连续变化，视网膜也不断变化，这样，通过时间顺序的比较而形成立体视觉。这种利用观看者与物体间的相对运动使空间物体的相互位置变化，从而判断物体之间的前后位置关系，相当于连续从几个方向观看景物。单眼运动视差这一因素形成的立体视觉的有效距离为 300m。当用双眼观看时，人们不仅能够感觉到空间物体之间的距离，也能够感觉到空间物体与自己之间的距离。例如，观看物是一个立方体时，如果左眼只看到立方体的前平面和上平面，则右眼除了能看到这两个平面外，还能看到立方体的右侧平面。此外，即使是左右双眼都能看到的前平面和上平面，在左右视网膜上所成的像也稍有差异。这种有差异的左右眼像通过人脑分析合成，就得到距离和深度的感觉。对三维视频分析而言，深度感觉是一个非常重要的信息。因此，视察估计是三维视频处理的重要研究内容之一。

　　三维信息可以通过立体显示器显示。立体显示器能完整地再现出三维场景的三维信息，显示有纵深的图像，使观看者可以直接看出场景中物体的远近，迅速直观地洞察图像的现实分布状况，从而获得更加全面和真实的信息。立体视频显示系统是模拟人眼设计的。由于人的左眼和右眼观看物体的角度不同，因此，两只眼睛所看到的物体图像存在细微的差异，通过感知物体的不同深度就能识别出立体图像。只要能为右眼和左眼分别提供拍摄位置稍微错开的两组图像，观看者就可以得到具有立体感的画面。实现这种效果的基本方法就是通过把两组图像和镜头分别设为不同的颜色，限制其中不同组的图像只进入左眼或右眼。因此，需要在显示器中精确配置一定的角度视差屏障，通过视差屏障来准确控制每一个像素遮住透过液晶的光线，只让左眼或右眼看到。较新的三维显示器带有头部跟踪系统，可以检测用户头部位置，重新配置遮挡光线，以扩大立体可视范围，便于用户能够在移动后的位置上获得立体视觉效果。

　　目前，除了现在风行的 3D 电影外，三维视频已在许多场合有重要的应用，例如，三维医学图像可以给医生提供比二维图像更加精确和有用的细节；科学勘探中，三维视频可以更加精确地描述勘探对象等。

3.5　计算机动画技术

　　计算机动画的原理与传统动画基本相同，只是在传统动画的基础上把计算机技术用于动画的处理和应用。简单地讲，计算机动画是指采用图形与图像的数字处理技术，借助于编程或动画制作软件，生成一系列的景物画面。其中，当前帧画面是对前一帧的部分修改。计算机动画的种类有很多，可以从不同的角度对其分类，按实现方式分为帧动画和造型动画；按空间视觉效果分为二维动画和三维动画；按播放方式分为顺序动画和交互动画。本节主要按其实现方式和空间视觉效果简要介绍动画实现的基本原理。

3.5.1　动画类型

1. 帧动画与造型动画

帧动画由图形或图像序列组成，序列中的每幅静态图像被称为一帧。帧动画可以分为逐帧动画和补间动画。在逐帧动画中，每一帧上都有可编辑的对象角色，设计者可以分别进行修改。而在补间动画中，设计者只需要在一个表演时间的两端分别给出两个关键帧，表示运动物体的初始和终结状态，动画制作软件就可以通过一定的算法计算生成自然、平滑的中间帧，从而产生细腻的动画效果。

造型动画也被称为对象动画，就是利用三维软件创造三维形体。建立复杂的形体有三种造型技术。组合技术：先绘出基本的几何形体，再将它们变成需要的形状，然后通过不同的方法将它们组合在一起。拓展技术：先创建二维轮廓，再将其拓展到三维空间。放样技术：先创建一系列二维轮廓，用来定义形体的骨架，再将几何表面附于其上，从而建立立体图形。

2. 二维动画与三维动画

二维动画的图像设计只限于平面，缺乏立体感，对光、影、景深等要求不高，制作也比较简单。三维动画的图像设计强调空间概念，配上真实色彩和三维虚拟环境，动画效果会显得相当逼真。实质上，三维动画是在一个三维虚拟空间创建物体的模型，把模型放在虚拟的三维空间中，配上灯光效果，然后给对象赋予动态效果和各种质感。

3.5.2　动画生成方法

生成动画的方法多种多样，如变形动画、关键帧动画等。本节简要介绍实现计算机动画的几种方法。

1. 关键帧动画

关键帧技术来源于传统的动画制作。出现在动画片中的一段连续画面实际上是由一系列静止的画面来表现的。制作过程并不需要逐帧绘制，只需要从这些静止画面中选出少数几帧加以绘制。被选出来的画面一般出现在动作变化的转折点处，对这段连续动作起着关键的控制作用，因此被称为关键帧。绘出关键帧后，再根据关键帧插入中间画面，就完成了动画制作。在二维、三维计算机动画中，中间帧的生成由计算机来完成。所有影响画面图像的参数都可以成为关键帧的参数，如位置、旋转角、纹理的参数等。图 3.10 给出了关键帧及由计算机对两幅关键帧进行插值生成若干中间帧的过程。第 1 帧和第 8 帧是关键帧，其余各帧（2～7 帧）可由插值算法生成。

从原理上讲，关键帧插值问题可归结为参数插值问题，传统的插值方法均可应用到关键帧方法中。但关键帧插值又与纯数学的插值不同，有其特殊性。一个好的关键帧插值方法必须能够产生逼真的运动效果，并能给用户提供方便有效的控制手段。一个特定的运动从空间轨迹来看可能是正确的，但从运动学或动画设计来看，可能是错误的或者是不合适的。用户必须能够控制运动的特性，即通过调整插值函数来改变运动的速度和加速度。

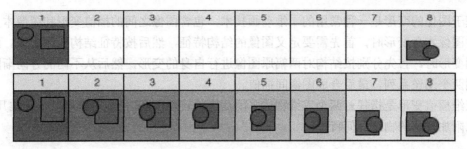

图 3.10　关键帧动画生成示例

2．调色板动画

调色板动画涉及画出物体和处理调色板的颜色，或者只是处理调色板的颜色而不重画物体。例如，让一个圆形从屏幕的左边运动到屏幕的右边，圆形开始向右边运动时的初始颜色为红色，随着它的运动，有规则地用不同的调色板项重新绘制它，这样在每次重画时，它的颜色就会改变。

某些情况下，物体并不运动，只有它的颜色改变。例如，可以用不同的颜色段来画一个轮子。按规则的间隔每次只改变调色板中的一项，这样颜色就会出现规律的变化。这些调色板项可以按这种方式循环改变，以产生运动的错觉。

3．变形动画

变形技术是计算机动画中的一种重要的运动控制方式，变形可以是二维或三维的。常见的有基于特征的图像变形（见图 3.11），二维形状混合，轴变形方法、三维自由形体变形（见图 3.12）等。

图 3.11　基于特征的图像变形

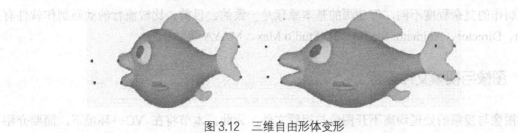

图 3.12　三维自由形体变形

基于图像的变形是一种常用的二维动画技术，包含图像之间的插值变形和图像本身的变形。对图像本身变形时，首先需要定义图像的结构特征，然后按特征结构变形图像。两幅图像之间变形时，首先分别按结构对两幅原图像进行自身的变形，然后从不同的方向渐隐渐显地得到两个图像系列，最后合成图像间插值。

三维插值变形是指任意两个三维物体之间插值的转换渐变，处理对象可以是三维几何体，也可以附加物体的物理几何特征。

4．基于物理模型生成的动画

基于物理模型生成的动画是一种崭新的生成方法。该方法大量运用弹性力学和流体力学的方程进行计算，力求使动画过程体现出最适合真实世界的运动规律。然而要真正达到真实的运动是很难的，如人的行走或跑步是全身的各个关节协调的结果，要实现很自然的走路的动画，计算方程非常复杂和计算量极大。因此，基于物理模型的动画，还有许多内容需要进一步研究。

5．过程动画

过程动画是指动画中物体的运动或变形用一个过程来描述。在过程动画中，物体的变形基于一定的数学模型或物理规律。最简单的过程动画是用一个数学模型去控制物体的几何形状和运动，如水波的运动。

6．运动捕捉技术生成的动画

通过运动捕捉技术生成动画是一种新的动画制作方法，它是通过分析人体运动序列图像来提取人体关节点的三维坐标，从而得到人体的运动参数，进而获得完全真实的人体动画。

7．三维扫描技术生成的动画

三维扫描技术又被称为三维数字化技术，它能对立体的实物进行三维扫描，迅速获得物体表面各采样点的三维空间坐标和色彩信息，从而得到物体的三维彩色数字模型。

3.5.3　动画制作软件

计算机动画的关键技术体现在计算机动画制作软件及硬件上。动画制作软件是由计算机专业人员开发的制作动画的工具，使用这一工具不需要用户编程，通过简单的交互式操作就能实现计算机的各种动画功能。不同的动画效果，取决于计算机动画软、硬件的不同功能。虽然制作的复杂程度不同，但动画的基本原理是一致的。目前，比较流行的动画制作软件有Flash、Director、Animator Studio、3D Studio Max、MAYA等。

3.6　图像与视频文件解析

图像与视频的处理均离不开图像与视频文件，为此，本节将在 VC++环境下，简要介绍图像与视频文件的读取及显示方法。

3.6.1　数字图像的基本文件格式

数字图像有多种存储格式，要进行图像处理，必须了解图像文件的格式，即图像文件的数据构成。每一种图像文件均有一个文件头，在文件头之后才是图像数据。文件头的内容一般包括文件类型、文件制作者、制作时间、版本号、文件大小等。各种图像文件的制作还涉及图像文件的压缩方式和存储效率等。常用的图像文件存储格式主要有 BMP 图像文件、TIF 图像文件、GIF 图像文件、PCX 图像文件及 JPEG 图像文件等。

1. BMP 图像文件格式

第一部分为位图文件头 BITMAPFILEHEADER，它是一个结构体，其定义如下：

```
typedef struct tagBITMAPFILEHEADER{
    WORD        bfType;
    DWORD       bfSize;
    WORD        bfReserved1;
    WORD        bfReserved2;
    DWORD       bfOffBits;
} BITMAPFILEHEADER;
```

这个结构的长度是固定的，为 14 个字节（WORD 为无符号 16 位二进制整数，DWORD 为无符号 32 位二进制整数）。其中，BfType 表示文件类型，必须是 0x424D，即字符串"BM"；bfSize 指定文件大小，bfReserved1 和 bfReserved2 为保留字，使用中不用考虑；bfOffBits 指明了从文件头到实际位图数据的偏移字节数。

第二部分为位图信息头 BITMAPINFOHEADER，也是一个结构，其定义如下：

```
typedef struct tagBITMAPINFOHEADER{
    DWORD       biSize;
    LONG        biWidth;
    LONG        biHeight;
    WORD        biPlanes;
    WORD        biBitCount;
    DWORD       biCompression;
    DWORD       biSizeImage;
    LONG        biXPelsPerMeter;
    LONG        biYPelsPerMeter;
    DWORD       biClrUsed;
    DWORD       biClrImportant;
} BITMAPINFOHEADER;
```

这个结构的长度是固定的，为 40 个字节（LONG 为 32 位二进制整数）。其中，biCompression 的有效值为 BI_RGB、BI_RLE8、BI_RLE4、BI_BITFIELDS，它们都是 Windows 定义好的常量。由于 RLE4 和 RLE8 的压缩格式不多见，下面仅讨论 biCompression 的有效值为 BI_RGB 即不压缩的情况。

bfSize 指明该结构的长度，其值固定为 40；biWidth 和 biHeight 分别是图像的宽度和高度，单位是像素；biplanes 是图像的位平面数，必须是 1；biBitCount 指定颜色位数，1 为 2 色，4 为 16 色，8 为 256 色，16、24、32 为真彩色；biCompression 指定是否压缩；biSizeImage

是实际的位图数据占用的字节数；biXPelsPerMeter 和 biYPelsPerMeter 是目标设备水平分辨率和垂直分辨率，单位是每米的像素数；biClrUsed 是实际使用的颜色数，若该值为 0，则使用颜色数为 2 的 biBitCount 次方种；biClrImprotant 是图像中重要的颜色数，若该值为 0，则所有的颜色都是重要的。

第三部分为调色板（Palette）。当然，这里是对那些需要调色板的位图文件而言的。真彩色图像是不需要调色板的，BITMAPINFOHEADER 后直接是位图数据。调色板实际上是一个数组，共有 biClrUsed 个元素（如果该值为零，则有 2 的 biBitCount 次方个元素）。数组中每个元素的类型是一个 RGBQUAD 结构，占 4 个字节，其定义如下。

```
typedef struct tagRGBQUAD{
    BYTE    rgbBlue;            //该颜色的蓝色分量
    BYTE    rgbGreen;           //该颜色的绿色分量
    BYTE    rgbRed;             //该颜色的红色分量
    BYTE    rgbReserved;        //保留值
} RGBQUAD;
```

第四部分就是实际的图像数据。像素按行优先顺序排列，每一行的字节数必须是 4 的整数倍。对于用到调色板的位图，图像数据就是该像素颜色在调色板中的索引值，对于真彩色图像，图像数据就是实际的 R、G、B 值。下面就 2 色、16 色、256 色和真彩色位图分别介绍。对于 2 色位图，用 1 位就可以表示该像素的颜色（一般 0 表示黑，1 表示白），所以一个字节可以表示 8 个像素。对于 16 色位图，用 4 位可以表示一个像素的颜色，所以一个字节可以表示 2 个像素。对于 256 色位图，一个字节刚好可以表示 1 个像素。

进行图像文件分析时，有两点需要注意。

（1）每一行的字节数必须是 4 的整数倍，如果不是，则需要补齐。

（2）BMP 文件的数据存放是从下到上，从左到右的。也就是说，从文件中最先读到的是图像最下面一行的左边第一个像素，然后是左边第二个像素，接下来是倒数第二行左边第一个像素，左边第二个像素。依次类推，最后得到的是最上面一行的最右边的一个像素。

其他存储格式大同小异，只是在文件组织形式、数据压缩方式等方面有所不同。

2. TIF 图像文件格式

TIF 图像文件格式即标记图像文件格式，是现存图像文件格式中最复杂的一种。它提供存储各种信息的完备的手段，可以存储专门的信息而不违反格式宗旨，是目前流行的图像文件交换标准之一。TIF 的设计考虑了扩展性、方便性和可修改性，因此非常复杂，要求用更多的代码来控制它，结果导致文件读写速度慢，代码也很长。TIF 由文件头、参数指针表与参数域、参数数据表和图像数据 4 部分组成。

3. GIF 图像文件格式

GIF（Graphics Interchange Format）的全称是图形交换格式。该形式存储的文件主要是为不同的系统平台上交流和传输图像提供方便。它是在 Web 及其他联机服务上常用的一种文件格式，用于超文本标记语言（HTML）文档中的索引颜色图像，但图像最大不能超过 64MB，颜色最多为 256 种。GIF 图像文件采取 LZW 压缩算法，存储效率高，支持多幅图像定序或覆盖，交错多屏幕绘图及文本覆盖。GIF 主要是为数据流而设计的一种传输格式，而不是作为文件的存储格式。换句话说，它具有顺序的组织形式。GIF 有 5 个主要部分以固定顺序出现，所有部分均由一个或多个块组成。每个块第一个字节中存放标识码或特征码标识。这些部分的顺序为文件标识块、逻辑屏幕描述块、可选的"全局"色彩表块（调色板）、各图像数据块（或专用的块）及尾块（结束码）。

4．PCX 图像文件格式

PCX 文件格式由 ZSoft 公司设计，是最早使用的图像文件格式之一，由各种扫描仪扫描得到的图像几乎都能保存成 PCX 格式。PCX 支持 256 种颜色，不如 TIF 等格式功能强，但结构较简单，存取速度快，压缩比适中，适合于一般软件的使用。PCX 格式支持 RGB、索引颜色、灰度和位图颜色模式，支持 RLE 压缩方法，图像颜色的位数可以是 1、4、8 或 24。PCX 图像文件由 3 个部分组成，即文件头、图像数据和 256 色调色板。PCX 的文件头有 128 个字节，包括版本号，被打印或扫描的图像的分辨率（dpi）及大小（单位为像素），每扫描行的字节数，每个像素包含的数据位数和彩色平面数。位图数据用行程长度压缩算法记录数据。

5．JPEG 图像文件格式

JPEG（Joint Photographer's Experts Group）即联合图像专家组，是由 ISO 和 CCITT 为静态图像所建立的第一个国际数字图像压缩标准，主要是为了解决专业摄影师所遇到的图像信息过于庞大的问题。由于 JPEG 的高压缩比和良好的图像质量，它被广泛应用于多媒体和网络程序中。JPEG 格式支持 24 bit 颜色，并保留照片和其他连续色调图像中存在的亮度和色相的显著和细微的变化。关于这一存储格式，将在图像压缩与编码一章进行详细介绍。

3.6.2　BMP 图像文件解析

本节介绍如何在 VC++ 6.0 中编程实现 BMP 图像的显示。

步骤一，打开 VC++ 6.0，选择 File|New 进入界面，在 Projects 中选择 MFC AppWinzard (exe)，并在右侧的 Project name 中输入项目名称，例如 ReadBMP，在 Location 中输入项目要保存的文件夹。单击"OK"进入下一步。

步骤二，选择文档类型。本例使用的是单文档视图结构，所以这里选择 Single document。其余部分设置使用 VC++ 6.0 的默认设置，单击"Finish"完成项目创建。

步骤三，为了将 BMP 中的数据读入内存中，在项目中建立专门处理 BMP 文件头和数据的文件——DIBAPI.H 和 DIBAPI.CPP，在其中实现对 BMP 文件的大部分处理。

选择 File|New，从弹出界面 Files 选项中选择 C/C++ Header File，建立一个新的头文件。在右边的 File 输入框中输入文件名，这里命名为 DIBAPI，默认后缀为.H。

同上类似，选择 C++ Source File，建立 DIBAPI.CPP 文件。

下里详细解释几个重要的函数。

```
/**********************************************************************
 *
 *  函数名称:
 *    ReadDIBFile()
```

```
    * 参数:
    *     CFile& file          - 要读取的文件
    * 返回值:
    *     HDIB                  - 成功返回 DIB 的句柄, 否则返回 NULL
    * 说明:
    *     该函数将指定的文件中的 DIB 对象读到指定的内存区域中。除 BITMAPFILEHEADER
    * 外的内容都将被读入内存。
    *
    **************************************************************************/
    HDIB WINAPI ReadDIBFile(CFile& file)
    {
        BITMAPFILEHEADER bmfHeader;
        DWORD dwBitsSize;
        HDIB hDIB;
        LPSTR pDIB;
        //获取 DIB ( 文件 ) 长度 ( 字节 )
        dwBitsSize = file.GetLength();
        //尝试读取 DIB 文件头
        if (file.Read((LPSTR)&bmfHeader, sizeof(bmfHeader)) != sizeof(bmfHeader))
        {
            //大小不对, 返回 NULL
            return NULL;
        }
        //判断是否是 DIB 对象, 检查前两个字节是否是 BM
        if (bmfHeader.bfType != DIB_HEADER_MARKER)
        {
            //非 DIB 对象, 返回 NULL
            return NULL;
        }
        //为 DIB 分配内存 。
        hDIB = (HDIB) ::GlobalAlloc(GMEM_MOVEABLE | GMEM_ZEROINIT, dwBitsSize - s
    izeof(BITMAPFILEHEADER));
        if (hDIB == 0)
        {
            //内存分配失败, 返回 NULL
            return NULL;
        }
        //锁定
        pDIB = (LPSTR) ::GlobalLock((HGLOBAL) hDIB);
        // 读像素, hDIB 内存段存储 BIMPINFOHEADER + PALETTE + PIXEL。
        if (file.ReadHuge(pDIB, dwBitsSize - sizeof(BITMAPFILEHEADER)) !=
            dwBitsSize - sizeof(BITMAPFILEHEADER) )
        {
            //大小不对。
            //解除锁定
            ::GlobalUnlock((HGLOBAL) hDIB);
            // 释放内存
            ::GlobalFree((HGLOBAL) hDIB);
            //返回 NULL。
            return NULL;
        }
```

```
       //解除锁定
       ::GlobalUnlock((HGLOBAL) hDIB);
       //返回 DIB 句柄
       return hDIB;
/**************************************************************************
 *
 * 函数名称:
 *   DIBNumColors()
 *
 * 参数:
 *   LPSTR lpbi          - 指向 DIB 对象的指针
 *
 * 返回值:
 *   WORD                - 返回调色板中颜色的种数
 *
 * 说明:
 *      该函数返回 DIB 中调色板的颜色的种数。对于单色位图, 返回 2,
 * 对于 16 色位图, 返回 16, 对于 256 色位图, 返回 256; 对于真彩色
 * 位图 (24 位), 没有调色板, 返回 0。
 *
 **************************************************************************/
WORD WINAPI DIBNumColors(LPSTR lpbi)
{
    WORD wBitCount;
    //对于 Windows 的 DIB, 实际颜色的数目可以比像素的位数少
    //对于这种情况, 返回一个近似的数值
    //判断是否是 WIN3.0 DIB
    if (IS_WIN30_DIB(lpbi))
    {
        DWORD dwClrUsed;
        //读取 dwClrUsed 值
        dwClrUsed = ((LPBITMAPINFOHEADER)lpbi)->biClrUsed;
        if (dwClrUsed != 0)
        {
            //如果 dwClrUsed (实际用到的颜色数) 不为 0, 则直接返回该值
            return (WORD)dwClrUsed;
        }
    }
    //读取像素的位数
    if (IS_WIN30_DIB(lpbi))
    {
        //读取 biBitCount 值
        wBitCount = ((LPBITMAPINFOHEADER)lpbi)->biBitCount;
    }
    else
    {
        //读取 biBitCount 值
        wBitCount = ((LPBITMAPCOREHEADER)lpbi)->bcBitCount;
    }
    //按照像素的位数计算颜色数目
    switch (wBitCount)
```

```
    {
        case 1:
            return 2;
        case 4:
            return 16;
        case 8:
            return 256;
        default:
            return 0;
    }
}
/************************************************************************
 *
 * 函数名称:
 *    CreateDIBPalette()
 *
 * 参数:
 *    HDIB hDIB          - 指向 DIB 对象的指针
 *    CPalette* pPal     - 指向 DIB 对象调色板的指针
 *
 * 返回值:
 *    BOOL               - 创建成功返回 TRUE, 否则返回 FALSE
 *
 * 说明:
 *      该函数按照 DIB 创建一个逻辑调色板, 从 DIB 中读取颜色表并存到调色板中,
 * 最后按照该逻辑调色板创建一个新的调色板, 并返回该调色板的句柄。这样
 * 可以用最好的颜色来显示 DIB 图像。
 *
 ************************************************************************/
BOOL WINAPI CreateDIBPalette(HDIB hDIB, CPalette* pPal)
{
    //指向逻辑调色板的指针
    LPLOGPALETTE lpPal;
    //逻辑调色板的句柄
    HANDLE hLogPal;
    //调色板的句柄
    HPALETTE hPal = NULL;
    //循环变量
    int i;
    //颜色表中的颜色数目
    WORD wNumColors;
    //指向 DIB 的指针
    LPSTR lpbi;
    //指向 BITMAPINFO 结构的指针（Win3.0）
    LPBITMAPINFO lpbmi;
    //指向 BITMAPCOREINFO 结构的指针
    LPBITMAPCOREINFO lpbmc;
    //表明是否是 Win3.0 DIB 的标记
    BOOL bWinStyleDIB;
    //创建结果
    BOOL bResult = FALSE;
```

```
    //判断 DIB 是否为空
    if (hDIB == NULL)
    {
        //返回 FALSE
        return FALSE;
    }
    //锁定 DIB
    lpbi = (LPSTR) ::GlobalLock((HGLOBAL) hDIB);
    //获取指向 BITMAPINFO 结构的指针（Win3.0）
    lpbmi = (LPBITMAPINFO)lpbi;
    //获取指向 BITMAPCOREINFO 结构的指针
    lpbmc = (LPBITMAPCOREINFO)lpbi;
    //获取 DIB 中颜色表中的颜色数目
    wNumColors = ::DIBNumColors(lpbi);
    if (wNumColors != 0)
    {
        //分配为逻辑调色板内存
        hLogPal = ::GlobalAlloc(GHND, sizeof(LOGPALETTE)
                                    + sizeof(PALETTEENTRY)
                                    * wNumColors);
        //如果内存不足，则退出
        if (hLogPal == 0)
        {
            //解除锁定
            ::GlobalUnlock((HGLOBAL) hDIB);
            //返回 FALSE
            return FALSE;
        }
        lpPal = (LPLOGPALETTE) ::GlobalLock((HGLOBAL) hLogPal);
        //设置版本号
        lpPal->palVersion = PALVERSION;
        //设置颜色数目
        lpPal->palNumEntries = (WORD)wNumColors;
        //判断是否是 WIN3.0 的 DIB
        bWinStyleDIB = IS_WIN30_DIB(lpbi);
        //读取调色板
        for (i = 0; i < (int)wNumColors; i++)
        {
            if (bWinStyleDIB)
            {
                //读取红色分量
                lpPal->palPalEntry[i].peRed = lpbmi->bmiColors[i].rgbRed;
                //读取绿色分量
                lpPal->palPalEntry[i].peGreen = lpbmi->bmiColors[i].rgbGreen;
                //读取蓝色分量
                lpPal->palPalEntry[i].peBlue = lpbmi->bmiColors[i].rgbBlue;
                //保留位
                lpPal->palPalEntry[i].peFlags = 0;
            }
            else
            {
```

```
                        //读取红色分量
                        lpPal->palPalEntry[i].peRed = lpbmc->bmciColors[i].rgbtRed;
                        //读取绿色分量
                        lpPal->palPalEntry[i].peGreen = lpbmc->bmciColors[i].rgbtGreen;
                        //读取红色分量
                        lpPal->palPalEntry[i].peBlue = lpbmc->bmciColors[i].rgbtBlue;
                        //保留位
                        lpPal->palPalEntry[i].peFlags = 0;
                }
        }
        //按照逻辑调色板创建调色板，并返回指针
        bResult = pPal->CreatePalette(lpPal);
        //解除锁定
        ::GlobalUnlock((HGLOBAL) hLogPal);
        //释放逻辑调色板
        ::GlobalFree((HGLOBAL) hLogPal);
    }
    //解除锁定
    ::GlobalUnlock((HGLOBAL) hDIB);
    //返回结果
    return bResult;
}
/********************************************************************
 *
 * 函数名称:
 *    PaintDIB()
 *
 * 参数:
 *    HDC hDC           - 输出设备 DC
 *    LPRECT lpDCRect   - 绘制矩形区域
 *    HDIB hDIB         - 指向 DIB 对象的指针
 *    LPRECT lpDIBRect  - 要输出的 DIB 区域
 *    CPalette* pPal    - 指向 DIB 对象调色板的指针
 *
 * 返回值:
 *    BOOL              - 绘制成功返回 TRUE, 否则返回 FALSE
 *
 * 说明:
 *    该函数主要用来绘制 DIB 对象。其中调用了 StretchDIBits() 或者
 * SetDIBitsToDevice() 来绘制 DIB 对象。输出的设备由参数 hDC 指
 * 定;绘制的矩形区域由参数 lpDCRect 指定;输出 DIB 的区域由参数
 * lpDIBRect 指定。
 *
 ********************************************************************/
BOOL WINAPI PaintDIB(HDC      hDC,
                    LPRECT    lpDCRect,
                    HDIB      hDIB,
                    LPRECT    lpDIBRect,
                    CPalette* pPal)
{
    LPSTR    lpDIBHdr;                    //BITMAPINFOHEADER 指针
```

```
LPSTR     lpDIBBits;              //DIB 像素指针
BOOL      bSuccess=FALSE;         //成功标识
HPALETTE hPal=NULL;              //DIB 调色板
HPALETTE hOldPal=NULL;           //以前的调色板
//判断 DIB 对象是否为空
if (hDIB == NULL)
{
    //返回
    return FALSE;
}
//锁定 DIB
lpDIBHdr  = (LPSTR) ::GlobalLock((HGLOBAL) hDIB);
//找到 DIB 图像像素起始位置
lpDIBBits = ::FindDIBBits(lpDIBHdr);
//获取 DIB 调色板，并选中它
if (pPal != NULL)
{
    hPal = (HPALETTE) pPal->m_hObject;
    //选中调色板
    hOldPal = ::SelectPalette(hDC, hPal, TRUE);
}
//设置显示模式
::SetStretchBltMode(hDC, COLORONCOLOR);
//判断是调用 StretchDIBits()还是 SetDIBitsToDevice()来绘制 DIB 对象
if ((RECTWIDTH(lpDCRect)  == RECTWIDTH(lpDIBRect)) &&
    (RECTHEIGHT(lpDCRect) == RECTHEIGHT(lpDIBRect)))
{
    //原始大小，不用拉伸。WINAPI
    bSuccess = ::SetDIBitsToDevice(hDC,                //hDC
                        lpDCRect->left,               //DestX
                        lpDCRect->top,                //DestY
                        RECTWIDTH(lpDCRect),          //nDestWidth
                        RECTHEIGHT(lpDCRect),         //nDestHeight
                        lpDIBRect->left,              //SrcX
                        (int)DIBHeight(lpDIBHdr) -
                        lpDIBRect->top -
                        RECTHEIGHT(lpDIBRect),        //SrcY
                        0,                            //nStartScan
                        (WORD)DIBHeight(lpDIBHdr),    //nNumScans
                        lpDIBBits,                    //lpBits
                        (LPBITMAPINFO)lpDIBHdr,       //lpBitsInfo
                        DIB_RGB_COLORS);              // wUsage
}
else
{
    //非原始大小，拉伸。 WINAPI
    bSuccess = ::StretchDIBits(hDC,                   //hDC
                        lpDCRect->left,               //DestX
                        lpDCRect->top,                //DestY
                        RECTWIDTH(lpDCRect),          //nDestWidth
                        RECTHEIGHT(lpDCRect),         //nDestHeight
```

```
                                lpDIBRect->left,              //SrcX
                                lpDIBRect->top,               //SrcY
                                RECTWIDTH(lpDIBRect),         //wSrcWidth
                                RECTHEIGHT(lpDIBRect),        //wSrcHeight
                                lpDIBBits,                    //lpBits
                                (LPBITMAPINFO)lpDIBHdr,       //lpBitsInfo
                                DIB_RGB_COLORS,               //wUsage
                                SRCCOPY);                     //dwROP
    }
    //解除锁定
    ::GlobalUnlock((HGLOBAL) hDIB);
    //恢复以前的调色板
    if (hOldPal != NULL)
    {
        ::SelectPalette(hDC, hOldPal, TRUE);
    }
    // 返回
    return bSuccess;
}
/***************************************************************************
 *
 * 函数名称:
 *    SaveDIB()
 * * 参数:
 *    HDIB hDib         - 要保存的 DIB
 *    CFile& file       - 保存文件 CFile
 *
 * 返回值:
 *    BOOL              - 成功返回 TRUE, 否则返回 FALSE 或者 CFileException
 * * 说明:
 *        该函数将指定的 DIB 对象保存到指定的 CFile 中。该 CFile 由调用程序打开和关闭。
 * ***************************************************************************/
BOOL WINAPI SaveDIB(HDIB hDib, CFile& file)
{
    //Bitmap 文件头
    BITMAPFILEHEADER bmfHdr;
    //指向 BITMAPINFOHEADER 的指针
    LPBITMAPINFOHEADER lpBI;
    //DIB 大小
    DWORD dwDIBSize;
    if (hDib == NULL)
    {
        //如果 DIB 为空, 返回 FALSE
        return FALSE;
    }
    //读取 BITMAPINFO 结构, 并锁定
    lpBI = (LPBITMAPINFOHEADER) ::GlobalLock((HGLOBAL) hDib);
    if (lpBI == NULL)
    {
        //为空, 返回 FALSE
        return FALSE;
```

```
          }
          //判断是否是 WIN3.0 DIB
          if (!IS_WIN30_DIB(lpBI))
          {
               //不支持其他类型的 DIB 保存
               //解除锁定
               ::GlobalUnlock((HGLOBAL) hDib);
               //返回 FALSE
               return FALSE;
          }
          //填充文件头
          //文件类型为 BM
          bmfHdr.bfType = DIB_HEADER_MARKER;
          //计算 DIB 大小时，最简单的方法是调用 GlobalSize()函数。但全局内存大小并
          //不是 DIB 真正的大小，它总是多几个字节。这样就需要计算一下 DIB 的真实大小
          //文件头大小+颜色表大小
          //BITMAPINFOHEADER 和 BITMAPCOREHEADER 结构的第一个 DWORD 都是该结构的大小
          dwDIBSize = *(LPDWORD)lpBI + ::PaletteSize((LPSTR)lpBI);
          //计算图像大小
          if ((lpBI->biCompression == BI_RLE8) || (lpBI->biCompression == BI_RLE4))
          {
               //对于 RLE 位图，没法计算大小，只能信任 biSizeImage 内的值
               dwDIBSize += lpBI->biSizeImage;
          }
          else
          {
               //像素的大小
               DWORD dwBmBitsSize;
               //大小为 Width * Height
               dwBmBitsSize = WIDTHBYTES((lpBI->biWidth)*((DWORD)lpBI->biBitCount))
* lpBI->biHeight;
               //计算出 DIB 真正的大小
               dwDIBSize += dwBmBitsSize;
               //更新 biSizeImage (很多 BMP 文件头中 biSizeImage 的值是错误的)
               lpBI->biSizeImage = dwBmBitsSize;
          }
          //计算文件大小: DIB 大小+BITMAPFILEHEADER 结构大小
          bmfHdr.bfSize = dwDIBSize + sizeof(BITMAPFILEHEADER);
          //两个保留字
          bmfHdr.bfReserved1 = 0;
          bmfHdr.bfReserved2 = 0;
          //计算偏移量 bfOffBits，其大小为 Bitmap 文件头大小+DIB 头大小+颜色表大小
          bmfHdr.bfOffBits = (DWORD)sizeof(BITMAPFILEHEADER) + lpBI->biSize
                                                  + PaletteSize((LPSTR)lpBI);
          //尝试写文件
          TRY
          {
               //写文件头
               file.Write((LPSTR)&bmfHdr, sizeof(BITMAPFILEHEADER));
               //写 DIB 头和像素
               file.WriteHuge(lpBI, dwDIBSize);
```

```
    }
    CATCH (CFileException, e)
    {
        //解除锁定
        ::GlobalUnlock((HGLOBAL) hDib);
        //抛出异常
        THROW_LAST();
    }
    END_CATCH
    //解除锁定
    ::GlobalUnlock((HGLOBAL) hDib);
    //返回 TRUE
    return TRUE;
}
```

步骤四，在 CReadBMPDoc 类中添加变量 CPalette* m_palDIB 和 HDIB m_hDIB。m_hDIB 用于保存当前 BMP 图像句柄，m_palDIB 用于指向 BMP 图像对应的调色板。在 CReadBMPDoc 的构造函数中初始化，即 m_hDIB = NULL;m_palDIB = NULL。

步骤五，为了取得保存在当前文档中的 HDIB 和 Palette 数据，在 CReadBMPDoc 类中添加 GetHDIB 和 GetDocPalette 方法，具体如下。

```
//返回当前 BMP 图像句柄
    HDIB GetHDIB() const
    {
        return m_hDIB;
    }
//返回当前 BMP 图像调色板指针
    CPalette *GetDocPalette() const
    {
        return m_palDIB;
    }
```

当数据读取到程序后，需要初始化并根据读取的数据创建调色板，为此在 CReadBMPDoc 中添加 InitDIBData 方法。

```
//初始化当前 BMP 图像，读取并创建调色板
void CReadBMPDoc::InitDIBData()
{
    //释放当前调色板
    if(m_palDIB != NULL)
    {
        delete m_palDIB;
        m_palDIB = NULL;
    }
//如果当前 BMP 图像句柄为空，则返回
    if(m_hDIB == NULL)
        return;
//锁定当前 BMP 图像句柄
    LPSTR lpDIB = (LPSTR)::GlobalLock(m_hDIB);
//检测图像尺寸是否正常
    if(DIBWidth(lpDIB) > INT_MAX || DIBHeight(lpDIB) > INT_MAX)
```

```
    {
        GlobalUnlock((HGLOBAL) m_hDIB);
        GlobalFree((HGLOBAL) m_hDIB);
        m_hDIB = NULL;
        CString strMsg = "The size of BMP image is too big!";
        MessageBox(NULL,strMsg,NULL,MB_ICONINFORMATION|MB_OK);
        return;
    }
    GlobalUnlock((HGLOBAL)m_hDIB);
//分配新的调色板空间
    m_palDIB = new CPalette;
    if(m_palDIB == NULL)
    {
        GlobalFree((HGLOBAL)m_hDIB);
        m_hDIB = NULL;
        return;
    }
//创建调色板
    if(CreateDIBPalette(m_hDIB, m_palDIB) == NULL)
    {
        delete m_palDIB;
        m_palDIB = NULL;
    }
}
```

步骤六，响应类 CReadBMPDoc OnOpenDocument 事件，以实现打开文件的操作。从 View|ClassWizard 进入 MFC ClassWizard 界面，在 Message Maps 选 OnOpenDocument 事件响应项中完成消息映射。

```
//响应 OnOpenDocument 事件，完成打开图像的操作
BOOL CReadBMPDoc::OnOpenDocument(LPCTSTR lpszPathName)
{
    if (!CDocument::OnOpenDocument(lpszPathName))
        return FALSE;
    CFile file;
    CFileException fe;
    if(!file.Open(lpszPathName,CFile::modeRead | CFile::shareDenyWrite,&fe))
    {
ReportSaveLoadException(lpszPathName,&fe,FALSE,AFX_IDP_FAILED_TO_OPEN_DOC);
        return FALSE;
    }
    DeleteContents();
    TRY
    {
        m_hDIB = ::ReadDIBFile(file);
    }
    CATCH(CFileException, eLoad)
    {
        file.Abort();
        EndWaitCursor();
ReportSaveLoadException(lpszPathName,eLoad,FALSE,AFX_IDP_FAILED_TO_OPEN_DOC);
        m_hDIB = NULL;
```

```
        return FALSE;
    }
    END_CATCH
//创建调色板
    InitDIBData();
    if(m_hDIB == NULL)
    {
        CString strMsg;
        strMsg = "Failed to read this image! Maybe this type of image is not
supported!";
        MessageBox(NULL,strMsg,NULL,MB_ICONINFORMATION|MB_OK);
        return FALSE;
    }
    SetPathName(lpszPathName);
    SetModifiedFlag(FALSE);
    return TRUE;
}
```

响应类 CReadBMPDoc OnSaveDocument 事件，完成保存图像的操作。从 View|Class Wizard 进入 MFC ClassWizard 界面，在 Message Maps 选项中完成消息映射。

```
//响应 OnSaveDocument 事件，完成保存图像的操作
BOOL CReadBMPDoc::OnSaveDocument(LPCTSTR lpszPathName)
{
    CFile file;
    CFileException fe;
    if(!file.Open(lpszPathName,CFile::modeCreate|CFile::modeReadWrite|CFile::
shareExclusive,&fe))
    {
    ReportSaveLoadException(lpszPathName,&fe,TRUE,AFX_IDP_INVALID_FILENAME);
        return FALSE;
    }
    bool bSuccess = FALSE;
    TRY
    {
        //将当前位图句柄 m_hDIB 所对应的位图保存到文件 file 中
        bSuccess = ::SaveDIB(m_hDIB, file);
        file.Close();
    }
    CATCH(CException, eSave)
    {
        file.Abort();
    ReportSaveLoadException(lpszPathName,eSave,TRUE,AFX_IDP_FAILED_TO_SAVE_DOC);
        return FALSE;
    }
    END_CATCH
    SetModifiedFlag(false);
    if(!bSuccess)
    {
        CString strMsg;
        strMsg = "Failed to save BMP image!";
```

```
            MessageBox(NULL,strMsg,NULL,MB_ICONINFORMATION|MB_OK);
    }
    return bSuccess;
}
```

步骤七，完成图片的打开操作之后，图片的数据就已经被保存在程序中，为了将图片显示出来，还需要响应类 **CReadBMPView** 的 **OnDraw** 事件，在其中完成图像显示。

```
void CReadBMPView::OnDraw(CDC* pDC)
{
    CReadBMPDoc* pDoc = GetDocument();
    ASSERT_VALID(pDoc);
    HDIB hDIB = pDoc->GetHDIB();      //取得 doc 文档中的 m_hDIB
    if(hDIB != NULL)
    {
        LPSTR lpDIB = (LPSTR)::GlobalLock((HGLOBAL)hDIB);
        int cxDIB = (int)::DIBWidth(lpDIB);
        int cyDIB = (int)::DIBHeight(lpDIB);
        ::GlobalUnlock((HGLOBAL)hDIB);
        CRect rcDIB;
        rcDIB.top = rcDIB.left = 0;
        rcDIB.right = cxDIB;
        rcDIB.bottom = cyDIB;
        PaintDIB(pDC->m_hDC, &rcDIB, pDoc->GetHDIB(),&rcDIB,pDoc->GetDocPalette());
    }
}
```

步骤八，编译并运行程序。至此，一个用于打开 **BMP** 图像的单文档视图结构的程序就完成了。通过修改当前位图句柄 **m_hDIB** 中存放像素的数据，就可以对图像进行改变了。

3.6.3　视频文件 YUV 格式的显示和存储

YUV 是通常使用的视频序列文件。为了便于对彩色视频序列进行编码压缩，以及解决黑白电视与彩色电视的兼容问题，国际上通常把红、绿、蓝（RGB）彩色空间转化到一个亮度信号和两个色度信号的 YUV 空间进行处理。这是因为人类视觉系统对亮度比彩色更敏感，把亮度信息从彩色信息中分离出来，并使之具有更高的清晰度，而彩色信息清晰度较低些，可以显著压缩其带宽，实现部分的压缩。与此同时，人的感觉却没有不同。本节将介绍视频文件 YUV 格式的存储和显示。首先介绍如何读取 YUV 文件，在读取 YUV 文件后，把 YUV 转换成 RGB 格式，交给 Windows 显示程序依次显示，就形成视频流。

1．YUV 视频文件格式

YUV 文件一般使用 4:2:0 的采样格式，即亮度信号为全像素，色度信号为 1/4 分辨率。对于 QCIF（176×144）分辨率的视频序列，它的 YUV 文件格式如图 3.13 所示。

2．YUV 与 RGB 之间的转换

从 RGB 颜色空间到 YUV 颜色空间的转换关系如下。

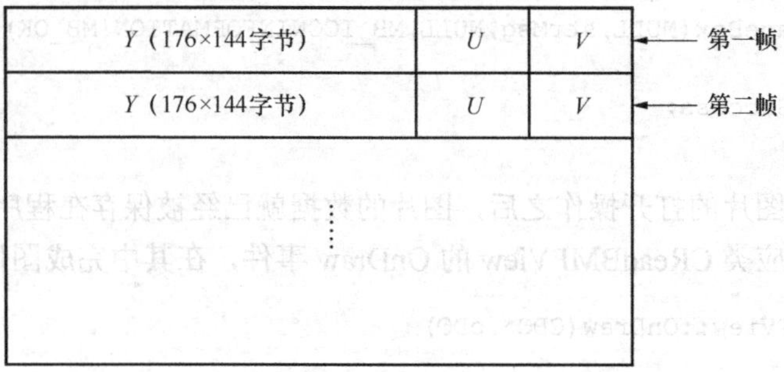

Y（176×144字节）	U	V
Y（176×144字节）	U	V

第一帧 ← 第一行
第二帧 ← 第二行

图 3.13　YUV 文件结构

$$\begin{cases} Y = 0.299R + 0.587G + 0.114B \\ U = B - Y \\ V = R - Y \end{cases}$$

相应地，从 YUV 颜色空间到 RGB 颜色空间的变换关系如下。

$$\begin{cases} B = U + Y; \\ R = V + Y; \\ G = (Y - 0.299R - 0.114B)/0.587 \end{cases}$$

3. 实现详解

步骤一，通过工程向导建立一个"Dialog based"工程，工程名为 MyYUVViewer。本例可分别支持不同分辨率的视频序列，其中 CIF 文件为 352×288，QCIF 为 176×144，如果是别的分辨率，用户可以选择 Other 选项手动输入。此外，用户还可以调节显示的帧速率，从而调整播放速度。其对话框控件如图 3.14 所示。

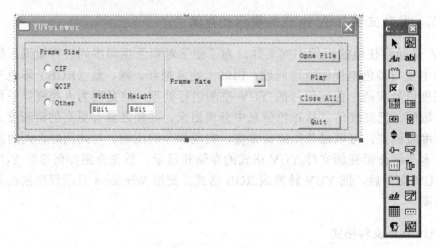

图 3.14　对话框控件

步骤二，添加变量。在 MyYUVViewerDlg.h 中加入如下变量。

```
BOOL m_bPlay;                    //判断文件是播放还是暂停
CWinThread* m_pWinThread;        //定义线程变量
CFile *m_pFile[36];              //定义文件对象
```

```
CChildWindow *m_pWnd[36];            //定义子窗口对象
int m_iCount;                        //打开的窗口数
char inSeqName[36][64];              //文件名
char inSeqence[36][_MAX_PATH];       //文件路径名
int      m_nHeight;                  //视频序列的高
int      m_nWidth;                   //视频序列的宽
```

步骤三，视频序列宽和高的处理程序。 双击 CIF 或者通过类向导给 "CIF" 选项定义相关的处理程序，从而使程序能够知道将要打开视频序列的大小。此函数具体定义如下。

```
void CMyYUVViewerDlg::OnSizeCif()
{
    UpdateData(TRUE);
    m_nWidth = 352;                  //CIF 序列的宽
    m_nHeight = 288;                 //CIF 序列的高
    //因为 CIF 序列的大小已经知道，不需要用户手动输入其宽和高，故下方宽和高选项将其屏蔽，
Disable 函数可查源代码
    Disable(IDC_SIZE_WIDTH);
    Disable(IDC_SIZE_HEIGHT);
    Disable(IDC_STATIC_H);
    Disable(IDC_STATIC_W);
    UpdateData(FALSE);
}
```

其他 QIF 和 Other 处理与此类似，在这不详细给出。

步骤四，设计 "打开文件" 处理程序。

```
UpdateData(TRUE);
    UINT picsize = m_nWidth*m_nHeight;//计算图像的大小
    m_pFile[m_iCount] = new CFile();
    char BASED_CODE szFilter[] = "YUV Files (*.yuv)|*.yuv||";
    CFileDialog dlg( TRUE, "yuv", NULL, OFN_HIDEREADONLY,szFilter);//初始化打
开文件界面
    dlg.m_ofn.lpstrInitialDir="D:dinggg\\book";
       if(dlg.DoModal()!=IDOK) return;
    sprintf( inSeqence[m_iCount], "%s", dlg.GetPathName() );
    //取得文件名
getSeqName(inSeqence[m_iCount], inSeqName[m_iCount]);
    if(m_pFile[m_iCount]->Open(inSeqence[m_iCount], CFile::modeRead)==0)
    {
        AfxMessageBox("Can't open input file");
        return;
    }
    m_pWnd[m_iCount]=new CChildWindow((CFrameWnd*)this, m_nWidth, m_nHeight,1);
    if(picsize != m_pFile[m_iCount]->Read(m_pWnd[m_iCount]->Y,picsize))//读出 y 分量
的数据
    {
        MessageBox("Get to end of file");
        return 0;
    }
        if(picsize/4 != m_pFile[m_iCount]->Read(m_pWnd[m_iCount]->Cb,picsize/4))
//读出 Cb 分量的数据
```

```
        {
            MessageBox("Get to end of file");
            return 0;
        }
        if(picsize/4 != m_pFile[m_iCount]->Read(m_pWnd[m_iCount]->Cr,picsize/4))
//读出 Cr 分量的数据
        {
            MessageBox("Get to end of file");
            return 0;
        }
        //调用显示程序，此时显示第 0 帧画面
        m_pWnd[m_iCount]->ShowWindow(SW_SHOW);
        m_pWnd[m_iCount]->CenterWindow(m_nWidth,m_nHeight);
        //决定是否对画面进行缩放。本程序没提供相关选项，默认不缩放。如果m_nZoom 为 0，则放大两倍
        if(m_nZoom == -1) m_pWnd[m_iCount]->CenterWindow(m_nWidth,m_nHeight);
        else if(m_nZoom == 0) m_pWnd[m_iCount]->CenterWindow(m_nWidth*2,m_nHeight*2);
        m_iCount++;//*/
        return 1;
```

步骤五，定义播放 YUV 的线程函数 PlayVideo，此函数用于播放 YUV 文件。

```
UINT PlayVideo( LPVOID pParam )
{
    int i;
    BOOL bPlay = g_bPlay;
    BOOL bEof = FALSE;
    CMyYUVViewerDlg *pWin = (CMyYUVViewerDlg *)pParam;
    UINT picsize = pWin->m_nWidth*pWin->m_nHeight;//计算图像的大小
    int timespan = 1000/atoi(pWin->m_sFrameRate);//由帧率计算播放的间隔时间
    if(g_nCurrentFrame < g_nStartFrame) g_nCurrentFrame = g_nStartFrame;
    if(g_nCurrentFrame > g_nEndFrame) g_nCurrentFrame = g_nEndFrame;
    for(i=0; i<pWin->m_iCount; i++)
    {
        pWin->m_pFile[i]->Seek(g_nCurrentFrame*picsize*3/2, SEEK_SET);
        pWin->m_pWnd[i]->nPicShowOrder = g_nCurrentFrame;
    }
    HANDLE hPlayTemp1 = OpenMutex(MUTEX_ALL_ACCESS,FALSE,"Play");
    while(g_nCurrentFrame >= g_nStartFrame && g_nCurrentFrame <= g_nEndFrame
&& !bEof)//播放帧
    {
        DWORD t2=GetTickCount();
        g_nFrameNumber = g_nCurrentFrame;//j;
         if ( WAIT_OBJECT_0 == WaitForSingleObject(hPlayTemp1,INFINITE) )
            ReleaseMutex( hPlayTemp1 );
        for(i=0; i<pWin->m_iCount; i++)
        {
            //找到该帧起始位置
            pWin->m_pFile[i]->Seek(g_nCurrentFrame*picsize*3/2, SEEK_SET);
            //读出该帧内 Y 数据
            if(picsize != pWin->m_pFile[i]->Read(pWin->m_pWnd[i]->Y,picsize))
            {
                AfxMessageBox("Get to end of file");
```

```
                                bEof = TRUE;
                                break;
                        }
                        if(1)//bColorImage
                        {
                                //读出该帧内 Cb 数据
                                if(picsize/4!= pWin->m_pFile[i]->Read(pWin->m_pWnd[i]->Cb,
picsize/4))
                                {
                                        AfxMessageBox("Get to end of file");
                                        bEof = TRUE;
                                        break;
                                }
                                //读出该帧内 Cr 数据
                                if(picsize/4!= pWin->m_pFile[i]->Read(pWin->m_pWnd[i]->Cr,
picsize/4))
                                {
                                        AfxMessageBox("Get to end of file");
                                        bEof = TRUE;
                                        break;
                                }
                        }
                        pWin->m_pWnd[i]->InvalidateRect (NULL,FALSE);
                        pWin->m_pWnd[i]->UpdateWindow ();
                        pWin->m_pWnd[i]->nPicShowOrder=g_nCurrentFrame;
                }
                if(g_bReversePlay == FALSE)
                        g_nCurrentFrame++;//播放过的帧数加 1
                else
                        g_nCurrentFrame--;
                int t1=GetTickCount()-t2;//计算播放所用时间
                if(t1 < timespan)
                        Sleep(timespan - t1); //多余时间睡眠
        }

        pWin->m_pWinThread = NULL;
        AfxEndThread(0);
        return 1;
}
```

步骤六，给"播放"按钮增加处理函数，使其能够响应用户的单击。函数代码如下。

```
void CYUVviewerDlg::OnPauseplay()
{
        UpdateData(TRUE);
        g_nStartFrame = 0;
        g_nEndFrame = 10000;
        if (m_bPlay)//m_bPlay 决定目前是播放还是暂停
        {
                m_buttonPausePlay.SetWindowText("Pause");
                m_bPlay = false;
                g_Play = true;
```

```
        }
        else
        {
            m_buttonPausePlay.SetWindowText("Play");
            m_bPlay = true;
        }
        char chTitle[10];
        m_buttonPausePlay.GetWindowText(chTitle,10);
        hPlayTemp = NULL;
        hPlayTemp=OpenMutex(MUTEX_ALL_ACCESS,FALSE,"Play");
        if ( strcmp( chTitle,"Play" ) == 0 )
        {
            WaitForSingleObject( hPlayTemp,0);
        }
        else
            ReleaseMutex(hPlayTemp);
        //创建一个新线程
        if ( m_pWinThread == NULL)
            m_pWinThread = AfxBeginThread( (AFX_THREADPROC)PlayVideo , (void*)this);
    }
```

步骤七，添加其他辅助函数。添加方法和前面步骤类似，其中，YUV 序列显示是通过 CchildWindow 类中的 OnPaint()函数实现的，在 OnPaint()函数中调用 ShowImage()函数来显示读到内存中的 YUV 数据。ShowImage 函数具体代码如下。

```
    void CChildWindow::ShowImage(CDC *pDC,BYTE *lpImage)
    {
        BmpInfo->bmiHeader.biBitCount = 24;
        pDC->SetStretchBltMode(STRETCH_DELETESCANS);
        StretchDIBits(pDC->m_hDC,0,0,m_nzoom*iWidth,m_nzoom*iHeight,
                      0,0,iWidth,iHeight,
                      lpImage, BmpInfo, DIB_RGB_COLORS,SRCCOPY);
    }
```

ShowImage()函数通过 StretchDIBits 来实现图像数据的显示，在此不再详细介绍。

至此完成 YUV 视频文件的读取与显示，编译后即可运行。该程序运行过程如下。

（1）选择视频序列的大小。

（2）选择帧播放的速率，默认的是 30 帧/s。

（3）单击"Opne File"，选择需要播放的视频文件。

（4）单击"Play"按钮进行播放。

（5）如果需要换一个视频序列播放，单击"Close All"按钮关闭当前所有打开的序列。

（6）单击"Quit"按钮退出整个程序。

3.7 本章小结

视觉信息是人类视觉所感受到的一种形象化的信息，其最大特点就是直观可见、形象生动。图形与动画处理技术集成了当代计算机技术和强大的数学基础，带给人们前所未有的高效率；图像处理是一门非常成熟且发展十分迅速的实用性科学，其应用范围遍及科技、教育、商业和艺术等领域；视频技术的应用在现代生活中几乎无处不在，并处于举足轻重的地位。图像又与视频技术关系密切，实际应用中的许多图像就来自于视频采集。对于视觉信息的了解、掌握与灵活运用在整个多媒体技术的运用中占有极其重要的地位。

思考与练习

一、判断题

1．第一代视频编码方法主要有预测编码、变换编码和基于块的混合编码等。（　　　）
2．图像变换包括传统的几何变换，如图像的缩放、旋转、平移、投影转换等。（　　　）
3．将空间域的处理转换为变换域的处理，不可以减少计算量。（　　　）
4．单点传输模式需要对等的通信方或对手，因而把这种通信方式称为一对一方式。（　　　）
5．组播是适用于电视会议等应用的一种传输方式，服务器同时将连续的数据包发送给多个用户，多个用户共享同一信息。（　　　）
6．采样是对图像空间坐标的离散化，它决定了图像的空间分辨率。（　　　）
7．显示分辨率确定屏幕上显示图像的区域的大小。（　　　）
8．图像深度是指位图中记录每个像素点所占的位数，它决定了彩色图像中可出现的最多颜色数，或者灰度图像中的最大灰度等级数。（　　　）

二、选择题

1．HSI 模型中，H 表示（　　　）。
　　A．色调　　　　　　B．饱和度　　　　　　C．亮度　　　　　　D．色度
2．不同的色相饱和度不相等，饱和度最高的颜色是（　　　）。
　　A．红　　　　　　　B．黄　　　　　　　　C．绿　　　　　　　D．蓝
3．在饱和的彩色光中增加白光的成分，相当于增加了光能，因而变得更亮了，但是它的饱和度（　　　）。
　　A．降低了　　　　　B．增高了　　　　　　C．不变　　　　　　D．不确定
4．当显示深度为 24bit，图像深度为 8bit 时，屏幕上可以显示按该图像的调色板选取的（　　　）种颜色。
　　A．128　　　　　　　B．256　　　　　　　 C．512　　　　　　　D．1024
5．一路 PAL 制式的数字电视（DTV）的信息传输速率高达 216Mbit/s，1GB 容量的存储器大约存储（　　　）的数字视频。
　　A．1s　　　　　　　B．10s　　　　　　　　C．10min　　　　　　D．10h

三、填空题

1．颜色的 3 个特性是_____、_____、_____，它们是颜色所固有的并且是截然不同的特性。
2．PAL 制式将 R、G、B 信号改组成 Y、U、V 信号，其中 Y 信号表示_____，U、V

信号是_____。

3. 图形通常由_____、_____、_____、_____等几何元素，以及_____、_____、_____、_____等非几何属性组成。

4. 图像增强主要方法有_____、_____、_____及_____等。

5. 常见的图像重建方法有_____、_____、_____、_____、_____等。

6. 第二代视频编码也被称为基于内容的编码方法，主要采用_____、_____、_____和_____等。

7. 常用的图像文件存储格式主要有_____、_____、_____、_____及_____等。

四、简答题

1. 什么叫真彩色？什么叫伪彩色？

2. 什么是视频？简述视频图像的数字化过程。

3. 有人认为"图像压缩比越高越好"。你对这种说法有何看法？

4. 什么是计算机动画？实现计算机动画的主要技术与方法有哪些？

5. 图形与图像的主要区别是什么？两者之间存在着什么联系？

6. 图像的数字化过程的基本步骤是什么？

第 4 章　多媒体数据压缩与编码技术

　　语音、图像与视频等多媒体数据的压缩编码是解决多媒体数据的存储与传输的关键技术之一。由于图像和视频信息的数据量非常大，图像和视频的存储与处理更为突出。因此，本章将在分析图像与视频数据编码压缩的必要性与可能性的基础上，专门介绍图像与视频数据的编码压缩方法的分类、图像数据统计编码、预测编码和变换编码等常用编码压缩算法。

4.1　编码压缩的必要性与可能性

4.1.1　编码压缩的必要性

　　近年来，随着计算机与数字通信技术的迅速发展，特别是网络和多媒体技术的兴起，多媒体数据的编码与压缩已受到越来越多的关注。而图像、视频等作为重要的媒体数据，已成为数据压缩的一个分支。

　　众所周知，数字图像的灰度多数用 8bit 来量化，而医学图像处理和其他科研应用的图像的灰度量化可用到 12bit 以上，彩色图像通常用 24bit 量化，因而所需数据量太大，对图像和视频的存储、处理、传送带来很大困难。若使量化比特减少，又必然带来量化噪声增大的缺点，且丢失灰度细节的信息。图像和视频的庞大数据对计算机的处理速度、存储容量都提出过高的要求，因此，必须进行数据量压缩。

　　若从传送的角度来看，则更要求数据量压缩。首先，某些图像采集有时间性，例如遥感卫星图像传回地面有一定限制时间，某地区卫星过境后无法再得到数据，否则就要增加地面站的数量；其次，图像存储体的存储时间也有限制。它取决于存储器件的最短存取时间，若单位时间内大量图像数据来不及存储，就会丢失信息。在现代通信中，图像与视频传输也已成为重要内容。除要求设备可靠、图像保真度高以外，实时性将是重要技术指标之一。数字信号传送规定一路数字电话为 64kbit，多个话路通道再组成一次群、二次群、三次群……通常一次群为 32 个数字话路，二次群为 120 个，三次群为 480 个，四次群为 1920 个……彩色电视的传送最能体现数据压缩的重要性，我国的 PAL 制彩电传送用三倍副载波取样。若用 8bit 量化约需 100Mbit，总数字话路为 64kbit，传送彩色电视需占用 1600 个数字话路，即使黑白电视用数字微波接力通信，也占用 900 个话路。很显然，在信道带宽、通信链路容量一定的前提下，采用编码压缩技术，减少传输数据量，是提高通信速度的重要手段。

4.1.2 编码压缩的可能性

由前面分析可知，没有图像、视频编码与压缩技术的发展，大容量图像和视频信息的存储与传输是难以实现的。但是，如何才能进行压缩呢？众所周知，视频由一帧一帧的图像组成，而图像的各像素之间，无论是在行方向还是在列方向，都存在着一定的相关性。例如，图像背景常具有同样的灰度，某种特征中，像素灰度相同或者相近，也就是说，一般图像都存在很大的相关性，即冗余度。应用某种编码方法提取或减少这些冗余度，便可以达到压缩数据的目的。

常见的静态图像数据冗余包括以下几个。

1. 空间冗余

这是静态图像存在的最主要的一种数据冗余。一幅图像记录了画面上可见景物的颜色。同一景物表面上各采样点的颜色之间往往存在着空间连贯性，从而产生了空间冗余。我们可以通过改变物体表面颜色的像素存储方式来利用空间连贯性，达到减少数据量的目的。

2. 时间冗余

在视频的相邻帧间，往往包含相同的背景和移动物体，因此，后一帧数据与前一帧数据有许多共同的地方，即在时间上存在大量的冗余。

3. 结构冗余

在有些图像的纹理区，图像的像素值存在着明显的分布模式。例如，方格状的地板图案等。这种冗余被称为结构冗余。

4. 知识冗余

有些图像的理解与某些知识有相当大的相关性。例如，人脸的图像有固定的结构。例如，嘴的上方有鼻子、鼻子的上方有眼睛，鼻子位于正脸图像的中线上，等等。这类规律性的结构可由先验知识和背景知识得到。此类冗余被称为知识冗余。根据已有的知识，对某些图像中所包含的物体，可以构造基本模型，并创建对应各种特征的图像库，进而图像的存储只需要保存一些特征参数，从而可以大大减少数据量。

5. 视觉冗余

事实表明，人类的视觉系统对图像场的敏感性是非均匀的和非线性的。然而，在记录原始图像数据时，通常假定视觉系统是线性的和均匀的，对视觉敏感和不敏感的部分同等对待，从而产生了比理想编码更多的数据，这就是视觉冗余。

6. 图像区域的相同性冗余

图像中的两个或多个区域所对应的所有像素值相同或相近，从而产生的数据重复性存储，这就是图像区域的相似性冗余。如果记录了一个区域中各像素的颜色值，则与其相同或相近的其他区域就不再需要记录。

7. 纹理的统计冗余

有些图像纹理尽管不严格服从某一分布规律，但是它在统计的意义上服从该规律，因此存在纹理的统计冗余。

从以上对图像冗余的分析可以看出，图像信息的压缩是可能的。但到底能压缩多少，除了和图像本身存在的冗余度多少有关外，很大程度取决于对图像质量的要求。例如广播电视要考虑艺术欣赏，对图像质量要求就很高，用目前的编码技术，即使压缩比达到 3:1 都是很困难的。而对可视电话，因画面活动部分少，对图像质量要求也低，可采用高效编码技术，使压缩比达到 1500:1 以上。目前，高效图像压缩编码技术已能用硬件实现实时处理，在广播电视、工业电视、电视会议、可视电话、传真和互联网、遥感等多方面得到广泛应用。

4.2 编码模型

如图 4.1 所示，一个压缩系统包括两个不同的结构块，即一个编码器和一个解码器。图像 $f(x, y)$ 输入到编码器中。这个编码器可以根据输入数据生成一组符号。在通过信道进行传输之后，将经过编码的表达符号送入解码器，经过重构后，就生成了输出图像 $\hat{f}(x, y)$。一般来讲，$\hat{f}(x, y)$ 可能是也可能不是原图像 $f(x, y)$ 的准确复制品。如果输出图像是输入的准确复制，系统就是无误差的或具有信息保持编码的系统；如果不是，则重建图像会呈现某种程度的失真。

$$f(x,y) \rightarrow \boxed{\text{信源编码器}} \rightarrow \boxed{\text{信道编码器}} \rightarrow \boxed{\text{信道}} \rightarrow \boxed{\text{信道解码器}} \rightarrow \boxed{\text{信源解码器}} \rightarrow \hat{f}(x, y)$$

图 4.1 常用的图像压缩系统模型

图 4.1 中显示的编码器和解码器都包含两个彼此相关的函数或子块。编码器由一个消除输入冗余的信源编码器和一个用于增强信源编码器输出的噪声抗扰性的信道编码器构成。一个解码器包括一个信道解码器，它后面跟着一个信源解码器。如果编码器和解码器之间的信道是无噪声的，则信道编码器和信道解码器可以略去，而一般的编码器和解码器分别是信源编码器和信源解码器。

4.2.1 信源编码器和信源解码器

信源编码器的任务是减少或消除输入图像中的冗余。编码框图如图 4.2（a）所示。从原理来看，编码过程主要分为 3 个阶段，第一阶段将输入数据转换为可以减少输入图像中像素间冗余的数据的集合。第二阶段设法去除原图像信号的相关性，例如对电视信号，可以去掉帧内各种相关，还可以去除帧间相关。这样有利于编码压缩。第三阶段就是找一种更近于熵又利于计算机处理的编码方式。下面把框图作一简要讨论。

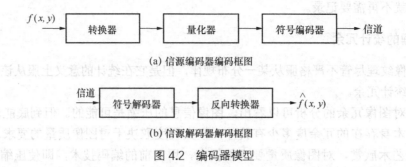

图 4.2　编码器模型

在信源编码处理的第一阶段，转换器（也被称为映射器）将输入数据转换为可以减少输入图像像素间冗余的数据的集合。这步操作通常是可逆的，并且有可能直接减少表示图像的数据量，从而使系统在编码处理的后续阶段中更容易找到像素间冗余，以便进行压缩。行程编码就是在整个信源处理的初始阶段对数据进行压缩转换的例子。

在第二阶段，量化器对转换后的结果进行量化，使输出精度调整到与预设的保真度准则相一致。这一步减少了输入图像的视觉冗余，其操作是不可逆的。因此，当希望进行无误差压缩时，此步必须略去。

在第三阶段，即信源编码处理的最后阶段，符号编码器生成一个固定的或可变长的编码，用于表示量化器输出。在大多数情况下，使用变长编码，它用最短的码字表示出现频率最高的输出值，以此减少编码冗余。该操作是可逆的。

图 4.2（a）显示了信源编码处理 3 个相继的操作，但并不是每个图像压缩系统都必须包含这 3 种操作。例如，当希望进行无误差压缩时，必须去掉量化器。图 4.2（b）显示的信源解码器仅包含两部分，即一个符号解码器和一个反向转换器。这些模块的运行次序与编码器的符号编码器和转换模块的操作次序相反。

4.2.2　信道编码器和信道解码器

当图 4.2 中显示的信道带有噪声或易于出现错误时，信道编码器和信道解码器就在整个编码，解码处理中扮演了重要的角色。由于信源编码器几乎不包含冗余，所以如果没有附加这种"预制的冗余"，对噪声传送会有很高的敏感性。信道编码器和信道解码器通过向信源编码数据中插入预制的冗余数据来减少信道噪声的影响。

最有用的一种信道编码技术是由 R.W.Hamming 提出的。该技术基于这样的思想：向被编码数据中加入足够的位数，以确保可用的码字间变化的位数最小。例如，利用 Hamming 码将 3 位冗余码加到 4 位字上，使任意两个有效码字间的距离为 3，则所有的一位错误都可以检测出来并得到纠正。假设与 4 位二进制数 $b_3b_2b_1b_0$ 相联系的 7 位 Hamming(7，4)码字为 $h_1h_2h_3h_4h_5h_6h_7$，则：

$$h_1 = b_3 \oplus b_2 \oplus b_0 \qquad h_3 = b_3$$
$$h_2 = b_3 \oplus b_1 \oplus b_0 \qquad h_5 = b_2$$
$$h_4 = b_2 \oplus b_1 \oplus b_0 \qquad h_6 = b_1$$
$$h_7 = b_0$$

$\oplus$ 表示异或运算。h_1、h_2 和 h_4 位分别是位字段 $b_3b_2b_0$、$b_3b_1b_0$ 和 $b_2b_1b_0$ 的偶校验位。

为了将汉明（Hamming）编码结果进行解码，信道解码器必须为先前设立的偶校验的各个位字段进行奇校验并检查译码值。一位错误由一个非零奇偶校验字 $c_4c_2c_1$ 给出，则：

$$c_1 = h_1 \oplus h_3 \oplus h_5 \oplus h_7$$
$$c_2 = h_2 \oplus h_3 \oplus h_6 \oplus h_7$$
$$c_4 = h_4 \oplus h_5 \oplus h_6 \oplus h_7$$

如果找到一个非零值，则解码器只简单地在校验字指出的位置补充码字比特。解码的二进制值 $h_3h_5h_6h_7$ 就从纠正后的码字中提取出来。

4.3 编码压缩方法的分类

数据压缩的目标是去除各种冗余。根据压缩后是否有信息丢失，多媒体数据压缩技术可分为无损压缩技术和有损压缩技术两类。

常见的无损压缩技术有哈夫曼编码、算术编码、游程编码、词典编码。

尽管人们总是期望无损压缩，但冗余度很少的信息对象用无损压缩技术并不能得到可接受的结果。有损编码是以丢失部分信息为代价来换取高压缩比的，但是，如果丢失部分信息后造成的失真是可以容忍的，则压缩比增加是有效的。常用的有损压缩技术包括预测编码、变换编码、基于模型编码、分形编码等。

有损压缩技术主要被应用于影像节目、可视电话会议、多媒体网络等由音频、彩色图像和视频组成的多媒体应用中。

图 4.3 给出数据压缩编码分类的一般方法。

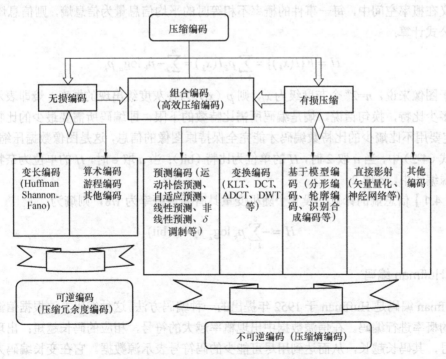

图 4.3　数据压缩编码分类的一般方法

4.4 统计编码

统计编码属无损编码，它是根据消息出现概率的分布特性而进行的压缩编码。这种编码的宗旨在于，在消息和码字之间找到明确的一一对应关系，以便在恢复时能够准确无误地再现出来。统计编码又可分为定长码和变长码。给单个符号或者定长符号组赋相同长度的码字，就是定长编码；如果根据符号出现概率的不同，赋予长短不一的码字，就是变长编码。常用的统计编码有哈夫曼编码、游程编码和算术编码。

4.4.1 哈夫曼（Huffman）编码

在一幅图像中，有些图像数据出现的频率高，有些图像数据出现的频率低。如果对那些出现频率高的数据用较少的位数来表示，而出现频率低的数据用较多的位数来表示，这样从总的效果来看还是节省了存储空间。这种编码思想首先由香农（Shannon）提出，哈夫曼后来对它提出了一种改进的编码方法，用这种方法得到的编码称为 Huffman 编码，Huffman 编码是一种变长编码。

1. 理论基础

一个事件集合 x_1, x_2,..., x_n 处于一个基本概率空间，其相应概率为 $p_1, p_2, ..., p_n$，且 $p_1 + p_2 ... + p_n = 1$。每一个信息的信息量为：

$$I(x_k) = -\log_a(p_k) \tag{4-1}$$

定义在概率空间中，每一事件的概率不相等时的平均信息量为信息熵，则信息熵 H 可采用如下公式计算：

$$H = E\{I(x_k)\} = \sum_{k=1}^{n} p_k I(x_k) = \sum_{k=1}^{n} -p_k \log_a p_k \tag{4-2}$$

对于图像来说，$n = 2^m$ 个灰度级为 x_i，则 $p(x_i)$ 为各灰度级出现的概率，熵即表示平均信息量为多少比特，换句话说，熵是编码所需比特数的下限，即编码所需要最少的比特。编码时，一定要用不比熵少的比特数编码才能完全保持原图像的信息，这是图像数据压缩的下限。

在式（4-2）中，当 a 取 2 时，H 的单位为比特（bit）；当 a 取 e 时，H 的单位为奈特（net）。图像编码中，a 取 2。

【例 4.1】信息熵的计算。设 8 个随机变量具有同等概率为 1/8，则熵为：

$$H = -\sum_{k=1}^{8} p_k \log_2 p_k = 3(\text{bit})$$

2. Huffman 编码

Huffman 编码是 Huffman 于 1952 年提出的一种编码方法。这种编码方法根据信源数据符号发生的概率进行编码。在信源数据中出现概率越大的符号，相应的码长越短；出现概率越小的符号，其码长越长，从而达到用尽可能少的码符号表示源数据。它在变长编码方法中是最佳的。

设信源 A 的信源空间为：

$$[A \bullet P] = \begin{cases} A: & a_1 & a_2 & \cdots & a_N \\ P(A): & P(a_1) & P(a_2) & \cdots & P(a_N) \end{cases} \qquad (4\text{-}3)$$

其中 $\sum\limits_{i=1}^{N} P(a_i) = 1$，现用 r 个码符号的码符号集 $X: \{x_1, \quad x_2, \quad \cdots, \quad x_r\}$ 对信源 A 中的每个符号 a_i（$i = 1, 2, \ldots, N$）进行编码。具体编码方法如下。

（1）把信源符号 a_i 按其出现概率的大小顺序排列起来。

（2）把最末两个具有最小概率的元素之概率加起来。

（3）把该概率之和同其余概率由大到小排队，然后把两个最小概率加起来，再重新排队。

（4）重复步骤，直到最后只剩下两个概率为止。

在上述工作完毕之后，从最后两个概率开始逐步向前进行编码。对概率大的赋予 0，小的赋予 1。下面通过实例来说明这种编码方法。

【例 4.2】设有编码输入 $X = \{x_1, x_2, x_3, x_4, x_5, x_6\}$。其频率分布分别为 $P(x_1) = 0.4$，$P(x_2) = 0.3$，$P(x_3) = 0.1$，$P(x_4) = 0.1$，$P(x_5) = 0.06$，$P(x_6) = 0.04$，现求其诸元素的哈夫曼编码及平均码长。

解：Huffman 编码过程如图 4.4 所示。本例对 0.6 赋予 0，对 0.4 赋予 1，0.4 传递到 x_1，所以 x_1 的编码便是 1。0.6 传递到前一级是两个 0.3 相加，大值是单独一个元素 x_2 的概率，小值是两个元素概率之和，每个概率都小于 0.3，所以 x_2 赋予 0，0.2 和 0.1 求和的 0.3 赋予 1。所以 x_2 的编码是 00，而剩余元素编码的前两个码应为 01。0.1 赋予 1，0.2 赋予 0。依次类推，最后得到诸元素的编码，如表 4.1 所示。

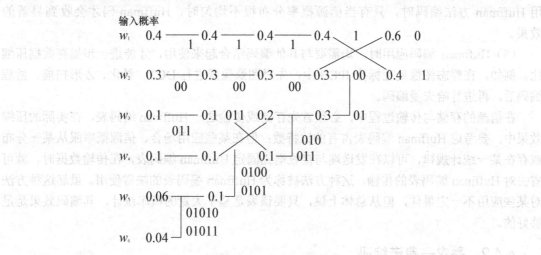

图 4.4　Huffman 编码过程

表 4.1　　　　　　　　　　　　　　　信源出现的概率及其编码

元素 x_i	x_1	x_2	x_3	x_4	x_5	x_6
概率 $p(x_i)$	0.4	0.3	0.1	0.1	0.06	0.04
编码 w_i	1	00	011	0100	01010	01011

经哈夫曼编码后，平均码长为：$\bar{B} = \sum\limits_{i=1}^{6} P(w_i)n_i$

$$=0.4\times1+0.30\times2+0.1\times3+0.1\times4+0.06\times5+0.04\times5$$

$$=2.20\,(\text{bit})$$

以上方法便于用计算机计算，用二叉树方法实现 Huffman 编码方法也较为便利，因此这种编码方法用于计算机数据结构的转换中。在实用中，常用列表法进行 Huffman 编码，编码或解码通过查表实现。从编码最终结果可看出，上述方法有其规律：短的码不会作为更长码的起始部分，否则在码流中区分码字时会引起混乱。

3．Huffman 编码的几点说明

在对信源进行 Huffman 编码后，对信源中的每一个符号都给出了一个码字，这样就形成了一个 Huffman 编码表。该编码表是必需的，因为在解码时，必须参照这一 Huffman 编码表才能正确译码。

（1）Huffman 编码是最佳的，虽然构造出来的码不唯一，其平均码长却相同，所以不影响编码效率和数据压缩性能。

（2）由于 Huffman 码的码长参差不齐，因此，存在一个输入、输出速率匹配问题。解决的办法是设置一定容量的缓冲存储器。

（3）Huffman 码在存储或传输过程中，如果出现误码，可能会引起误码的连续传播，1bit 的误码可能把一大串码字全部破坏，因此，Huffman 码的使用受到限制。

（4）Huffman 编码对不同信源的编码效率不尽相同。当信源概率是 2 的负次幂时，Huffman 码的编码效率达到 100%；当信源概率相等时，其编码效率最低。这表明在使用 Huffman 方法编码时，只有当信源概率分布很不均匀时，Huffman 码才会收到显著的效果。

（5）Huffman 编码应用时，均需要与其他编码结合起来使用，才能进一步提高数据压缩比。例如，在静态图像处理标推 JPEG 中，先对图像像素进行 DCT、量化、Z 形扫描、游程编码后，再进行哈夫曼编码。

在信源的存储与传输过程中，必须首先存储或传输这一 Huffman 编码表，在实际的压缩效果中，要考虑 Huffman 编码表占有的比特数；但在某些应用场合、信源概率服从某一分布或存在某一统计规律，可以在发送端与接收端先固定 Huffman 编码表，在传输数据时，就可省去对 Huffman 编码表的传输，这种方法被称为 Huffman 编码表的缺省使用。虽然这种方法对某些应用不一定最佳，但从总体上说，只要该表是基于大量的概率统计，其编码效果是足够好的。

4.4.2　香农—费诺编码

由于 Huffman 编码法需要多次排序，当 x_i 很多时十分不便，为此香农（Shannon）和费诺（Fano）分别单独提出类似的方法，使编码更简单。具体编码方法如下。

（1）把 $x_1,x_2,...,x_n$ 按概率由大到小、从上到下排成一列，然后把 $x_1,x_2,...,x_n$ 分成两组 $x_1,x_2,...,x_k$ 和 $x_{k+1},x_{k+2},...,x_n$，并使这两组符号概率和相等或几乎相等，即 $\sum\limits_{i=1}^{k} P(x_i) \approx \sum\limits_{j=k+1}^{n} P(x_j)$。

（2）把两组分别按 0、1 赋值、例如将第一组赋值为 0，则第二组赋值为 1。

然后分组、赋值，不断反复，直到每组只有一种输入为止。将每个 x 所赋的值依次排列起来就是香农—费诺（Shannon-Fano）编码。以前面的数据为例，香农—费诺编码如图 4.5 所示。

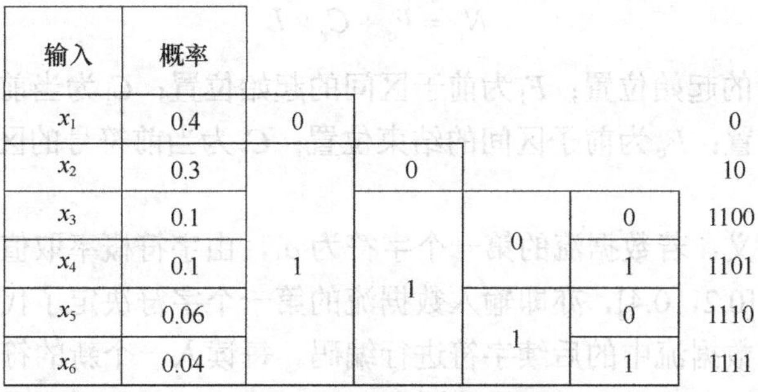

输入	概率					
x_1	0.4	0				0
x_2	0.3		0			10
x_3	0.1			0	0	1100
x_4	0.1	1			1	1101
x_5	0.06		1	1	0	1110
x_6	0.04				1	1111

图 4.5　香农—费诺编码

香农—费诺编码的目的是产生具有最小冗余的码词（Code Word）。其基本思想是产生编码长度可变的码词。码词长度可变指的是，被编码的一些消息的符号可以用比较短的码词来表示。估计码词长度的准则是符号出现的概率。符号出现的概率越大，其码词的长度越短。

4.4.3　算术编码

理论上，用 Huffman 方法对源数据流进行编码，可达到最佳编码效果。但由于计算机中存储、处理的最小单位是"位"，因此，在一些情况下，实际压缩比与理论压缩比的极限相去甚远。例如，源数据流由 X 和 Y 两个符号构成，它们出现的概率分别是 2/3 和 1/3。理论上，根据字符 X 的熵确定的最优码长为 $H(X) = -\log_2(2/3) \approx 0.585\text{bit}$，字符 Y 的最优码长为 $H(X) = -\log_2(1/3) \approx 1.58\text{bit}$。若要达到最佳编码效果，相应于字符 X 的码长为 0.585 位；字符 Y 的码长为 1.58 位，计算机中不可能有非整数位出现。硬件的限制使编码只能按"位"进行。用 Huffman 方法对这两个字符进行编码，得到 X、Y 的代码分别为 0 和 1。显然，对于概率较大的字符 X 不能给予较短的代码。这就是实际编码效果不能达到理论压缩比的原因所在。

算术编码没有延用数据编码技术中用一个特定的代码代替一个输入符号的一般做法，它把要压缩处理的整段数据映射到一段实数半开区间[0，1）内的某一区段，构造出小于 1 且大于或等于 0 的数值。这个数值是输入数据流的唯一可译代码。

下面通过一个例子来说明算术编码的方法。

对一个 5 符号信源 $A = \{a_1, a_2, a_3, a_2, a_4\}$，各字符出现的概率和设定的取值范围如表 4.2 所示。

表 4.2　　　　　　　　　　　　字符出现的概率和设定的取值范围

字符	概率	范围
a_3	0.2	[0, 0.2)
a_1	0.2	[0.2, 0.4)
a_2	0.4	[0.4, 0.8)
a_4	0.2	[0.8, 1.0)

"范围"给出了字符的赋值区间。这个区间是根据字符发生的概率划分的。具体把 a_1、

a_2、a_3、a_4 分配在哪个区间范围，对编码本身没有影响，只要保证编码器和解码器对字符的概率区间有相同的定义即可。为讨论方便起见，假定有：

$$N_s = F_s + C_1 \times L \tag{4-4}$$

$$N_e = F_e + C_r \times L \tag{4-5}$$

式中，N_s 为新于区间的起始位置；F_1 为前于区间的起始位置；C_1 为当前符号的区间左端；N_e 为新于区间的结束位置；F_e 为前子区间的结束位置；C_r 为当前符号的区间右端；L 为前子区间的长度。

按上述区间的定义，若数据流的第一个字符为 a_1，由字符概率取值区间的定义可知，代码的实际取值范围在[0.2, 0.4]，亦即输入数据流的第一个字符决定了代码最高有效位取值的范围。然后继续对源数据流中的后续字符进行编码。每读入一个新的符号，输出数值范围就进一步缩小。读入第二个符号，a_2 取值范围在区间[0.4, 0.8]。但需要说明的是，由于第一个字符 a_1 已将取值区间限制在[0.2, 0.4)，因此 a_2 的实际取值是在[0.4, 0.8]处，按式（4-4）、式（4-5）计算，字符 a_2 的编码取值范围从[0.28, 0.36)，而不是在[0, 1]整个概率分布区间上。也就是说，每输入一个符号，都将按事先对概率范围的定义，在逐步缩小的当前取值区间上按式（4-4）、式（4-5）确定新的范围上、下限。继续读入第三个符号 a_3，受到前面已编码的两个字符的限制，它的编码取值应在[0.28, 0.36) 中的 [0.28, 0.296) 内。重复上述编码过程，直到输入数据流结束。最终结果如表 4.3 所示。

表 4.3　　　　　　　　　　　　　　　输出结果

字符	概率	范围
a_1	0.2	[0.2, 0.4)
a_2	0.08	[0.28, 0.36)
a_3	0.016	[0.28, 0.296)
a_2	0.0064	[0.2864, 0.2928)
a_4	0.00128	[0.2915, 0.2928]

由此可见，算术编码的基本原理是将编码的消息表示成实数 0～1 的一个间隔（Interval），消息越长，编码表示它的间隔就越小，表示这一间隔所需的二进制位就越多。

算术编码用到两个基本的参数，即符号的概率和它的编码间隔。信源符号的概率决定压缩编码的效率，也决定编码过程中信源符号的间隔，而这些间隔包含在 0～1。编码过程中的间隔决定了符号压缩后的输出。

给定事件序列的算术编码步骤如下。

（1）编码器在开始时将"当前间隔" [L，H] 设置为[0，1)。

（2）对每一事件，编码器按步骤①和②进行处理。

① 编码器将"当前间隔"分为子间隔，每一个事件一个。

② 一个子间隔的大小与下一个将出现的事件的概率成比例，编码器选择子间隔，与下一个确切发生的事件相对应，并使它成为新的"当前间隔"。

（3）输出的"当前间隔"的下边界就是该给定事件序列的算术编码。

设 Low 和 High 分别表示"当前间隔"的下边界和上边界，CodeRange 为编码间隔的长度，LowRange（symbol）和 HighRange（symbol）分别代表为事件 symbol 分配的初始间隔下边界和上边界。上述过程的实现可用伪代码描述如下：

```
set Low to 0
set High to 1
while there are input symbols do
    take a symbol
    CodeRange = High - Low
    High = Low + CodeRange *HighRange (symbol)
    Low = Low + CodeRange * LowRange (symbol)
end of while
output Low
```

解码过程用伪代码描述如下：

```
get encoded number
do
    find symbol whose range straddles the encoded number
    output the symbol
    range = symbo.LowValue-symbol.HighValue
    substracti symbol.LowValue from encoded number
    divide encoded number by range
until no more symbols
```

【例 4.3】假设信源符号为{*A*，*B*，*C*，*D*}，这些符号的概率分别为{ 0.1，0.4，0.2，0.3 }，根据这些概率可把间隔[0, 1]分成 4 个子间隔：[0, 0.1)，[0.1, 0.5)，[0.5, 0.7)，[0.7, 1]，其中[*x*, *y*）表示半开放间隔，即包含 *x* 不包含 *y*。上面的信息可综合在表 4.4 中。

表 4.4　　　　　　　　　　　信源符号、概率和初始编码间隔

符号	*A*	*B*	*C*	*D*
概率	0.1	0.4	0.2	0.3
初始编码间隔	[0, 0.1)	[0.1, 0.5)	[0.5, 0.7)	[0.7, 1]

如果二进制消息序列的输入为 *CADACDB*。编码时首先输入的符号是 *C*，找到它的编码范围是[0.5, 0.7)。由于消息中第二个符号 *A* 的编码范围是[0, 0.1]，因此它的间隔就取[0.5, 0.7）的第一个十分之一作为新间隔[0.5, 0.52)。依次类推，编码第 3 个符号 *D* 时，取新间隔为[0.514, 0.52)，编码第 4 个符号 *A* 时，取新间隔为[0.514, 0.5146)……。消息的编码输出可以是最后一个间隔中的任意数。整个编码过程如图 4.6 所示。

当字符串 *A* = {*a₁a₂a₃a₄a₅*} 被全部编码后，其范围在[0.2915, 0.2928]内。换句话说，在此范围内的数值代码都唯一对应于字符串 "*a₁a₂a₃a₄*"。我们可取这个区间的下限 0.2915 作为对源数据流 "*a₁a₂a₃a₄*" 进行压缩编码后的输出代码，这样，就可以用一个浮点数表示一个字符串，达到减少所需存储空间的目的。

按这种编码方案得到的代码，其解码过程的实现比较简单。根据编码时所使用的字符概率区间分配表和压缩后的数值代码所在的范围，可以很容易地确定代码所对应的第一个字符，在完成对第一个字符的解码后，设法去掉第一个字符对区间的影响，再使用相同的方法找到下一个字符。重复以上操作，直至完成解码的过程。

图 4.6　算术编码过程举例

在算术编码中，需要注意以下几个问题。

（1）由于实际的计算机的精度不可能无限长，一个明显的问题是运算中出现溢出，但多数机器都有 16、32 或者 64bit 的精度，因此这个问题可使用比例缩放方法解决。

（2）算术编码器对整个消息只产生一个码字，这个码字是在间隔[0，1]中的一个实数，因此译码器在接收到表示这个实数的所有位之前不能进行译码。

（3）算术编码是一种对错误很敏感的编码方法，如果有一位发生错误，那么整个消息将被译错。

4.4.4　游程编码（RLC）

游程编码是一种利用空间冗余度压缩图像的方法，相对比较简单，也属于统计编码。设图像中的某一行或某一块像素经采样或经某种方法变换后的系数为 $(x_1, x_2, \cdots, x_M)$，如图 4.7 所示。某一行或某一块内像素值 x_i 可分为 k 段，长度为 l_i 的连续串，每个串具有相同的值，那么，该图像的某一行或某一块可由如下形式表示：$(x_1, x_2, \cdots, x_M) \rightarrow (g_1, l_1), (g_2, l_2), \cdots, (g_k, l_k)$，其中 g_i 为每个串内的代表值，l_i 为串的长度，$1 \leqslant i \leqslant k$。串长 l_i 就是游程长度（Run-length），简写为 RL，即由字符、采样值或灰度值构成的数据流中各个字符等重复出现而形成的字符串的长度。如果给出了形成串的字符、串的长度及串的位置，就能很容易地恢复出原来的数据流。基本结构如图 4.8 所示。

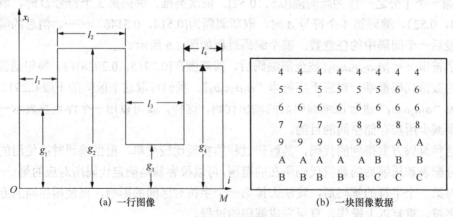

(a)　一行图像　　　　　　　　　　　(b)　一块图像数据

图 4.7　游程编码示意图

| ··· | 串字符 | 串位置 | 串长 | ··· |

图 4.8 RL 的基本结构

游程编码分为定长游程编码和变长游程编码两类。定长游程编码是指编码的游程所使用位数是固定的，即 RL 位数是固定的。如果灰度连续相同的个数超过了固定位数所能表示的最大值，则进入下一轮游程编码。变长游程编码是指对不同范围的游程使用不同位数的编码，即表示 RL 位数是不固定的。

游程编码一般不直接应用于多灰度图像，但比较适合于二值图像的编码。例如黑白传真图像的编码等。为了达到较好的压缩效果，有时游程编码和其他一些编码方法混合使用。RLC 比较适合二值图像数据序列，其原因是在二值序列中，只有"0"和"1"两种符号；这些符号的连续出现，就形成了"0"游程[$L(0)$]和"1"游程[$L(1)$]。"0"游程和"1"游程总是交替出现的。倘若规定二值序列是"0"开始，第一个游程是"0"游程，第二个必为"1"游程，第三个游程又是"0"游程……各游程长度[$L(0)$，$L(1)$]是随机的，其取值为 1，2，3，…，∞。

定义游程和游程长度后，就可以把任何二元序列变换成游程长度的序列，简称游程序列。这一变换是可逆的、一一对应的。例如，一个二元序列为 00001100111110001110000011…，可变换成 42253352…。若已知二元序列从 0 起始，那么很容易恢复成原二元序列。

由此可知，游程序列是多元序列，各长度可用 Huffman 编码或其他方法处理，以达到压缩数据的目的。

从二元序列转换为游程（多元）序列的具体方法比较简单。其中一个方法是对二元序列的"0"和"1"分别计算，得到"0"游程 $L(0)$ 和"1"游程 $L(1)$。若对游程长度进行 Huffman 编码，必须先测定 $L(0)$ 和 $L(1)$ 的分布概率，也可以从二元序列的概率特性去计算各种游程长度的概率。

4.4.5 LZW 编码

1977 年，两位以色列教授发明 Lempel-Zev 压缩技术，介绍了查找冗余字符串和将此字符器用较短的符号标记替代的技术，并做了实验性的工作。1985 年，美国的 Welch 将此技术实用化，取得了 LZW 专利。LZW 压缩编码是一种无损压缩编码。

LZW 的基本思想是用符号代替一串字符，这一串字符可以是有意义的，也可以是无意义的。在编码中，字符串仅仅被看作一个号码，而不去弄清楚它代表什么意思。

图像数据实际上也是由字符串组成的，在对一幅图像数据进行编码之前，可以设置一个编码码表（这个码表可以是已知的 256 个字符组成的码表），表的每一栏可被看作由单个字符组成的字符串，并且给每一栏都编一个号码。

在编码图像数据过程中，每读一个字符（即图像数据），就与以前读入的字符串拼接成一个新的字符串，并且查看码表中是否已经有相同的字符串，如果有，就用码表中的字符串的号码来代替这一个字符；如果没有，则把这个新的字符串放到码表中，并且给它编上一个新的号码，这样编码就变成一边生成码表、一边增添新字符串的号码。在数据存储或传输时，只存储或传输号码，而不存储和传输码表本身。在解码时，按照编码时的规则，一边生成码表、一边还原图像数据。

1. 编码算法

LZW 编码是围绕被称为词典的转换表来完成的。这张转换表用来存放被称为前缀（Prefix）的字符序列，并且为每个表项分配一个码字（Code word），或者叫作序号，如表 4.5 所示。这张转换表实际上是把 8 位 ASCII 字符集进行扩充，增加的符号用来表示在文本或图像中出现的可变长度 ASCII 字符串。扩充后的代码可用 9 位、10 位、11 位、12 位甚至更多的位来表示。Welch 的论文中用了 12 位，12 位可以有 4096 个不同的 12 位代码，这就是说，转换表有 4096 个表项，其中 256 个表项用来存放已定义的字符，剩下 3840 个表项用来存放前缀（Prefix）。

表 4.5　词典

码字（Code word）	前缀（Prefix）
1	…
…	…
193	A
194	B
…	…
255	…
…	…
1305	abcdefxyF01234
…	…

LZW 编码器通过管理这个词典完成来输入与输出之间的转换。LZW 编码器的输入是字符流（Charstream），字符流可以是用 8 位 ASCII 字符组成的字符串，而输出是用 n 位（例如 12 位）表示的码字流（Codestream），码字代表单个字符或多个字符组成的字符串。

LZW 编码器使用了贪婪分析算法。在贪婪分析算法中，每一次分析都要串行地检查来自字符流 Charstream 的字符串，从中分解出已经识别的最长的字符串，也就是已经在词典中出现的最长的前缀 Prefix。用已知的前缀 Prefix 加上下一个输入字符 C，也就是当前字符（Current character）作为该前缀的扩展字符，形成新的扩展字符串——缀—符串 String：Prefix.C。这个新的缀-符串 String 是否要加到词典中，还要看词典中是否存有和它相同的缀-符串 String。如果有，那么这个缀—符串 String 就变成前缀 Prefix，继续输入新的字符；否则就把这个缀—符串 String 写到词典中，生成一个新的前缀 Prefix，并给一个代码。

LZW 编码算法的具体执行步骤如下。

步骤 1：开始时的词典包含所有可能的根（Root），而当前前缀 P 是空的。

步骤 2：当前字符（C）：=字符流中的下一个字符。

步骤 3：判断缀—符串 $P+C$ 是否在词典中。

如果"是"：P：=$P+C$，即用 C 扩展 P。

如果"否"：把代表当前前缀 P 的码字输出到码字流；把缀—符串 $P+C$ 添加到词典；令 P：=C，即现在的 P 仅包含一个字符 C。

步骤 4：判断码字流中是否还有码字要译。

如果"是"，就返回到步骤 2；

如果"否"：把代表当前前缀 *P* 的码字输出到码字流；结束。

LZW 编码算法可用伪码表示。开始时假设编码词典包含若干个已经定义的单个码字。

【例 4.4】256 个字符的码字的伪码形式表示：

```
Dictionary[j]← all n single-character, j = 1, 2, …, n
    j←n+1
    Prefix← read first Character in Charstream
    while((C ← next Character)!=NULL)
        Begin
            If Prefix.C is in Dictionary
                Prefix ←Prefix.C
            else
                Codestream ←cW for Prefix
            Dictionary[j]←Prefix.C
            j←n+1
            Prefix ←C
        end
    Codestream ←cW for Prefix
```

2．译码算法

LZW 译码算法还用到另外两个术语：当前码字（Current Code Word），指当前正在处理的码字，用 cW 表示，用 string.cW 表示当前缀—符串；②先前码字（Previous Code Word），指先于当前码字的码字，用 pW 表示，用 string.pW 表示先前缀-符串。

LZW 译码算法开始时，译码词典与编码词典相同，它包含所有可能的前缀根（Roots）。LZW 算法在译码过程中会记住先前码字（pW），从码字流中读当前码字（cW）之后，输出当前缀—符串 string.cW，然后把用 string.cW 的第一个字符扩展的先前缀—符串 string.pW 添加到词典中。

LZW 译码算法的具体执行步骤如下。

步骤 1：开始时的译码词典包含所有可能的前缀根（Root）。

步骤 2：cW：=码字流中的第一个码字。

步骤 3：输出当前缀—符串 string.cW 到码字流。

步骤 4：先前码字 pW：= 当前码字 cW。

步骤 5：当前码字 cW：= 码字流中的下一个码字。

步骤 6：判断先前缀—符串 string.pW 是否在词典中。

如果"是"：把先前缀—符串 string.pW 输出到字符流；当前前缀 *P*：=先前缀—符串 string.pW；当前字符 *C*：=当前前缀—符串 string.cW 的第一个字符；把缀—符串 *P*+*C* 添加到词典。如果"否"：当前前缀 *P*：=先前缀—符串 string.pW；当前字符 *C*：=当前前缀—符串 string.cW 的第一个字符；输出缀—符串 *P*+*C* 到字符流，然后把它添加到词典中。

步骤 7：判断码字流中是否还有码字要译。

如果"是"，就返回到步骤 4。

如果"否"，结束。

【例 4.5】 LZW 译码算法的伪码形式表示如下。

```
Dictionary[j]← all n single-character, j = 1, 2, …, n
j←n+1
cW ← first code from Codestream
Charstream ←Dictionary[cW]
pW←cW
While((cW ← next Code word)!=NULL)
    Begin
        If cW is in Dictionary
            Charstream ←Dictionary[cW]
            Prefix ←Dictionary[pW]
            cW ← first Character of Dictionary[cW]
            Dictionary[j] ←Prefix.cW
            j←n+1
            pW ←cW
        else
            Prefix ←Dictionary[pW]
            cW ← first Character of Prefix
            Charstream ←Prefix.cW
            Dictionary[j] ←Prefix.C
            pW←cW
            j←n+1
    end
```

【例 4.6】 编码字符串如表 4.6 所示，编码过程如表 4.7 所示。现说明如下：

"步骤"栏表示编码步骤；

"位置"栏表示在输入数据中的当前位置；

"词典"栏表示添加到词典中的缀一符串，它的索引在括号中；

"输出"栏表示码字输出。

表 4.6 　　　　　　　　　　　　　　　　　　被编码的字符串

位置	1	2	3	4	5	6	7	8	9
字符	A	B	B	A	B	A	B	A	C

表 4.7 　　　　　　　　　　　　　　　　　　LZW 的编码过程

步骤	位置	词典		输出
		（1）	A	
		（2）	B	
		（3）	C	
1	1	（4）	AB	（1）
2	2	（5）	BB	（2）
3	3	（6）	BA	（2）
4	4	（7）	ABA	（4）
5	6	（8）	ABAC	（7）
6	—	—	—	（3）

表 4.8 解释了译码过程。每个译码步骤译码器读一个码字，输出相应的缀—符串，并把它添加到词典中。例如，在步骤 4 中，先前码字（2）存储在先前码字（pW）中，当前码字（cW）是（4），当前缀—符串 string.cW 是输出（"A B"），先前缀—符串 string.pW（"B"）是用当前缀—符串 string.cW（"A"）的第一个字符，其结果（"B A"）添加到词典中，它的索引号是（6）。

步骤	代码	词典		输出
		（1）	A	
		（2）	B	
		（3）	C	
1	（1）	—	—	A
2	（2）	（4）	A B	B
3	（2）	（5）	B B	B
4	（4）	（6）	B A	A B
5	（7）	（7）	A B A	A B A
6	（3）	（8）	A B A C	C

表 4.8 　　　　　　　　　　　　　　　LZW 的译码过程

4.5　预测编码

预测编码是数据压缩理论的一个重要分支，它是根据离散信号之间存在着一定的相关性，利用前面的一个或多个信号对下一信号进行预测，然后对实际值和预测值的差（预测误差）进行编码。如果预测比较准确，误差就会很小。在同等精度要求的条件下，就可以用较少的比特进行编码，达到压缩数据的目的。

预测编码中典型的压缩方法有脉冲编码调制（Pulse Code Modulation，PCM）、差分脉冲编码调制（Differential Pulse Code Modulation，DPCM）、自适应差分脉冲编码调制（Adaptive Differential Pulse Code Modulation，ADPCM）等。

如果预测是根据某一预测模型进行的，且模型表达得足够好，则只需存储或传输某些起始像素点和模型参数，就可以代表一整幅图像了，这时只需要对很少的数据量进行编码。但实际上，预测不会百分之百准确，此时可将预测的误差值（实际值与预测值之差值）存储或传输，一般来讲，误差值比实际值小得多，这样在同等条件下，就可以减少数据编码的位数，从而也减少了存储和传输的数据量，实现了数据的压缩处理。预测编码可分为无损预测编码和有损预测编码。

4.5.1　无损预测编码

一幅二维静止图像，设空间坐标 (i, j) 像素点的实际灰度为 $f(i, j)$，$\hat{f}(i, j)$ 是根据以前已出现的像素点的灰度对该点的预测灰度，也被称为预测值或估计值，计算预测值的像素，可以是同一扫描行的前几个像素，或者是前几行上的像素，甚至是前几帧的邻近像素。实际值和预测值之间的差值，以式（4-6）表示。

$$e(i,j) = f(i,j) - \hat{f}(i,j) \tag{4-6}$$

可以将此差值定义为预测误差。由图像的统计特性可知，相邻像素之间有着较强的相关性；具体来说，就是相邻像素之间灰度值比较接近。因此，其像素的值可根据以前已知的几个像素来估计、来猜测，即预测。预测编码是根据某一模型利用以往的样本值对于新样本值进行预测，然后将样本的实际值与其预测值相减得到一个误差值，对这一误差值进行编码。如果模型足够好且样本序列在时间上相关性较强，那么误差信号的幅度将远远小于原始信号，这时就可以对差值信号不进行量化而直接编码，即无损预测编码。

无损预测编码器的工作原理和预测原理如图 4.9 和图 4.10 所示。其中 $f(i,j)$ 的预测值为 $\hat{f}(i,j)$，将 $f(i,j) - \hat{f}(i,j)$ 的差值进行无损熵编码，熵编码器可采用哈夫曼编码或算术编码。图 4.11 给出了像素（i,j）的预测值，也给出了（i,j）的 3 个相邻像素，$\hat{f}(i,j)$ 由先前 3 点预测，定义为：

$$\hat{f}(i,j) = a_1 f(i,j-1) + a_2 f(i-1,j-1) + a_3 f(i-1,j) \tag{4-7}$$

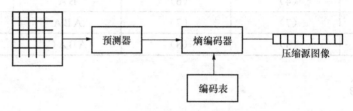

图 4.9　无损预测编码器的工作原理

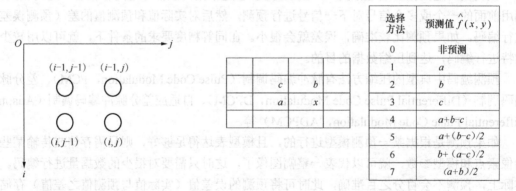

选择方法	预测值 $\hat{f}(x,y)$
0	非预测
1	a
2	b
3	c
4	$a+b-c$
5	$a+(b-c)/2$
6	$b+(a-c)/2$
7	$(a+b)/2$

图 4.10　预测原理　　　　　　　图 4.11　$\hat{f}(x,y)$ 预测值选择

其中 a_1、a_2、a_3 为预测系数，都是待定参数。如果预测器中预测系数是固定不变的常数，则预测为线性预测。

预测误差计算式如下：

$$e(i,j) = f(i,j) - \hat{f}(i,j)$$

$$= f(i,j) - [a_1 f(i,j-1) + a_2 f(i-1,j-1) + a_3 f(i-1,j)] \tag{4-8}$$

设 $a=f(i,j-1)$，$b=f(i-1,j)$，$c=f(i-1,j-1)$，$\hat{f}(i,j)$ 的预测方法如图 4.11 所示，可有 8 种选择方法。

【例 4.7】 设有一幅图像，$f(i-1, j-1)$、$f(i-1, j)$、$f(i, j-1)$、$f(i, j)$ 的灰度值分别为 253、252、253、255，用图 4.11 第四种选择方法预测 $f(i, j)$ 的灰度值，并计算预测误差。

解： $\hat{f}(i, j) = a+b-c = f(i, j-1) + f(i-1, j) - f(i-1, j-1) = 253+252-252 = 253$

预测误差 $e(i, j) = f(i, j) - \hat{f}(i, j) = 255-253 = 2$

显然，预测误差 $e(i, j) = 2$ 比像素的实际值 $f(i, j) = 255$ 小得多，对 2 进行编码比对 255 直接编码将占用更少的比特位。

4.5.2　有损预测编码

由上节可知，在预测编码中，若直接对差值信号进行编码就是无损预测编码。与之相对应，如果不是直接对差值信号进行编码，而是对差值信号进行量化后再进行编码，就是有损预测编码。有损预测编码的方法有多种，其中差分脉冲编码调制（Differential Pulse Code Modulation，DPCM），是一种具有代表性的编码方法。

DPCM 系统由编码器和解码器组成，它们各有一个相同的预测器。图像 DPCM 系统的工作原理如图 4.12 所示。系统包括发送、接收和信道传输 3 个部分。发送端由编码器、量化器、预测器和加减法器组成；接收端包括解码器和预测器等；信道传送以虚线表示。图中输入信号 $f(i, j)$ 是坐标 (i, j) 处的像素的实际灰度值，$\hat{f}(i, j)$ 是由已出现先前相邻像素点的灰度值对该像素的预测灰度值，$e(i, j)$ 是预测误差。假如发送端不带量化器，直接对预测误差 $e(i, j)$ 进行编码、传送，接收端可以无误差地恢复 $f(i, j)$。这就是前面介绍的无损编码系统，但一般来说，DPCM 是一种有损编码系统。如果包含量化器，这时编码器对 $e'(i, j)$ 编码，量化器导致不可逆的信息损失，接收端经解码恢复出的灰度信号不是真正的 $f(i, j)$，而是重建信号 $f'(i, j)$。可见，引入量化器会引起一定程度的信息损失，使图像质量受损。但是，为了压缩位数，可以利用人眼的视觉特性，丢失不易觉察的图像信息，不会引起明显失真，因此，带有量化器有失真的 DPCM 编码系统还是普遍被采用的。

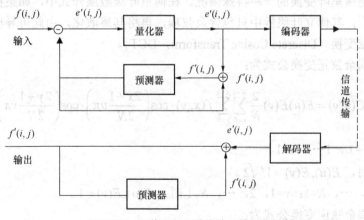

图 4.12　图像 DPCM 系统的工作原理

4.6　变换编码

变换编码不是直接对空域图像信号编码，而是首先将图像数据经过某种正交变换，如傅里叶变换（DFT）、离散余弦变换（DCT）等，变换到另一个正交矢量空间（称之为变换域），产生一批变换系数，然后对这些变换系数进行编码处理，从而达到压缩图像数据的目的。

4.6.1 变换编码的原理

变换编码的原理如图 4.13 所示。从图中可以看出，存储或传输都是在变换域中进行的，即传输或存储都不是空域图像而是变换域系数。例如传输或存储的变换域系数 $\tilde{F}(u,v)$ 是从原来 $F(u,v)$ 中选择出的少数 $F(u,v)$。由于图像数据经过正交变换后，空域中的总能量在变换域中得到保持，但像素之间的相关性下降，能量将会重新分布，并集中在变换域中少数的变换系数上，因此，选择少数 $F(u,v)$ 来重建图像 $\hat{f}(x,y)$ 就可以达到压缩数据的目的，并且重建图像 $\hat{f}(x,y)$ 仅引入较小误差。变换多采用正交函数为基础的变换。

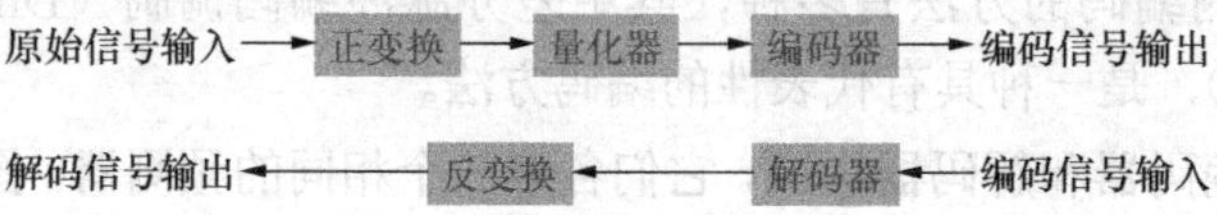

原始信号输入 → 正变换 → 量化器 → 编码器 → 编码信号输出

解码信号输出 ← 反变换 ← 解码器 ← 编码信号输入

图 4.13 变换编码、解码的原理

正交变换中常采用的有傅里叶变换、沃尔什变换、离散余弦变换和 *K-L* 变换等，其中 *K-L* 变换是一种最佳正交变换，但计算复杂，在编码中很少被使用。离散余弦变换在数字图像数据压缩编码技术中可与最佳变换 *K-L* 变换媲美，因为 DCT 与 *K-L* 变换压缩性能和误差很接近，而 DCT 计算复杂度适中，又具有可分离特性，还有快速算法等特点，所以近年来在图像数据压缩中，采用离散余弦变换编码的方案很多，特别是迅速崛起的多媒体技术中，JPEG、MPEG、H.261 等压缩标准，都用到离散余弦变换编码进行数据压缩。

4.6.2 离散余弦变换编码

余弦变换是傅里叶变换的一种特殊情况。在傅里叶级数展开式中，如果被展开的函数是实偶函数，那么，其傅立叶级数中只包含余弦项，再将其离散化，由此可导出余弦变换，或称之为离散余弦变换（Discrete Cosine Transform，DCT）。

二维离散偶余弦正变换公式为：

$$C(u,v) = E(u)E(v)\frac{2}{N}\sum_{x=0}^{N-1}\sum_{y=0}^{N-1}f(x,y)\cdot\cos\left(\frac{2x+1}{2N}u\pi\right)\cdot\cos\left(\frac{2y+1}{2N}v\pi\right) \tag{4-9}$$

式中，$x, y, u, v = 0, 1\cdots, N–1$。

当 $u=v=0$ 时，$E(u), E(v) = 1/\sqrt{2}$。

当 $u=1, 2, \cdots, N–1; v=1, 2, \cdots, N–1$ 时，$E(u), E(v) = 1$。

二维离散偶余弦逆变换公式为：

$$f(x,y) = \frac{2}{N}\sum_{u=0}^{N-1}\sum_{v=0}^{N-1}E(u)E(v)C(u,v)\cdot\cos\left(\frac{2x+1}{2N}u\pi\right)\cdot\cos\left(\frac{2y+1}{2N}v\pi\right) \tag{4-10}$$

式中，$x, y, u, v = 0, 1\cdots, N–1$。

当 $u=v=0$ 时，$E(u), E(v) = 1/\sqrt{2}$。

当 $u=1$，2，…，$N{-}1$；$v=1$，2，…，$N{-}1$ 时，$E(u)=E(v)=1$。

二维离散余弦变换具有可分离特性，所以，其正变换和逆变换均可将二维变换分解成一维变换（行、列）进行计算。同傅里叶变换一样，DCT 也存在快速算法，这里就不做介绍了。

如图 4.14 所示，在 DCT 为主要方法的变换编码中，一般不直接对整个图像进行变换，而是首先对图像分块，将 $M{\times}N$ 的一幅图像分成不重叠的 $K{\times}K$ 块分别进行变换。分块大小通常选 8×8 和 16×16。

从图 4.14 可以看出，采用 DCT 进行变换编码时，通常首先将原始图像分成子块，对每一子块经正交变换得到变换系数，并对变换系数经过量化和取舍，然后采用熵编码等方式进行编码后，再由信道传输到接收端。在接收端，经过解码、反量化、逆变换后，得到重建图像。

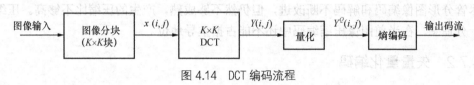

图 4.14　DCT 编码流程

4.6.3　小波变换

今天的影像压缩中，动态影像的压缩一般采用 MPEG 算法，而静止影像的压缩多采用 JPEG 算法。MPEG 和 JPEG 均基于 DCT（离散余弦变换）。使用 DCT 进行影像压缩的缺陷在于影像的细节、精细信息损失较多，人工处理的痕迹较明显。一种名叫小波压缩的压缩算法正在逐渐引起人们的注意。

小波变换对图像的压缩类似于离散余弦变换，即都是对图像进行变换。由时域变换到频域，然后量化、编码、输出。不同之处在于小波变换是对整幅图像进行变换，而不是先对图像进行小区域分割。另外，它在量化技术上也采用不同的方法，离散余弦变换采用一种与人类视觉相匹配的矢量量化表；而小波变换则没有这样的量化表，它主要依据变换后各级分辨率之间的自相似的特点，采用逐级逼近技术实现减少数据存储的目的。

小波变换继承了傅里叶变换分析的优点，同时又克服它的许多缺点，在静态和动态图像压缩领域得到广泛的应用，并且已经成为某些图像压缩国际标准（如 MPEG-4）的重要环节。利用小波变换技术实现对图像、视频及声音的压缩可以取得极好压缩的效果。小波压缩的速度很快，而且其还原的影像质量也更为精细。MPEG 的最高压缩率约为 200:1，对比之下，小波压缩算法对动态影像的压缩率为 480:1，对静止影像画面的压缩率也达到 300:1 以上。小波压缩算法的出现，将更加促进包括在 Internet 上的视频点播、更高容量和更高画质的 CD-ROM 影视节目的创作、交互式电视、图书检索和异地远程视讯会议的发展。

4.7　其他编码

4.7.1　分形编码

分形最早是由 IBM 研究中心的数学家 Benoit Mandelbrot 于 1967 年在研究海岸线长度时

提出来的。海岸线的长度实际上是不确定的，因为其长度取决于测量的尺度。随着尺度的减小，量到的弯曲越多，海岸线将越长。Mandelbrot 把这种图形叫作分形（Fraction），意味不规则。

分形编码与分形几何相关。所谓分形几何，就是研究无限复杂但具有一定意义下的自相似图形和结构的几何学。例如，一棵苍天大树与它自身上的树枝及树枝上的枝杈，在形状上没什么大的区别，大树与树枝这种关系在几何形状上被称为自相似关系；再拿来一片树叶，仔细观察一下叶脉，它们也具备这种性质。分形编码正是利用分形几何中自相似的原理来实现数据压缩的。首先对图像进行分块，然后再去寻找各块之间的相似性，这里相似性的描述主要是依靠仿射变换来确定的，一旦找到了每块的仿射变换，就保存下这个仿射变换的系数，由于每块的数据量远大于仿射变换的系数，因而图像得以大幅度地压缩。

尽管分形图像编码和解码不断改进，但仍然不够成熟，产生的压缩比不够高。压缩效果还不十分理想，在当前图像压缩编码中还不能占据主导地位。

4.7.2　矢量量化编码

矢量量化编码利用相邻图像数据间的高度相关性，将输入图像数据序列分组，每一组由 m 个数据构成一个 M 维矢量，一起进行编码，即一次量化多个点。根据香农失真率理论，对于无记忆信源，矢量量化编码总是优于标量量化编码。

编码前，先通过大量样本的训练、学习或自组织特征映射神经网络方法，得到一系列的标准图像模式，每一个图像模式被称为码字或码矢，这些码字或码矢合在一起被称为码书，码书实际上就是数据库。输入图像块按照一定的方式形成一个输入矢量。编码时用这个输入矢量与码书中的所有码字计算距离，找到距离最近的码字，即找到最佳匹配图像块。输出其索引（地址）作为编码结果。解码过程与之相反，根据编码结果中的索引从码书中找到索引对应的码字（该码书必须与编码时使用的码书一致），构成解码结果。由此可知，矢量量化编码是有损编码。

4.7.3　子带编码

子带编码方法是一种高质量、高压缩比的图像编码方法。其基本依据是，由于人眼对不同频域段的敏感程度不同，图像信号可以被划分为不同的频域段，例如，图像信号的主要能量集中在低频区域，它反映图像的平均亮度，而细节和边缘信息则集中在高频区域。子带编码的基本思想是利用滤波器组，将输入信号分解为高频分量和低频分量，然后分别对高频和低频分量进行量化和编码。解码时，高频分量和低频分量经过插值和共轭滤波器而合成原信号。

4.8　视频编码

如前所述，视频信号的信息量大，对传输网络带宽的要求高，因此，为完成传输任务，必须进行视频压缩编码。视频编码系统的基本结构如图 4.15 所示。

由图 4.15 可见，视频编码方法与采用的信源模型有关。如果将视频信源看成样点存在时间和空间上相关的图像序列，对应的参数就是像素的亮度和色度的幅度值。对这类参数进行编码的技术被称为第一代视频编码，也被称为基于波形的编码。第一代编码方法主要有预测编码、变换编码和基于块的混合编码方法等。如果采用把信源看作由不同的物体组合而成的图像序列，其模型参数就是物体的形状、纹理、运动和颜色。对这类参数进行编码的技术被称为第二代视频编码，也被称为基于内容的编码。第二代视频编码方法主要有分析合成编码、基于知识的编码、模式编码、视觉编码和语义编码等。本节仅以预测编码为例，介绍视频编码的基本思想。

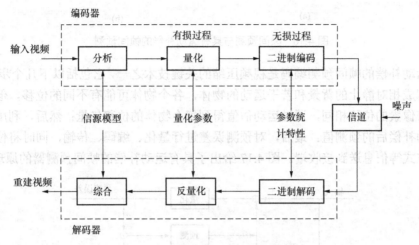

图 4.15　视频编码系统的基本结构

4.8.1　帧内预测编码

视频预测编码主要分为帧内预测编码和帧间预测编码。

所谓帧内预测，就是在一个视频帧即一幅图像内进行的预测。帧内预测编码的优点是算法简单，易于实现，但压缩比很低，因此在视频图像压缩中几乎不单独使用。

4.8.2　帧间预测编码

在图像传输技术中，活动图像特别是电视图像是关注的主要对象。活动图像是由时间上以帧周期为间隔的连续图像帧组成的时间图像序列，它在时间上比在空间上具有更大的相关性。大多数电视图像相邻帧间细节变化是很小的，即视频帧间具有很强的相关性，帧间预测编码就是利用视频图像帧间的相关性即时间相关性，来获得比帧内编码高得多的压缩比。

采用预测编码时，不直接传送当前帧的像素值，而是传送 x 和其前一帧或后一帧的对应像素 x' 之间的差值。当图像中存在着运动物体时，简单的预测不能收到好的效果，例如在图 4.16 中，当前帧与前一帧的背景完全一样，只是小球平移了一个位置，如果简单地以第 $k-1$ 帧像素值作为 k 帧的预测值，则在实线和虚线所示的圆内的预测误差都不为零。如果已经知道了小球运动的方向和速度，可以从小球在 $k-1$ 帧的位置推算出它在 k 帧中的位置来，而背景图像（不考虑被遮挡的部分）仍以前一帧的背景代替，将这种考虑了小球位移的 $k-1$ 帧图像作为 k 帧的预测值，就比简单的预测准确得多，也能达到更高的数据压缩比。这种预测方法被称为具有运动补偿的帧间预测。

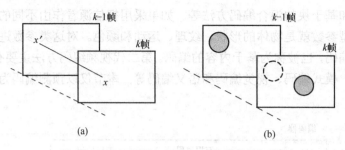

图 4.16　帧间预测与具有运动补偿的帧间预测

　　具有运动补偿的帧间预测编码是视频压缩的关键技术之一，它包括以下几个步骤：首先，将图像分解成相对静止的背景和若干运动的物体，各个物体可能有不同的位移，但构成每个物体的所有像素的位移相同，通过运动估值得到每个物体的位移矢量；然后，利用位移矢量计算经运动补偿后的预测值；最后，对预测误差进行量化、编码、传输，同时将位移矢量和图像分解方式等信息送到接收端。图 4.17 给出了具有运动补偿的帧间预测器的原理框图。

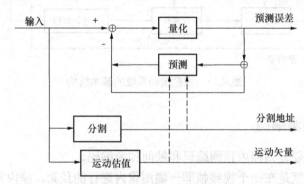

图 4.17　具有运动补偿的帧间预测器的原理框图

　　在具有运动补偿的帧间预测编码系统中，对图像静止区和不同运动区的实时完善分解和运动矢量计算是较为复杂和困难的。在实际实现时，经常采用的是像素递归法和块匹配法两种简化的办法。

　　像素递归法的具体做法是，通过某种较为简单的方法首先将图像分割成运动区和静止区，在静止区内像素的位移为零，不进行递归运算；对运动区内的像素，利用该像素左边或正上方像素的位移矢量 D 作为本像素的位移矢量，然后用前一帧对应位置上经位移 D 后的像素值作为当前帧中该像素的预测值。如果预测误差小于某一阈值，则认为该像素可预测，无须传送信息；如果预测误差大于该阈值，编码器则需传送量化后的预测误差及该像素的地址，收、发双方各自根据量化后的预测误差更新位移矢量。由此可见，像素递归法是对每一个像素根据预测误差递归地给出一个估计的位移矢量，因而不需要单独传送位移矢量给接收端。

　　块匹配法是另一种更为简单的运动估值方法。它将图像划分为许多子块，并认为子块内所有像素的位移量是相同的，这意味着将每个子块视为一个"运动物体"。对于某一时间 t，图像帧中的某一子块如果在另一时间 $t-t_1$ 的帧中可以找到若干与其十分相似的子块，则称其中最为相似的子块为匹配块，并认为该匹配块是时间 $t-t_1$ 的帧中相应子块位移的结果。位移矢量由两帧中相应子块的坐标决定。在块匹配方法中需要解决两个问题：一是确定判别两个子块匹配的准则；二是寻找计算量最少的匹配搜索算法。

4.8.3　活动图像帧间内插

运动补偿技术的引入，大大提高了预测精度，使传输每一帧图像的平均数据量进一步降低。然而在某些应用场合，如可视电话、视频会议等，对图像传输帧率的要求可适当降低，这就为另外一种被称为帧间内插的活动图像压缩编码方法提供了可能。

活动图像的帧间内插编码是在系统发送端每隔一段时间丢弃一帧或几帧图像，而在接收端再利用图像的帧间相关性将丢弃的帧通过内插恢复出来，以防止帧率下降引起闪烁和动作不连续。恢复丢弃帧的一个简单办法是利用线性内插，设 $x(i,j)$、$y(i,j)$ 分别代表两个传输帧中相同空间位置上像素的亮度，在中间第 n 个内插帧对应位置的亮度 $z(i,j)$ 可用如下的内插公式：

$$z(i,j) = x(i,j) + \frac{n}{N+1}(x(i,j) - y(i,j)) \tag{4-11}$$

式中，N 为两个传输帧之间的帧间隔数。

简单线性帧间内插的缺点在于当图像中有运动物体时，两个传输帧在物体经过的区域上不再一一对应，因而引起图像模糊，为解决这一问题可采用带有运动补偿的帧间内插。

具有运动补偿的帧间内插和帧间预测都需要进行运动估值。在帧间预测中引入运动补偿的目的是减少预测误差，从而提高编码效率。运动估值的不准确会使预测误差加大，从而使传输的数据率上升，但接收端据此位移矢量和预测误差解码不会引起图像质量下降。而在帧间内插中引入运动补偿的目的，是使恢复的内插帧中的运动物体不致因为内插而引起太大的图像质量下降。这是由于在丢弃帧内没有传送任何信息，要确定运动物体在丢弃帧中的位置，必须知道该物体的运动速度。运动估值的不准确，将导致内插出来的丢弃帧图像的失真。另外，在帧间内插中的位移估值一般要对运动区的每一个像素进行，而不是对一个子块；否则，内插同样会引起运动物体边界的模糊。因此，在帧间内插中较多使用能够给出单个像素位移矢量的像素递归法。

4.9　本章小结

在多媒体应用系统中，为了达到令人满意的图像、视频画面质量和听觉效果，必须解决视频、图像、音频等大容量数据的存储和实时展示等问题。多媒体数据压缩的目的，就是最有效地利用有限资源。一般来说，压缩是信源信号（采样和量化后的数字信号），如图像、视频等媒体的数字化表示。我们希望用尽可能少的比特数来表示源信号并能将其还原。因此，压缩的任务就是保持信源信号在一个可以接受的状况的前提下，把需要的比特数减到最低限度，这样来减少存储、处理和传输的成本。

思考与练习

一、判断题

1. 视频由一帧一帧的图像组成，而图像的各像素之间，无论是在行方向还是在列方向，

都存在着一定的相关性。 （　　）

　　2．游程编码是一种利用空间冗余度压缩图像的方法。 （　　）

　　3．变换编码是直接对空域图像信号编码。 （　　）

　　4．游程编码一般不直接应用于多灰度图像的编码，但比较适合于二值图像的编码。（　　）

　　5．LZW 编码是围绕被称为词典的转换表来完成的。 （　　）

　　6．根据香农失真率理论，对于无记忆信源，矢量量化编码总是优于标量量化编码。（　　）

二、选择题

　　1．下列属于知识冗余的是（　　　）。

　　　　A．在有些图像的纹理区，图像的像素值存在着明显的分布模式

　　　　B．同一景物表面上各采样点的颜色之间往往存在着空间连贯性

　　　　C．有些图像的理解与某些知识有相当大的相关性

　　　　D．在视频的相邻帧间，往往包含相同的背景和移动物体

　　2．下列不属于无损压缩技术的是（　　　）。

　　　　A．哈夫曼编码　　　　B．算术编码　　　　C．行程编码　　　　D．预测编码

　　3．下列属于有损压缩技术的是（　　　）。

　　　　A．变换编码　　　　B．词典编码　　　　C．行程编码　　　　D．算术编码

　　4．关于算术编码，说法不正确的是（　　　）。

　　　　A．把要压缩处理的整段数据映射到一段实数半开区间[0，1）内的某一区段

　　　　B．构造出小于 1 且大于或等于 0 的数值

　　　　C．构造的数值可以不是输入数据流的唯一可译代码

　　　　D．没有延用数据编码技术中用一个特定的代码代替一个输入符号的一般做法

　　5．关于 LZW 的基本思想描述，不正确的是（　　　）。

　　　　A．用符号代替一串字符

　　　　B．一串字符可以是有意义的

　　　　C．一串字符也可以是无意义的

　　　　D．在编码中，字符串不仅仅被看作一个号码，而且要弄清楚它代表什么意思

　　6．下面哪一种变换为最佳正交变换？（　　　）

　　　　A．傅里叶变换　　　　B．沃尔什变换　　　　C．离散余弦变换　　　　D．K-L 变换

　　7．关于小波变换，说法不正确的是（　　　）。

　　　　A．由时域变换到频域

　　　　B．对整幅图像进行变换

　　　　C．先对图像进行小区域分割

　　　　D．没有采用一种与人类视觉相匹配的矢量量化表

三、填空题

　　1．一个压缩系统包括两个不同的结构块，即_____、_____。

　　2．游程编码分为_____和_____。

　　3．预测编码可分为_____和_____。

4．今天的影像压缩中，动态影像的压缩一般采用＿＿＿算法，而静止影像的压缩多采用＿＿＿算法。

5．视频预测编码主要分为＿＿＿＿＿＿＿和＿＿＿＿＿＿。

6．在帧间预测中引入运动补偿的目的是减少＿＿＿＿＿，从而提高＿＿＿＿＿。

四、简答题

1．简述编码压缩的必要性。

2．简述 DPCM 系统的工作原理。

3．什么是统计编码？常用的统计编码有哪些？

4．试对信源 $X = \begin{Bmatrix} x_1 & x_2 & x_3 & x_4 & x_5 & x_6 \\ 0.25 & 0.25 & 0.20 & 0.15 & 0.10 & 0.05 \end{Bmatrix}$ 进行哈夫曼编码。

5．简述算术编码的编码步骤。

6．已知算术编码结果为"011"，对其解码，求原信源序列（4位）符号，要求解码过程（10）设"1"为大概率符号，"0"为小概率符号；大概率为 3/4，小概率为 1/4。

7．对字符 ABABCAABCB 进行 LZW 编码。

第5章 多媒体数据处理的技术标准

多媒体技术是涉及多行业、多领域的综合性应用学科，同时又是当今 IT 业界发展和进步最为快速的重要分支之一。因此，及时并有效地制定和实施技术标准具有重大意义。本章将简要介绍常用的图像及视频编码标准，包括 JPEG、JPEG2000、H.261、H.263、H.264、H.265、MPEG-1、MPEG-2、MPEG-4、MPEG-7、MPEG-21 等。

5.1 静止图像的 JPEG 标准

"一幅图胜过千言万语"，图像（Image）在人类的信息获取中有重要的作用。图像可以是按照数学规则绘制而成的（又被称为图形，Graphics），也可以是用照相、扫描等办法得到的（也叫图片，Picture）。图像数据量一般都很大，这对于存储、处理及在通信线路上传输都带来巨大的负担，图像和视频信息存在着大量的冗余，可以采用多种方法进行压缩。

图像既可以是某一景物的一幅留影（静止图片），也可以是一连续时间片段的序列留影（运动图片）。静止图像包括两类，即黑白（二值）静止图像和连续色调（彩色或灰度）静止图像。二值图像压缩方法主要用于不包含任何连续色调信息的文档，或者连续色调信息（大多数为图片）可以用黑白的模式来获取的应用，例如办公/商业文档，手写文本、线条图形、工程图等，其中数字式传真是黑白类的典型应用。二值图像压缩的标准包括数字传真标准 3 类（CCITT Group 3）、4 类（CCITT Group 4）和数字传真标准 JBIG（Joint Bi-level Image Experts Group，二值图像联合专家组）。

对于静止图像压缩，已有多个国际标准，如 ISO 制订的 JPEG 标准、JBIG 标准，以及 ITU-T 的 G3、G4 标准等。特别是 JPEG 标准，它适用于黑白照片、彩色照片、彩色传真和印刷图片，可以支持很高的图像分辨率和量化精度。

5.1.1 JPEG 标准概述

联合图片专家组（Joint Photographic Experts Group，JPEG）作为国际标准化组织（ISO）与电报电话国际协会（CCITT，国际电信联盟 ITU 的前身）的联合工作委员会，于 1987 年成立，1988 年成立 JBIG，现在同属 ISO/IEC，专门致力于静止图片压缩。

JPEG 已开发 3 个图像标准。第一个标准为 JPEG 标准，1992 年正式通过。第二个标准是

JPEG-LS，能提供接近无损压缩的压缩率。JPEG 的最新标准是 JPEG 2000，于 1999 年 3 月形成工作草案，2000 年底成为正式标准。根据 JPEG 专家组的目标，该标准不仅能提高对图像的压缩质量，尤其是低码率时的压缩质量，而且有到许多新功能，包括根据图像质量、视觉感受和分辨率进行渐进传输、对码流的随机存取和处理、开放结构、向下兼容等。JPEG 为连续色调静止图像，包括灰度和彩色两者，有一系列的标准。JPEG 标准设计为通用目的，满足诸如桌面出版、图像艺术、新闻报刊的有线图片传输，以及医学成像等领域的各种要求。JPEG 确定的目标是：达到（近乎）完美的图像质量；可以压缩任何连续色调的静止图片，包括灰度和色彩，任意的色彩空间和大多数尺寸；可适用于大部分通用的计算机平台，硬件实现条件适中。

JPEG 的标准除了基本序列模式，同时拥有多种有损或无损的编码模式。JPEG 标准定义了 3 个层次，即基本系统、扩展系统、特殊无损功能。

每个编码解码器必须实现一个被称为基本顺序编码器的必备基本系统。基本系统必须合理地压缩/解压彩色图像，保持高压缩率，并能处理从 4～16bit/像素的图像。

扩展系统包括各种编码方式，如长度可变编码、累进编码以及分层模式的编码。所有这些编码方法都是基本顺序编码方法的扩展，这些特殊用途的扩展可适用于各种应用。

特殊无损功能（也被称作预测无损编码法）确保在图像被压缩的分辨率下，解压缩不造成初始源数字图像中任何细节的损失。

JPEG 标准制定了 4 种工作模式。

（1）基于 DCT 的顺序模式：由 DCT 系数的形成、量化和熵编码 3 步组成。从左到右，从上到下扫描信号，为每个图像编码。

（2）基于 DCT 的累进模式：生成 DCT 系数和量化中的关键步骤与基本顺序编码解码器相同。主要的区别在于每个图像由多次扫描进行编码而不是仅一次扫描。每次扫描都对图像作了改善，直到达到由量化表建立的图像质量为止。

（3）无损模式：独立于 DCT 处理，预测器将采样区域组合起来并基于采样区域预测出邻区域。预测出的区域对照着每一区域的完全无损采样进行预测，同时通过 Huffman 编码法或算术熵编码法对这一差别进行无损编码，对较好质量的复制通常可达到 2:1 的压缩率。

（4）分层模式：分层模式提供了一种可实现多种分辨率的手段。每个持续层次上的图像编码在水平或垂直方向上的分辨率都被降低 50%。它所传送的数据包括所支持的最低分辨率图像，以及用于解码恢复到原有的全分辨率图像所需的、分辨率以 2 的倍数递降的相邻图像的差分信息。

JPEG 算法的平均压缩比为 15:1。当压缩比大于 50 倍时，可能出现方块效应。

如图 5.1 所示，JPEG 编码的基本处理过程包括图像准备、图像处理、量化和熵编码。

图 5.1　JPEG 编码的基本处理过程

5.1.2 基本 JPEG 编码

基本 JPEG 编码器和解码器的结构如图 5.2 所示。FDCT 表示 DCT 正变换，IDCT 表示 DCT 反变换。

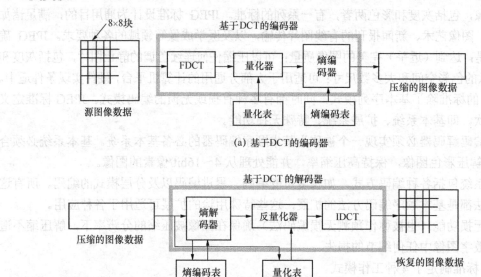

(a) 基于DCT的编码器

(b) 基于DCT的解码器

图 5.2　JPEG 编、解码器

基本 JPEG 的编码方法是顺序编码。首先，系统将图像分为 8×8 的像素块，按照从左到右、从上到下的光栅扫描方式进行排序。DCT 在 8×8 的像素块进行计算，再对 64 个 DCT 系数用均匀量化表进行标量量化。均匀量化表是依据心理视觉的实验得出的。这种均匀的标量量化表是 JPEG 标准的可选部分。将 DCT 系数量化后，再按照图 5.3 所示的 Z 形将块中的系数排序，得到的比特流用行顺序编码生成中间的符号序列，然后这些符号经过 Huffman 编码用于传输或存储。

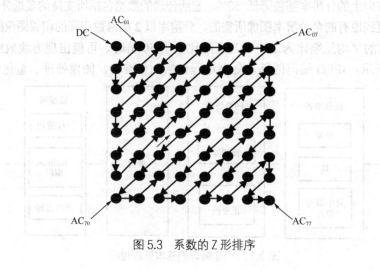

图 5.3　系数的 Z 形排序

亮度和色度量化表分别如表 5.1、表 5.2 所示。JPEG 系列的基本编码器仅适合 8bit 的样本输入，且对 DC 和 AC 系数，各有两张 Huffman 编码表。

表 5.1		亮度量化表					
16	11	10	16	24	40	51	61
12	12	14	19	26	58	60	55
14	13	16	24	40	57	69	56
14	17	22	29	51	87	80	62
18	22	37	56	68	109	103	77
24	35	55	64	81	104	113	92
49	64	78	87	103	121	120	101
72	92	95	98	112	100	103	99

表 5.2		色度量化表					
17	18	24	47	99	99	99	99
18	21	26	66	99	99	99	99
24	26	56	99	99	99	99	99
47	66	99	99	99	99	99	99
99	99	99	99	99	99	99	99
99	99	99	99	99	99	99	99
99	99	99	99	99	99	99	99
99	99	99	99	99	99	99	99

5.1.3　渐进编码

基本 JPEG 编码过程是一次扫描完成的。渐进编码方式与基本方式不同，每个图像分量的编码要经过多次扫描才能完成。第一次扫描只对图像进行一次粗糙的扫描压缩，以相对于总的传输时间小得多的时间传输粗糙图像，并重建一帧质量较低的可识别图像。在随后的扫描中再对图像作较细的压缩，这时只传递增加的信息，可重建一幅质量好一些的图像。这样不断渐进，直到获得满意的图像为止，如图 5.4 所示。

(a) 渐进显示

(b) 顺序显示

图 5.4　显示方式比较

渐进操作方式的编码方法与基本编码方式基本一致。实现渐进编码要求足够的缓冲空间存储整个图像中已量化的 DCT 系数，而熵编码则可以传输某些特定的系数。

渐进编码方式有两种编码模式，即频谱选择和连续逼近。频谱选择模式从低频到高频发送一系列 DCT 系数。例如，首次扫描所对应于水平和垂直方向的谐波含有一个 DC 系数和两个 AC 系数（DC、AC1、AC2），第二次扫描的谐波含有 3 个 AC 系数（AC3、AC4、AC5），依次类推。这种方法简单易行，但所有的高频信息均会被推迟到后续扫描进行，结果造成早期扫描的图像模糊不清。

连续逼近方法由频谱选择方法发展而来。这种模式对所有的频率均发送 DCT 系数，但仍然保持较低的传输率。其做法是对每个系数首先只传送 n_1 个最重要的比特，第 2 次传送 n_2

个最重要的比特，依次类推。这种方法具有良好的图像质量，即使对早期扫描也不例外。

如图5.5所示，渐进编码显示和顺序显示的效果是不同的。

(a) 第1遍，轮廓极不分明　　　　　(b) 第2遍，轮廓不分明　　　　　(c) 第3遍，轮廓分明

图5.5　渐进编码显示

5.1.4　锥形编码

人们有时候会用低分辨率的设备浏览一幅高分辨率的图像。在这种情况下，就不必为高分辨率的图像传输全部DCT系数。JPEG标准利用分层模式来满足这个需求。其思路是将一幅原始图像的空间分辨率，按照水平方向和垂直方向分成多个分辨率进行编码，相邻的两分辨率相差为2的倍数。这种方式又被称为锥形（或金字塔）编码方法。

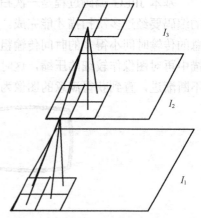

锥形编码的过程如下：首先将原始图像信息进行滤波，再以设定的2的倍数为因子对滤波的结果进行"降低采样"，降低原始图像的分辨率。然后对已降低分辨率的图像进行有损或无损方式编码。接着对低分辨率图像解码，进行"增加采样"。相邻的两分辨率的差值可用任何一种编码方式编码。重复上述步骤，直到要编码图像达到完整的分辨率。编码方式可以是有损编码、无损编码，或者先是有损编码再是无损编码。

图5.6　图像按金字塔形滤波和分层

图5.6说明了利用滤波和分层生成锥形编码的过程。锥形编码也可以作为累进传输的一种方式。此时的"累进"体现在空间分辨率上，而不是图像重构的质量上。

5.1.5　熵编码

JPEG标准的熵编码分为两步：将系数转换为中间符号序列；对这些符号进行Huffman编码或算术编码。8×8块的DC值采用差分编码，AC系数的中间符号序列的差异性比DC系数的差异性略大。DC和AC系数的统计量不一样，它们采用了不同的Huffman表。

下面说明如何生成中间符号序列和AC系数编码。JPEG标准的基本顺序编码仅允许输入8bit整数像素，但是AC系数可以多3bit，因此AC幅度范围达到[-1023，1023]。按Z形排列的AC系数映射到中间符号序列"符号-1"和"符号-2"的树对上。"符号-1"表示为（游程/尺寸）。这里游程长度是前后两个非零AC之间连续的个数，尺寸是后一个非零系数幅值编码所需要的比特数。"符号-2"表示为（幅值），其含义为非零AC系数的值。游程取值范围为0～

15。"符号-1"（15，0）表示 16 个零值的 AC 系数的游程。规定"符号-1"前最多 3 个连续（15，0）对，仅能有 1 个"符号-2"。8×8 块的 AC 系数可能有 63 个，这种编码方法也许会使 63 个 AC 系数全为零。如果最后一个 AC 系数为 0，则末尾不需"符号-2"。这时，用（0，0）或块结束标志（EOB）表示块的终止。

"符号-1"序列采用熵编码，一般为 Huffman 编码方式。"符号-2"为正值时，直接采用其二进制表示形式；为负值时，采用其二进制的补码形式。因此，事实上只压缩了"符号-1"。对所有 AC 系数的幅值进行 Huffman 编码，原则上要求 2047 个码字，但是，这里仅需要（游程/尺寸）对。Huffman 编码的一个部分样本表在表 5.3 给出，尺寸分类表在表 5.4 给出。

表 5.3　　　　　　　　　Huffman 编码的一个部分样本表

游程/尺寸	码长	码字
0/0（EO）	4	1010
0/1	2	00
0/2	2	01
0/3	3	100
0/4	4	1011
0/5	5	11010
0/6	7	1111000
0/7	8	11111000
0/8	10	1111110110
0/9	19	1111111110000010
0/A	16	1111111110000011
1/1	4	1100
1/2	5	11011
1/3	7	1111001
1/4	9	111110110
1/5	11	11111110110
1/6	16	1111111110000100
1/7	16	1111111110000101
1/8	16	1111111110000110
1/9	16	1111111110000111
1/A	16	1111111110001000
2/1	5	11100
2/2	8	11111001
2/3	10	1111110111
2/4	12	111111110100
2/5	16	1111111110001001
2/6	16	1111111110001010
2/7	16	1111111110001011
2/8	16	1111111110001100
2/9	16	1111111110001101
2/A	16	1111111110001110

表 5.4   尺寸分类表

尺寸分类	尺寸	DC 差值码
0	0	—
1	−1,1	0,1
2	−3, −2,2,3	00,01,10,11
3	−7,···, −4,4,···,7	000,···,011,100,···,111
4	−15,···, −8,8,···,15	0000,···,0111,1000,···,1111
···	···	···
16	32768	—

由于使用差分编码，差分 DC 系数范围达到[−2047，2047]，其"符号-1"序列包括尺寸，"符号-2"序列表示差值的幅值。同 AC 系数一样，DC 系数也仅对"符号-1"进行熵编码。因此仅需要 12 个码字表示尺寸信息，而非 4095 个码字。表 5.5 给出了差分 DC 尺寸的典型的 Huffman 编码形式。

表 5.5   差分 DC 尺寸的典型的 Huffman 编码形式

尺寸分类	码长	码字
0	2	00
1	3	010
2	3	011
3	3	100
4	3	101
5	3	110
6	4	1110
7	5	11110
8	6	111110
9	7	1111110
10	8	11111110
11	9	111111110

假定前一块的 DC 系数为 40，得到的差值为 8。为了对 DC 差值编码，首先在表 5.3 找到对应的尺寸，参照表 5.4 找到这个尺寸对应的 Huffman 编码。然后将这个 Huffman 编码与幅值对应的二进制连接起来。如这个矩阵中幅值对应码值为 8，则最后的二进制编码为 1011000。为 AC 系数编码，先将序列数按 Z 形排列，找到合适的游程长度和尺寸得到的 Huffman 编码，最后将码字连成正确的形式。例如，有序数的序列为 12，-10，2 和 8，接下来是 58 个 0，直到块的结束。为了得到 12 的编码，因为 12 之前没有 0，而且它的尺寸为 4，所以在表中查找（0，4）对应的码字为 1011，12 的 4 位二进制是 1100，于是最后结果为 10111100。对于-10，也可以得到同样的"符号-1"对为（0，4），最后的结果为 10110101。类似地，2 是 0110，8 是 10111000。因为在 8 之后再也没有任何非 0 系数存在，因此 58 个 0 可编码为 EOB 或 1010。

作为 DCT 系数编码举例，表 5.6 给出了某一特定 8×8 图像块的 DCT 系数。

表 5.6   某一特定 8×8 图像块的 DCT 系数

48	12	0	0	0	0	0	0
−10	8	0	0	0	0	0	0
2	0	0	0	0	0	0	0
0	0	0	0	0	0	0	0

续表

48	12	0	0	0	0	0	0
0	0	0	0	0	0	0	0
0	0	0	0	0	0	0	0
0	0	0	0	0	0	0	0
0	0	0	0	0	0	0	0

5.1.6 应用 JPEG 标准示例

下面给出一个 JPEG 处理实例。图 5.7 给出了图像分块、计算 DCT 系数及系数量化的结果。图 5.8 为按 Z 形路径将 DCT 系数先经行程编码，最后得到 Huffman 编码。

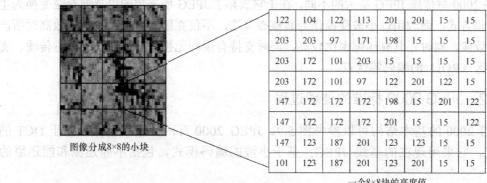

图 5.7 图像分块、计算 DCT 系数及系数量化

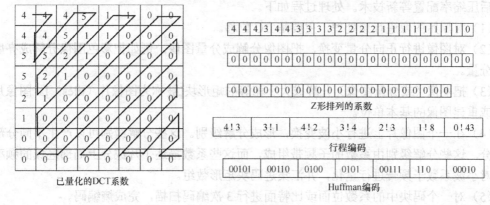

图 5.8 系数编码

5.2 静止图像的 JPEG 2000 标准

5.2.1 JPEG 2000 标准概述

JPEG 2000 是一个较新的图像标准，目的是利用当前的压缩技术，提供一种新的图像编码体系。根据专家组确定的目标，新标准不仅能提高对图像的压缩质量（尤其是低码率时的压缩质量），而且还将得到许多新功能，包括根据图像质量、视觉感受和分辨率进行渐进传输、对码流的随机存取和处理、开放结构、向下兼容等。

JPEG 2000 与传统 JPEG 最大的不同，在于它放弃了 JPEG 所采用的以离散余弦变换为主的区块编码方式，而改用以小波变换作为其核心算法，不仅克服了 JPEG 压缩倍数高时所产生的方块效应，同时还具有压缩率比较高、同时支持有损和无损压缩、能实现渐进传输、支持感兴趣区（ROI）的编码等优点。

5.2.2 JPEG 2000 标准的处理过程

JPEG 2000 的基本结构可以参考图 5.9。JPEG 2000 有两种编码模式：基于 DCT 的编码模式，它采用现在的基线 JPEG；基于小波的编码模式，包括不能还原和能还原的变换。

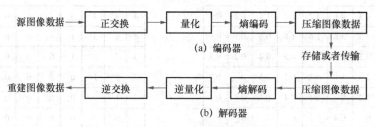

图 5.9 JPEG 2000 的基本结构

JPEG 2000 基于 DCT 的编码模式是为了兼容 JPEG，但对算法进行了更新或改进。基于小波的编码模式采用了基于离散小波变换（DWT）技术、标量量化、上下文建模、算术编码，以及后压缩率配置等新技术。处理过程如下。

（1）对原始图像进行预处理，主要是 DC 位移。

（2）对图像进行正向分量变换，把图像分解成分量图像，例如把彩色图像分解成亮度、色度分量。

（3）把图像（或分量图像）分解成大小相等的矩形块[被称为图像片（tiles）]。图像片是原始或重建图像的基本单位。

（4）在一个图像片上进行小波变换，形成分解级别。这些分解级别可以产生不同分辨率的成分。这些分解级别由系数的子频带组成，而这些系数描述了片成分上局部区域的频率特性。对小波系数子频带进行量化，并汇集进码块矩形数组。

（5）对一个码块中的系数位面或比特面进行 3 次编码扫描，完成熵编码。

5.3　视频编码标准 H.26X

H.26X 是由 ITU-T 制定的视频编码标准，主要有 H.261、H.263、H.264，以及最新的 H.265 等。其中，H.261 制定于 20 世纪 90 年代初，尽管它的应用正在渐渐减少，但其所采用的基本方法对之后的视频编码标准的制定影响很大，对于理解 MPEG-1、MPEG-2、H.263 和 H.264 等标准非常有帮助。H.263 标准制定于 1996 年，是目前视频会议的主流编码方法。2002 年制定的 H.264 标准则是新一代的视频编码标准，在相同视频质量下，其压缩倍数较 H.263 有较大提高，目前具有广泛的应用。2013 年成为标准的 H.265 改进了 H.264 中的技术，可以在相同质量下得到码率减半的压缩率，可用于超高清电视（Ultia High Definition，UHD）信息的传输，正在逐步推广中。

5.3.1　H.261

H.261 是 ITU-T 针对视频电话、视频会议等要求实时编解码和低时延应用提出的第一个视频编解码标准，于 1990 年 12 月发布。H.261 标准的码率为 $p \times 64$kbit/s，其中 p 为整数，且 $1 \leq p \leq 30$，对应的码率为 64kbit/s～1.92Mbit/s。通常，当 $p=1$ 或 2 时，用于视频电话业务，$p \geq 6$ 时，用于视频会议业务。

H.261 的输入图像必须满足公共中间格式（CIF）或四分之一 CIF 格式（QCIF），其参数如表 5.7 所示。

表 5.7　　　　　　　　　　　　　　　CIF/QCIF 格式参数

参数	CIF	QOF
Y 有效取样点数	352 点/行	176 点/行
U、V 有效取样点数	176 点/行	88 点/行
Y 有效行数	288 行/帧	144 行/帧
U、V 有效行数	144 行/帧	72 行/帧
块组层数	12 组/帧	3 组/帧

H.261 标准将 CIF 和 QCIF 格式的数据结构划分为 4 个层次，即图像层（P）、块组层（GOB）、宏块层（MB）和块层（B）。在码流中，从下至上，块层数据由 64 个变换系数和块结束符组成。宏块层数据由宏块头（包括宏块地址、类型等）和 6 组块数据组成，其中包括 4 个亮度块和 2 个色度块。块组层数据由块组头（16 bit 的块组起始码、块组编号等）和 33 组宏块数据组成。图像层数据由图像头、3 或 12 组块组数据组成。图像头包括 20bit 的图像起始码和一些标志信息，例如图像格式、帧数等。

H.261 的编码框图如图 5.10 所示，其中有两个模式选择开关用来选择编码模式。编码模式包括帧内编码和帧间编码两种，若两个开关均选择上方，则为帧内编码模式；若两个开关均选择下方，则为帧间编码模式。帧内编码时，先对图像块进行 DCT，然后进行量化、游程编码和哈夫曼编码，量化后的系数经过反量化、IDCT 处理获得重建图像送至帧存中存储起来，供帧间编码使用，可称之为参考帧。

帧间编码时，需要对当前编码帧的每一个宏块进行运动补偿处理，即在参考帧的对应搜索窗中搜索与其最为相似的宏块，得到二者间的相对位移（运动矢量）和二者间的差值。运动矢量送至变长编码器中编码，对差值进行 DCT、量化和变长编码处理。缓冲器的作用是确保整个编码器输出视频码流速率恒定，它通过控制量化器量化步长控制码率。环路滤波器是一个低通滤波器，用来减小编码噪声和方块效应所带来的预测误差。

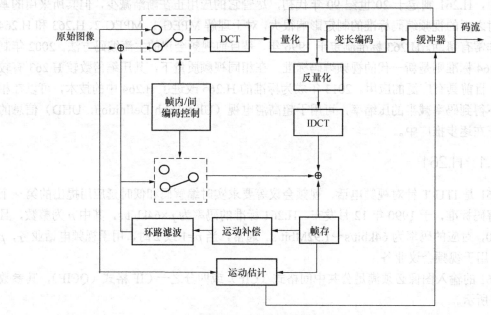

图 5.10　H.261 的编码框图

H.261 视频编码分为帧内编码和帧间编码。若画面内容切换频繁或运动剧烈，则帧间编码不能得到较好的编码效果，需要使用帧内编码。

H.261 标准对 DCT 系数采用两种量化方式。对帧内编码模式所产生的直流系数，用步长为 8 的均匀量化器进行量化；对其他所有系数，则采用设置死区的均匀量化器来量化，量化器的步长 T 取自区间[2,62]。所有在该区间内的系数均被量化为 0，其他的系数则按照设定的步长进行均匀量化。标准规定，在一个宏块内除了采用帧内编码所得的直流系数外，所有其他系数采用同一个量化步长。宏块间可以改变量化步长。

H.261 的运动预测以宏块为单位，由亮度分量来决定运动矢量，匹配准则有最小绝对值误差、最小均方误差、归一化互相关函数等，标准并没有限定选用何种准则，也没有限定使用何种搜索方法进行搜索。

5.3.2　H.263

H.263 标准制定于 1995 年，是 ITU-T 针对 64kbit/s 以下的低比特率视频应用而制定的标准。它的基本算法与 H.261 基本相同，但进行了许多改进，因而 H.263 标准获得了更好的编码性能。H.263 的改进主要包括支持更多的图像格式、更有效的运动预测、效率更高的三维可变长编码代替二维可变长编码，以及增加了 4 个可选模式。

H.263 标准支持 5 种图像格式，其参数如表 5.8 所示。H.263 规定，所有的解码器必须支持 Sub-QCIF 和 QCIF 格式，所有的编码器必须支持 Sub-QCIF 和 QCIF 格式中的一种，是否支持其他格式，由用户决定。

表 5.8   H.263 图像格式参数

参数	Sub-QCIF	QCIF	CIF	4CIF	16CIF
Y 有效取样点数	128 点/行	176 点/行	352 点/行	704 点/行	1408 点/行
U、V 有效取样点数	64 点/行	88 点/行	176 点/行	352 点/行	704 点/行
Y 有效行数	96 行/帧	144 行/帧	288 行/帧	576 行/帧	1152 行/帧
U、V 有效行数	48 行/帧	72 行/帧	144 行/帧	288 行/帧	576 行/帧
块组层数	6 组/帧	9 组/帧	18 组/帧	18 组/帧	18 组/帧

与 H.261 相同，H.263 仍然采用图像层 P、块组层 GOB、宏块层 MB 和块层 B 共 4 个层次的数据结构，但与 H.261 不同的是，在 H.263 中，对于不同的格式，每个 GOB 包含的 MB 数目是不同的，对应的行数也不同。

H.263 的编码器框图如图 5.11 所示。与图 5.11 对比可知，H.263 编码器中没有采用环路滤波器进行滤波。这是因为 H.263 采取了更为有效的半像素精度运动矢量预测，环路滤波器的作用已经不明显。此外，可变长编码器采用三维可变长编码，即把"是否最后、游程、幅值"作为编码事件。而 H.261 采用的是二维编码器，把"游程、幅值"作为编码事件，另外用符号 EOB 来标识块的结束。

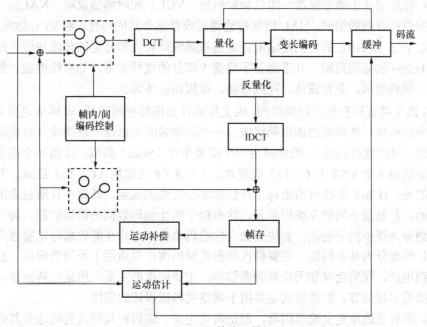

图 5.11   H.263 的编码器框图

为了更好地进行运动预测，H.263 采用半像素预测。所谓半像素预测，就是在全像素精度预测后再执行半像素精度的搜索，即首先对搜索窗中的像素块进行全像素搜索，获得最佳匹配块，然后以半像素的精度在最佳匹配块±1 像素的范围内执行搜索。运动矢量的范围为 [-16,15.5]。

进行半像素精度运动预测的目的是获得半像素位置的幅度值，H.263 通过线性插值获得。

H.263 对运动矢量采用预测编码。预测编码采用与当前宏块相邻的 3 个宏块的运动矢量的均值作为预测值。当相邻宏块不在当前块组时，按照下列规则处理：如果只有一个相邻宏块在块组外，则令该宏块运动矢量为零并计算预测值；如果有两个宏块在块组外，则直接取剩下的宏块的运动矢量作为预测值。

5.3.3　H.264

ITU-T H.264 标准于 2003 年通过，也成为 ISO 的 MPEG-4 标准的第十部分，其名称为"先进视频编码（Advanced Video Coding）"。与 H.263 相比，H.264 具有以下优点。

（1）更高的编码效率。在相同视频质量的情况下，H.264 可比 H.263 和 MPEG-4 节省 50% 左右的码率。

（2）自适应的时延特性。H.264 既可以工作于低时延模式下，应用于视频会议等实时通信场合，也可以用于没有时延限制的场合，例如视频存储等。

（3）面向 IP 包的编码机制。H.264 引入了面向 IP 包的编码机制，有利于 IP 网络中的分组传输，支持网络中视频流媒体的传输，并且支持不同网络资源下的分级传输。

（4）错误恢复功能。H.264 提供解决网络传输包丢失问题的工具，可以在高误码率的信道中有效地传输数据。

（5）开放性。H.264 基本系统无须使用版权，具有开放性。

H.264 标准定义了两个层次，即视频编码层（VCL）和网络抽象层（NAL）。VCL 关注对视频数据进行有效的编码，NAL 根据传输通道或存储介质的特性，对 VCL 输出进行适配。H.264 定义 VCL 和 NAL 的目的是适配特定的视频编码特性和特定的传输特性。这种双层结构扩展了 H.264 的应用范围，几乎涵盖了目前大部分的视频业务，如有线电视、数字电视、视频会议、视频电话、交互媒体、视频点播、流媒体业务等。

H.264 既支持逐行扫描的视频序列，也支持隔行扫描的视频序列，取样率定为 4:2:0。VCL 仍然采用分层结构，视频流由图像帧组成，一个图像帧既可以是一场图像（对应隔行扫描）或一帧图像（对应逐行扫描），图像帧由一个或多个片（Slice）组成，片由一个或多个宏块组成，一个宏块由 4 个 8×8（16×16）亮度块、2 个 8×8 色度块（C_b, C_r）组成。与 H.263 等标准不同的是，H.264 并没有给出每个片包含多少宏块的规定，即每个片所包含的宏块数目是不固定的。片是最小的独立编码单元，这有助于防止编码数据的错误扩散。每个宏块可以被进一步划分为更小的子宏块。宏块是独立的编码单位，而片在解码端可以被独立解码。

H.264 标准分为基本档次、主要档次的和扩展档次，以适用于不同的应用。基本档次应用包括视频电话、视频会议和无线视频通信等。主要档次的主要应用是广播媒体，例如数字电视、存储数字视频等。扩展档次主要用于网络视频流媒体的应用。

H.264 没有明确地定义编解码器，而是着重定义了编码视频码流的语法及其码流解码方法。编码器以宏块为单位来处理输入的帧图像或场图像，并以帧内或帧间模式对每个宏块进行编码。在编码器中，反量化、反变换得到的差值块与预测块相加得到重构解码宏块，经过滤波以减小块失真的影响，从而产生重构预测参考图像。在解码器中，来自 NAL 的视频码流经重排序、熵解码、反量化和反变换后得到差值块，预测块与差值块相加，经滤波得到每个解码宏块，形成解码图像。在 H.264 的片中，可根据已编码的宏块数据进行预测，生成编码宏块。宏块预测包括帧内预测和帧间预测。

根据所要编码的差值数据类型，H.264 标准中可使用 3 种变换：对帧内 16×16 模式预测的宏块、亮度 DC 系数的 4×4 矩阵，采用哈达玛变换；对宏块的色度 DC 系数的 2×2 矩阵，采用哈达玛变换；对其他差值数据的 4×4 块，采用基于 DCT 的整数变换。

在编码器端，对每个 4×4 变换量化系数块进行 Z 形扫描，第一个系数是左上角的 DC 系数，其他为 15 个 AC 系数。H.264 提供两种熵编码方式，即内容自适应的变长编码（CAVLC）和基于上下文的自适应二进制算术编码（CABAC）。为了消除因编码方式不同等原因而可能产生的块效应，H.264 定义了一个对 16×16 宏块和 4×4 块的边界，进行去方块效应滤波的环路滤波器，在重建图像之前（包括编码端和解码端）使用。环路滤波器一方面平滑了块边界，在压缩倍数高时可获得较好的主观质量；另一方面，可以有效地减小帧间的预测误差。是否启用环路滤波器，可根据相邻宏块边缘样点的差值来确定，若差值较大，则认为产生了方块效应，启动滤波；若差值很大，则认为该差值是由图像本身内容所产生的，不应滤波。

5.3.4 H.265

H.265 也被称为 HEVC（High Efficiency Video Coding，高分辨率视频编码）或者 MPEG-H Part 2。视频编码联合专家组（Joint Collaborative Team on Video Coding，JCT-VC）在 2013 年推出了第一版，成为 ISO/IEC 23008 标准，主要分 3 部分：媒体传输（MPEG Media Transport）；高分辨率视频编码（High Efficiency Video Coding）；3D 音频编码（MPEG-H 3D Audio）。

这一标准主要为了满足相同压缩率下高分频率视频的市场需要，其视频图像分辨率支持1080P、4K、8K 等高清和超高清的图像。H.265 引入了 32×32、64×64 甚至 128×128 的宏块类型，目的是减少高清数字视频的宏块个数，减少用于描述宏块内容的参数信息。主要特点如下。

（1）更大的变换块，H.265 扩充到 16×16、32×32 甚至 64×64 的变换和量化算法，大大减少 H.264 中变换相邻块间的相似系数。

（2）使用一种新的 MV（运动矢量）预测方式。

（3）引入更加复杂的帧内预测方法。

（4）熵编码仅使用改进过的 CABAC（H.264-CAVLC），

（5）提出多个更加灵活的自适应去块效应滤波器。

编码结构上的更新为：

（1）基于块的混合编码结构（变换加预测）。

（2）灵活的四叉树编码块分割结构。

（3）包含 CTU(Coding tree unit)-LCU(Largest CU)、CU(Coding unit)、PU(Prediction unit)、TU(Transform unit)4 种编码单元。

（4）分图像分割，帧内/帧间预测，变换和量化，熵编码，环形滤波器。

在同等图像质量下，H.265 的数据量只有 MPEG-2 的 1/16，MPEG-4 的 1/6，H.264 的 1/2。在网络容错方面，也可以在高达 45%丢包率的不稳定网络环境下稳定传输，适用于各种恶劣环境。

5.4 MPEG

与 H.26X 系列标准单纯对视频进行压缩编码不同，MPEG 标准主要由视频、音频和系统

3 个部分组成，是一个完整的多媒体压缩编码方案。MPEG 系列标准阐明了编解码过程，严格规定了编码后产生的数据流的句法结构，但并没有规定编解码的算法，因此，本节给出的编码器框图并非唯一，只是满足 MPEG 标准的一种实现方式。

5.4.1　MPEG-1

MPEG-1 是 MPEG 针对码率在 1.5Mbit/s 以下的数字存储媒体应用所制定的音视频编码标准，于 1992 年 11 月发布。MPEG-1 的正式名称是"用于数字存储媒体的 1.5Mbit/s 以下的活动图像及相关音频编码"（ISO IEC 11172），它包括 5 个部分，即系统、视频、音频、一致性和软件。这里仅介绍其中的视频部分。

MPEG-1 采用源输入格式，有 352×288×25 和 352×240×30 两种选择。此外。可以通过约束参数集设置图像分辨率参数，以编码更大的图像。

MPGE-1 采用分层结构组织数据，从上到下依次是图像序列、图像组、图像、片、宏块和块。图像序列即待处理的视频序列，包含一个或多个图像组；图像组由图像序列中连续的多帧图像组成；在 MPEG-1 中，图像只采用逐行扫描方式，它由一个或多个片组成；一个片包含按照光栅扫描顺序连续的多个宏块；MPEG-1 采用 4:2:0 取样，一个宏块包含 4 个 8×8 像素亮度块和 2 个 8×8 像素色度块。

视频压缩码流中采用分层结构。根据压缩方式不同，MPEG-1 定义了 4 种类型的图像帧：I 帧，只采用帧内编码；P 帧，采用运动补偿编码，只参考前一帧图像（I 帧或 P 帧）；B 帧，可以采用前向、后向和内插运动补偿编码，参考前一帧和后一帧图像（I 帧或 P 帧）；D 帧，只含有直流分量的图像，也被称为直流图像，它是专门为快速播放和快速检索功能而设计的，但由于它不能作为其他帧的预测帧，因此并未被大量使用。一般情况下，使用 I、P、B 3 种图像进行编码，并且两个 I 帧之间插入多个 P 帧，两个 P 帧之间插入多个 B 帧。由于 B 帧需要参考后续图像进行预测，因此在编码时，首先要对图像序列进行顺序重排。

MPEG-1 的编码框图如图 5.12 所示，以宏块为基本编码单位，分为帧内编码模式与帧间编码模式。帧内编码时，先以 8×8 块为单位进行 DCT，然后进行标量量化和 Z 形扫描，最后送至变长编码器进行变长，编码，得到对应码流，送至码流复用器。同时，对量化后的系数，还需要进行反量化和 IDCT，得到重建图像，作预测用。帧间编码时，首先把输入宏块与预测图像对应宏块相减，然后对差值进行 DCT、量化、Z 形扫描和变长编码。如果是 P 帧，则需要反量化、IDCT 反变换，以更新预测图像；而 B 帧图像不用来预测，不需要重建。控制单元输出控制信息，差分编码和变长编码的运动矢量等均进入码流复用器，进行码流复用，码流复用器输出视频压缩码流。

与 H.261 不同，采用帧内编码时，MPEG-1 考虑了人类视觉系统的特性，针对不同的交流系数采用不同的量化步长，并且对直流系数采用了预测编码，利用当前块左边相邻的块进行预测。MPEG-1 以宏块作为基本编码单位，宏块内不能改变量化参数。根据图像帧的不同，宏块的编码方法有所不同。在 MPEG-1 中，I 帧的编码与 H.261 标准几乎完全相同，不过其针对游程/幅值对的哈夫曼码表并没有对所有的可能组合给出码字。如果某一个组合找不到对应的码字，则编码为 ESC 码，其后跟随它们的单独码字，单独码字由一个 6bit 表示游程长度的码与 8 或 16bit 表示幅度的码组成。在 MPEG-1 中，属于 P 帧的宏块既可以进行帧内编码，也可以进行以过去帧为参考帧的预测编码。一般在运动剧烈导致预测失灵的情况下，使用帧内编码。与 I 帧不同的是，P 帧全为 0 的宏块不需要进行编码，更进一步，宏块内全为 0 的块也不需要编码。在宏块头中有相应区域指示哪些块被编码。MPEG-1 的 B 帧编码与 P 帧编码相似，首先决定采用帧内编码还是帧间编码，如果决定采用帧间编码，则进一步决定采用前向运动补偿还是后向运动补偿或内插运动补偿，最后决定宏块是否需要编码。

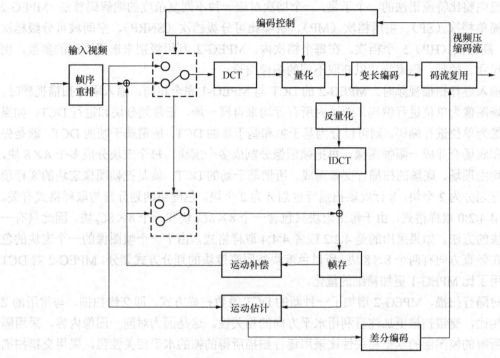

图 5.12　MPEG-1 编码框图

5.4.2　MPEG-2

MPEG-2 是 MPEG 工作组制定的第二个国际标准，正式名称为"通用的活动图像及其伴音编码"（ISO/IEC13818）。其应用包括数字存储、标准数字电视、高清晰度电视、高质量视频通信等。根据应用的不同，MPEG-2 的码率范围为 1.5～100Mbit/s，一般情况下，只有码率超过 4Mbit/s 的 MPEG-2 视频的视频质量才明显优于 MPEG-1。

MPEG-2 标准由系统、视频、音频、一致性、参考软件、数字存储媒体（命令与控制）、先进音频编码器、实时接口和 DSM-CC 一致性 9 个部分构成。

MPEG-2 支持 3 种取样格式，即 4:2:0、4:2:2 和 4:4:4。其中 4:2:0 与 MPEG-1 的 4:2:0 取样格式有所不同，仍然采用与 MPEG-1 相同的分层结构，从上到下依次为图像序列、图像组、图像、片、宏块和块，但是由于 MPEG-2 既支持逐行扫描方式，也支持隔行扫描方式，其各个层次有一些变化。采用逐行扫描时，MPEG-2 的层次定义与 MPEG-1 完全相同；采用隔行扫描时，则有所不同。标准定义了帧图像和场图，二者均可以作为编码单位进行编码。帧图像是将隔行扫描所得的顶场和底场合并而成的图像。帧图像可以作为 I、B、P 的任意一种图像类型进行编码。一幅场图像就是隔行扫描所得的顶场或底场，一个顶场图像与一个底场图像构成一个编码帧。

　　MPEG-2 基本编码框图的组成与 MPEG-1 的相同，仍然采用 I、P、B 3 种图像进行编码，但是某些功能模块内部有一些不同。此外，需要实现分级码流功能时，编码框架也有所不同。

　　为了适应不同应用需求，MPEG-2 提出了档次（Profile）和级别的概念。档次是 MPEG-2 标准对应完整比特流语法的一个子集，一个档次对应一种不同复杂度的编解码算法。MPEG-2 定义了简单档次（SP）、主用档次（MP）、信噪比可分级档次（SNRP）、空间域可分级档次（SSP）、高档次（HP）5 个档次。在每个档次内，MPEG-2 利用级别来选择不同的参数，例如图像尺寸、帧频、码率等，以获取不同的图像质量。

　　当输入逐行扫描视频时，MPEG-2 的 DCT 与 MPEG-1 完全相同。输入隔行扫描视频时，如果以场图像为单位进行编码，宏块内所有行均来自同一场，正常划分块和进行 DCT；如果以帧图像为单位进行编码，则可以分为基于帧和基于场的 DCT。所谓基于帧的 DCT，就是先把顶场和底场合并成一幅帧图像，再把帧图像分割成多个宏块，每个宏块分成多个 8×8 块，每个块均由顶场、底场的扫描行交替而成。所谓基于场的 DCT，就是把帧图像宏块的 8 行顶场扫描行划分为 2 个块，8 行底场扫描行也划分为 2 个块。色度块的划分则与取样格式有关。如果采用 4:2:0 取样格式，由于每个宏块只包含一个 $8\times8C_b$ 块和一个 $8\times8C_r$ 块，因此只有一种划分块的方法。如果采用的是 4:2:2 或者 4:4:4 取样格式，由于一个帧图像的一个宏块的色度分量在竖直方向有两个 8×8 块，所以色度块按照亮度块的划分方式划分。MPEG-2 对 DCT 系数采用了比 MPEG-1 更加精细的量化。

　　针对隔行扫描，MPEG-2 增加了一种新的 DCT 系数扫描方式，即交错扫描。与常用的 Z 形扫描相比，交错扫描更加注重利用水平方向的相关性。这是因为对同一图像内容，采用隔行扫描所得的帧图像的水平相关性比采用逐行扫描所得的帧的水平相关性强，采用交错扫描能够更加有效地利用其相关性。为了适应隔行扫描视频的输入，MPEG-2 对运动估计与补偿也做了相应扩充。处理逐行扫描视频时，MPEG-2 以宏块为单位进行运动估计与补偿，与 MPEG-1 完全相同。处理隔行扫描视频时，MPEG-2 定义了帧预测模式、场预测模式、16×8 预测模式和 DP 预测模式 4 种运动补偿和预测模式。

　　帧预测模式只用于对帧图像进行预测，其方法与逐行扫描的预测相同，只不过用来做预测的帧图像既可以直接解码所得，也可以由解码所得的两幅场图像合并而得。场预测模式以场图像为预测图像，既可以用来预测场图像，也可以用来预测帧图像。应用场预测来预测场图像的宏块时，对于 P 场，预测可以来自最近解码两场中的任何一场；对于 B 场，则从最近解码两帧中各挑一场。采用场预测来预测帧图像的宏块时，首先要把帧图像的宏块分成底场块和顶场块，顶场块与底场块的预测相互独立，均采用与用场预测来预测场图像宏块相同的方法获得预测。16×8 预测模式只用于场图像。在该模式下，每个 P 宏块使用两个运动矢量，一个用于上面的 16×8 块，一个用于下面的 16×8 块；每个 B 宏块需要使用 4 个运动矢量，两个用于前向预测，两个用于后向预测。DP(Dual Prime)预测模式用于 P 类型宏块，条件是 P 图像与前面的 P 图像或 I 图像间没有 B 图像。如果宏块由帧图像分解而得，则首先把宏块分成两个 16×8 的子宏块，称之为插宏块；如果宏块由场图像分解而得，则不需要再分解，直接得到场宏块。场宏块的预测由两个预测值取平均而得。第一个预测值根据运动矢量 MV 和最近解码的与该场宏块同极性的场（记为场 S）计算而得；另一个预测值根据 MV 的修正值和最近解码的与当前场宏块异极性的场（记为场 D）计算得到。

支持可分级编码是 MPEG-2 的一大特色。所谓可分级编码，就是将整个码流划分为基本层和增强层，解码器需要具备解码基本层的能力以获得基本质量图像。如果解码器具备解码分级句法的能力，则它就能够根据增强层码流获得新的信息，以得到更高质量的图像。

5.4.3 MPEG-4

MPEG-4 标准于 1999 年发布，2003 年发布的 MPEG-4 标准第十部分采纳了联合视频小组 JVT 制定的 H.264 标准。它是针对一定比特率下的视频、音频编码，更加注重多媒体系统的交互性和灵活性。该标准主要应用于可视电话、可视电子邮件等，对传输速率要求较低，在 4.8～64kbit/s 之间，分辨率为 176×144。MPEG-4 利用很窄的带宽，通过帧重建技术及数据压缩技术，以求用最少的数据获得最佳图像。

MPEG-4 共有 16 个部分，主要有系统、音频、视频、一致性测试、参考软件等。处理的数据类型主要有运动视频（矩形帧）；视频对象（任意形状区域的运动视频）；二维和三维的网格对象（可变形的对象）；人脸、身体的动画和静态纹理（静止图像）等。MPEG-4 视频标准的目标是在多媒体环境中允许视频数据的有效存取、传输和操作。为了实现高效压缩编码的目的，MPEG-4 标准采用了更先进的压缩编码算法，提供了更为广泛的编码工具集。通过这些工具和算法，支持诸如高效压缩、视频对象伸缩性、空域和时域伸缩性、对误码的恢复能力等功能。

MPEG-4 把视频序列看作视频对象的集合。视频对象是持续任意长时间的、任意形状的视频场景的区域。它可以是视频场景中的某一个物体或者某一个层面，如新闻解说员的头肩像，即自然视频对象；也可以是计算机产生的二维、三维图形，即合成视频对象；还可以是矩形帧。一个视频序列可能包含多个可分离的背景对象和前景对象。对视频序列进行编码，就是对所有的视频对象进行编码，因此，MPEG-4 的码流结构也是以视频对象为中心的。按照从上至下的顺序，MPEG-4 采用视频序列、视频会话（VS）、视频对象（VO）、视频对象层（VOL）、视频对象平面组（GOV）和视频对象平面（VOP）的 6 层结构。其中一个视频序列由多个视频会话组成，一个视频会话则由多个视频对象组成。MPEG-4 支持对象的可分级编码，一个对象可以编码成一个基本层和一个或多个增强层，视频对象层 VOL 即指该基本层或增强层，如果不采用分级编码，则可以认为 VO 与 VOL 等价。视频对象平面 VOP 是视频对象某一个时刻的实例，处于一帧图像中，根据采用编码方式的不同，可以分为 I-VOP、P-VOP、B-VOP 三类，定义与 I 帧、P 帧、B 帧类似。视频对象平面组 GOV 由时间上连续的多个 VOP 组成，用于提供码流的随机访问点。

MPEG-4 以对象为基本编码单位，对一系列 VOP 的纹理、形状和运动信息进行编码。首先编码器的对象分割单元分析输入视频，按照某种方法把视频分割成多个 VO，然后编码器对每个视频对象平面 VOP 进行纹理、运动和形状编码，最后利用码流复用器组织码流。如果对象为矩形帧，则不需要进行形状编码。任意形状区域的编码需要对基于矩形视频对象的混合 DPCM/DCT 模型进行扩展。当处理对象的边界时，需要采用特殊的方法。例如，形状编码、任意形状的视频对象的运动补偿、纹理编码等。MPEG-4 提供多种可分级编码的工具，将码流分为一个基本层，以及一个或几个增强层，使解码器可以有选择地对部分码流进行解码，以获得相应质量的视频图像。

MPEG-4 包括很多用于合成视频（动画等）和自然视频（来自真实自然世界的视频场景）

处理的对象和工具。基于动画纹理和动画网格的对象支持形状和运动的网格的编码，人脸与人体的动画工具可以实现人脸或人体的建模和编码。

5.4.4　MPEG-7

随着网络和通信技术的发展，各种媒体资料正以惊人速度增加，人们对各种媒体信息，特别是视音频信息的需求也越来越广泛。因此，如何对这些媒体信息进行快速、有效、准确的搜索和定位显得尤为重要，MPEG-7 便是针对解决这一问题而提出的。事实上，MPEG-7 旨在建立一套全面、广泛的多媒体信息描述工具，并且它与被描述的信息是何种形式无关，这种描述工具甚至可以应用在传统的模拟视频上。通过它人们可以实现对多媒体信息更有效的管理和应用，如人们可以非常迅速、准确地找到自己所需要的多媒体信息，而这在以前几乎是不可能的。另外，MPEG-7 并不把自己局限在对多媒体信息的检索和管理的应用上，它还可以扩展到广播电视的频道选择和多媒体编辑等应用上。

从原理上说，MPEG-1、MPEG-2 和 MPEG-4 用于表示信息本身，而 MPEG-7 则是一种表示信息的信息的方法。MPEG-7 将许多相关领域的特点和技术结合了起来，包括计算机视觉、数据库及信号处理等。

MPEG-7 标准的正式名称为多媒体内容描述接口（Multimedia Content Description Interface），于 1996 年启动，目的是制定一套描述符标准，用来描述各种类型的多媒体信息及它们之间的关系，以便更快、更有效地检索信息。这些媒体材料可包括静态图像、图形、3D 模型、声音、语音、电视，以及在多媒体演示中，它们之间的组合关系等。在某些情况下，数据类型还可包括面部特性和个人特性的表达。

MPEG-7 只定义信息储存的格式和语法，至于如何取得这些信息，则不在其规范之列。有些信息可以用自动的方式取得，例如，影片中的颜色、音乐中的旋律等；而有些信息必须由人工输入，例如导演的名字、音乐的名称等。MPEG-7 不管使用资料者如何处理资料，它只是定义了在多媒体信息中描述的各种标准、属性，当所有的资料都依照这个规范去执行时，也就实现了大范围的互操作性。至于要如何搜寻、过滤资料，属于应用程序设计者可以发挥的空间，不受现有标准的规范。

MPEG-7 描述多媒体内容的特殊性和多媒体内容管理相关的信息等。MPEG-7 标准是视听内容描述的基础，通过 MPEG-7 描述工具产生的描述，将与其对应的多媒体内容相关联，从而有助于对这些内容感兴趣的用户能够快速、有效地找到该内容。同时，MPEG-7 数据可以以相同的数据流形式或者相同的存储介质，物理地加在相关联的数据视听材料后，也可以将描述放在其他地方，然后通过链接机制来对应。

MPEG-7 并不针对某种特殊的应用，相反它的标准化的要素支持相当广泛的应用。MPEG-7 的主要应用有以下几类。

第 1 类是索引和检索类应用，主要是通过搜索/查询引擎完成多媒体数据的查找功能。

第 2 类是选择和过滤类应用，主要是通过过滤器使用户完成对多媒体数据的选择和过滤，达到提供个性化和智能化服务的目的等。

第 3 类是专业数据库及广播类应用，主要是为专业数据库如数字化图书馆、广播媒体查询（如在无线信道中进行检索等）提供服务。

另外，MPEG-7 在教育、新闻、旅游信息、娱乐、购物等领域也有许多潜在的应用。

5.4.5　MPEG-21

尽管 MPEG 取得了种种成功，但在人们的信息交流中尚存有众多的不便之处，如不同的网络之间的障碍和知识产权得不到有效保护等，不同的多媒体信息、网络、设备、协议和标准分布在不同的地点等，都使用户不能以统一的方式进行多媒体信息交互。如何通过一个综合标准对上述不便之处加以协调，使多媒体业务畅通无阻，这就是 1999 年 10 月 MPEG 墨尔本会议提出的多媒体框架的概念，即 MPEG-21。

MPEG-21 被称为多媒体框架，人们于 1999 年开始征集需求，现正投入开发的标准，已开始了 6 个部分开发，标准号为 ISO/IEC 21000。MPEG-21 的远景规划是定义一个交互式的多媒体框架，以满足所有用户的需要，使能够跨越大范围的网络、设备透明地和增强地使用多媒体资源。为此，需要了解框架中各成分的关系并明确其相互之间的间隙，然后形成综合标准，以获得协调的多媒体内容管理技术，并进一步发展新规范，以支持更多的功能，如通过网络存取、使用并交互多媒体对象等。

MPEG-21 的最终目标是为多媒体信息的用户提供透明而有效的电子交易和使用环境。举例来说，用户如果想制作一张收录自己喜爱的乐曲的 CD，就可以在家中通过网络收集乐曲。利用 MPEG-21 的数字项声明、标记和描述工具，用曲名、演奏者、歌词或旋律等不同方法来描述所要查找的内容。在支持 MPEG-21 标记和描述的网络搜索引擎的帮助下，可以收集到分布在世界各地异构网络上的数字化乐曲。接下来，可以使用支持 MPEG-21 内容展现方法的媒体播放器来试听。当选定乐曲之后，可以通过网络的电子支付手段购买乐曲的某种程度的使用权。在这个过程中，传递的信用卡账号、密码等信息都是安全的。完成该过程之后，用户就可以将乐曲刻录到光盘上了。此外，用户还可以在网上将乐曲所在的 URL 路径，以及其他人对它们的注解、点评等信息保存为一个工程文件，再从网上收集一些相关的图片甚至视频片段，一并放入这个 CD 工程文件，然后将这个文件向朋友开放。以上这个简单的例子涉及了 MPEG-21 多媒体框架标准的各项要素，如数字信息的标记、描述、内容展现、内容管理和使用、知识产权管理和保护等。

5.5　本章小结

本章简要介绍了常用的图像及视频编码标准，包括 JPEG 系列，H.26X 系列和 MPEG 系列等。

JPEG 是静态图像编码压缩标准，可以压缩任何连续色调的静止图片，包括灰度和色彩，任意的色彩空间和大多数尺寸，适用于大部分通用的计算机平台。JPEG 2000 与传统 JPEG 最大的不同，在于它放弃了 JPEG 所采用的以离散余弦变换为主的区块编码方式，而改用以小波变换为其核心算法，不仅克服了 JPEG 压缩倍数高时所产生的方块效应，还带来了其他优点。

H.26X 是由 ITU-T 制定的视频编码标准，主要有 H.261、H.263、H.264 等。其中，H.261 制定于 20 世纪 90 年代初，尽管目前它的应用正在渐渐减少，但其所采用的基本方法和思路对之后的视频编码标准的制定影响很大。H.263 标准制定于 1995 年，是目前视频会议的主流编码方法。2003 年制定的 H.264 标准则是新一代的视频编码标准，在相同视频质量下，其压缩倍数较 H.263 有较大提高，具有广阔的应用前景。

MPEG 标准主要由视频、音频和系统 3 个部分组成，是一个完整的多媒体压缩编码方案。MPEG 系列标准阐明了编解码过程，严格规定了编码后产生的数据流的句法结构，但并没有规定编解码的算法。MPEG-1 是针对码率在 1.5Mbit/s 以下的数字存储媒体应用所制定的音视频编码标准，它包括系统、视频、音频、一致性和软件。根据应用的不同，MPEG-2 的码率范围为 1.5～100Mbit/s，一般情况下，只有码率超过 4Mbit/s 的 MPEG-2 视频的视频质量才明显优于 MPEG-1。MPEG-4 标准试图制定成为一个支持多种多媒体应用、支持基于内容的访问、支持根据应用要求现场配置解码器的标准。MPEG-7 被称为多媒体内容描述接口，目的是制定一套描述符标准，用来描述各种类型的多媒体信息及它们之间的关系，以便更快，更有效地检索信息。MPEG-21 被称为多媒体框架，其主要功能包括内容创建、内容展现、知识产权管理和保护等。

思考与练习

一、选择题

1. 下列关于 JPEG 2000 标准说法不正确的是（　　）。
   A. 它是 JPEG 的升级版　　　　　　　　B. 同时支持有损和无损压缩
   C. 不可以实现渐进传输　　　　　　　　D. 支持感兴趣区（ROI）的编码

2. 下列关于小波变换的说法不正确的是（　　）。
   A. 离散小波变换可以是不可逆的小波变换
   B. 离散小波变换可以是可逆的小波变换
   C. 小波变换按图像片进行
   D. JPEG2000 采用了 4 级小波分解

3. （　　）标准制定于 1995 年，是目前视频会议的主流编码方法。
   A. MPEG-1　　　　B. H.261　　　　C. H.263　　　　D. H.264

4. 下列关于 H.264 的特点，说法不正确的是（　　）。
   A. 具有自适应的时延特性　　　　　　　B. 具有面向 IP 包的编码机制
   C. 不具有错误恢复功能　　　　　　　　D. 具有开放性

5. MPEG-2 定义了如下 4 种运动补偿和预测模式，（　　）只用于对帧图像进行预测。
   A. 帧预测模式　　B. 场预测模式　　　C. 16×8 预测模式　　D. DP 预测模式

二、填空题

1. H.261 标准将 CIF 和 QCIF 格式的数据结构划分为 4 个层次，分别为_____、_____、_____和_____。

2. H.264 标准分为_____、_____和_____，以适用于不同的应用。

3. MPEG 标准主要由____、_____和____ 3 个部分组成，是一个完整的多媒体压缩编码方案。

4. MPEG-1 以____作为基本编码单位。

5．MPEG-7 全称为_____。

三、简答题

1．JPEG 编码有哪几个计算步骤？
2．在 JPEG 编码计算步骤中，哪些计算是有损的？哪些计算是无损的？
3．MPEG-1、MPEG-2、MPEG-4 和 MPEG-7 的目标是什么？
4．简述 MPEG-1 的图像帧类型和各自在排列顺序中的作用。

第 6 章　多媒体系统结构

多媒体系统是一个能综合处理多种媒体信息的计算机系统，由多媒体硬件系统和多媒体软件系统组成。多媒体硬件系统的核心是一台高性能的计算机系统，外部设备主要由能够处理音频、视频的设备和存储设备组成。多媒体软件系统包括多媒体操作系统与应用系统。

6.1　多媒体计算机系统结构

多媒体计算机系统是对基本计算机系统的软、硬件功能的扩展，作为一个完整的多媒体计算机系统，它应该包括 5 个层次的结构，如图 6.1 所示。

多媒体应用系统	第五层
多媒体著作工具及软件	第四层
多媒体应用程序接口（API）	第三层
多媒体操作系统	第二层
多媒体通信软件	
多媒体输入/输出控制卡及接口	第一层
多媒体计算机硬件	
多媒体外围设备	

图 6.1　多媒体计算机系统的层次结构

第一层为多媒体计算机硬件系统。其主要任务是实时地综合处理文、图、声、像信息，实现全动态视像和立体声的处理，同时还要对多媒体信息进行实时的压缩与解压缩。

第二层是多媒体的软件系统。它主要包括多媒体操作系统、多媒体通信软件等部分。操作系统具有实时任务调度、多媒体数据转换和同步控制、多媒体设备的驱动和控制，以及图形用户界面管理等功能。为支持计算机对文字、音频、视频等多媒体信息的处理，解决多媒体信息的时间同步问题，系统提供了多任务的环境。目前在微机上，操作系统主要是 Windows 视窗系统和用于苹果机（Apple）的 MAC OS。多媒体通信软件主要支持网络环境下的多媒体信息的传输、交互与控制。

第三层为多媒体应用程序接口（API）。这一层是为上一层提供软件接口，以便程序员在高层通过软件调用系统功能，并能在应用程序中控制多媒体硬件设备。为了能够让程序员方便地开发多媒体应用系统，Microsoft 公司推出了 DirectX 程序设计程序，提供了让程序员直接使用操作系统的多媒体程序库的界面，使 Windows 变为一个集声音、视频、图形和游戏于一体的增强平台。

第四层为多媒体著作工具及软件。它是在多媒体操作系统的支持下，利用图形和图像编辑软件、视频处理软件、音频处理软件等来编辑与制作多媒体节目素材，并在多媒体著作工具软件中集成。多媒体著作工具的设计目标是缩短多媒体应用软件的制作开发周期，降低对制作人员技术方面的要求。

第五层是多媒体应用系统，这一层直接面向用户，是为满足用户的各种需求服务的。应用系统要求有较强的多媒体交互功能和良好的人机界面。

6.2　多媒体计算机硬件系统

如图 6.2 所示，多媒体硬件系统包括多媒体计算机主机系统、音频与视频获取系统、磁盘存储系统和显示系统等。

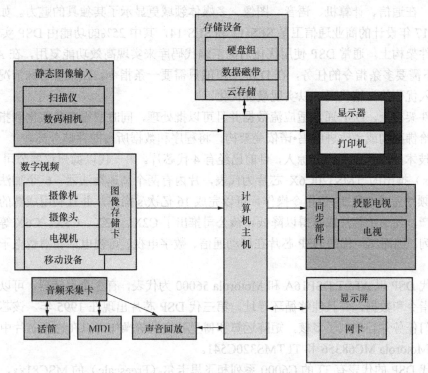

图 6.2　多媒体硬件系统组成框图

为了使计算机能够实时地处理多媒体信息，对多媒体数据进行压缩编码和解码，早期的解决办法是设计制造专用的接口卡。目前的发展趋势是将上述功能集成到处理器芯片中。这种芯片可分为 3 类：第一类是采用 VLSI（超大规模集成电路）实现的通用和专用的数字信号芯片，可用于数字信息的处理；第二类是在现有的 CPU 芯片中集成 GPU，例如可以直接通过硬解码流畅地播放高清视频；第三类被称为专用图形处理器（Graphics Processing Unit，

GPU），提供高速通用计算能力来进行 2D 或者 3D 图像和特效处理，实现硬件加速。下面介绍这 3 类芯片的特点。

1．数字信号处理器

数字信号处理器（Digital Signal Processor，DSP）是一种用 VLSI 实现的通用和专用的数字信号芯片，以数字计算的方法对信号进行处理，通过使用特殊的内存架构，可以同时获得数据和指令，具有处理速度快、灵活、精确、抗干扰能力强、体积小等优点。DSP 有硬件、算法和理论等 3 个方面支撑着它的发展和应用。目前许多芯片的运算速度已超过几千万次/s，最高达到每秒 16 亿次，价格也大幅度降低。其结果是使基于 DSP 的数字信号处理技术日益广泛地应用于通信、语音、图像、仪器等各个领域。因此 DSP 在推动当代信息处理数字化方面，正在起着越来越大的作用。

大多数数字信号处理算法可以由通用处理器完成，然而对于可携带设备等，由于功耗较大而不太实用；专用的 DSP 芯片可以提供低成本解决方案，可以做到高性能低延时，并且不需要专用冷却设备和高电量电池。近 20 年来，随着大规模集成电路技术的迅速发展，DSP 芯片档次越来越高、功能越来越强、价格也越来越便宜。其应用领域小到电子玩具，大到航空航天器，在通信、计算机、语音、图像、多媒体领域更显示了其独具的魅力。如空中客车公司在 2017 年设计的商业通信卫星 SES-12 和 SES-14，其中 25%的功能由 DSP 实现。

在软件架构上，通常 DSP 使用优化后的汇编代码库来实现高效功能复用，在 ARM 或者 x86 架构下需要多条指令的任务，在 DSP 下可能只需要一条指令。在某些特殊情况下，需要程序员加入优化的汇编代码，以实现最佳优化。

在硬件架构上，DSP 通常适应流数据并且可以批处理，同时取得多条数据和指令，因而通常采用哈佛架构或者改进的冯·诺依曼架构，将程序和数据所占的存储分离。

DSP 技术的飞速发展十分惊人，目前已经有 4 代芯片。第一代以德州仪器公司 TI（Texas Instruments）推出的 TMS320C6X 芯片为代表，片内有两个高速乘法器、6 个加法器，能以 200 MHz 频率完成 8 段 32 位指令操作，可以完成 16 亿次/s 操作，并且利用成熟的微电子工艺批量生产，使单个芯片成本得以降低。该公司推出了 C2X、C3X、C5X、C6X 等不同应用范围的系列，因而第一代的 DSP 芯片在移动通信、数字电视、可视电话和消费电子领域得到广泛应用。

第二代 DSP 以 AT&T DSP16A 和 Motorola 56000 为代表，有 3 个存储器，可以同时存储两条并行指令和数据，并且能够循环寻址。第三代 DSP 芯片出现在 1995 年。该芯片可以完成一些专门任务并且加入了多核，矩阵运算和傅里叶变换等操作可以在这类芯片中完成硬件加速，如 Motorola MC68356 和 TI TMS320C541。

第四代 DSP 的代表有 TI 的 C6000 系列和飞思卡尔（Freescale）的 MSC81xx，主要加入了 SIMD（Single Instruction Multiple Data）和 VLIW（Very Long Instruction Word）技术，引入多核多线程机制，进一步提高了并行性。

2．具有多媒体功能的微处理器

计算机微处理器芯片是多媒体计算机的核心，它的性能好坏直接影响多媒体计算机的整体功能。为加快对多媒体信息的处理速度，Intel 公司推出了基于 MMX 技术的微处理芯片。

MMX 技术将面向多媒体数据处理的指令集成到 CPU 芯片内，这给多媒体系统的体系结构带来了革命性的变化。

MMX 技术包括新的用于多媒体处理的指令及数据类型，支持并行处理。由于对多媒体信息的处理中包含大量的并行算法，所以 MMX 技术提高了计算机在多媒体及通信领域中的应用能力，使计算机的性能达到一个新的水准。同时这种技术保持了与现有操作系统、应用程序的完全兼容性。所有 Intel 基本结构软件都能在使用 MMX 技术的微处理器系统上运行。由于 MMX 采用了并行处理技术，加快了多媒体操作的速度，因而过去只能由硬件完成的操作可以由纯软件替代，大大降低了系统成本。

MMX 技术是自 Intel 386 微处理器将结构扩展到 32bit 以来对 Intel 结构的最大的改进和增强。MMX 技术具有一套基本的、通用目的的整数指令，可以比较容易地满足多媒体应用程序及多媒体通信程序的需要。重点的技术包括单指令多数据技术（SIMD）、57 条新的指令、8 个 64bit 宽的 MMX 寄存器和 4 种新的数据类型。这些新指令十分高效，一条指令即能取代老式处理器所需的若干条指令，带有 MMX 技术的处理器具有足够的能力完成高速通信或带有多媒体任务的应用程序，使多媒体系统得到更丰富的色彩、更平滑的影像、更快捷的图像和更逼真的音效。

近年，核心显卡技术被逐步集成到中央处理器中。英特尔带核芯显卡的处理器有 sandy bridge（SNB）、ivy bridge（IVB）、haswell、skylake 、kabylake 平台，可以支持 DX11、SM4.0、OpenGL2.0，以及全高清 Full HD MPEG2/H.264/VC-1 格式解码等技术。这一技术在同一块晶圆中分别划分出 CPU 和 GPU 区域，它们各自承担着数据处理与图形处理的任务。这种整合设计大大缩减了处理核心、图形核心、内存及内存控制器间的数据周转时间，有效提升处理效能并大幅降低芯片组整体功耗，有助于缩小核心组件的尺寸，为笔记本、一体机等产品的设计提供了更强的性能、更丰富的多媒体能力、更宽广的设计空间。

3. 媒体处理器

媒体处理器可被定义为一种专门用于同时加速处理多个多媒体数据的可编程处理器，在媒体处理器中执行特定多媒体功能的软件被称为媒体件。由媒体处理器和媒体件共同处理包括图形、视频、音频及通信在内的各种多媒体数据。媒体处理器不是通常所说的微处理器，如 Pentium 等，虽然它的内核基于 DSP，但它在分类上并不属于 DSP，也不是 ASIC（专用集成电路），因为 DSP 不能同时实现若干种功能，而 ASIC 是不可编程的。媒体处理器是专门用来处理多媒体数据的新型处理器，但它并不能取代现有的通用处理器。它只是现有通用处理器的强有力的支持芯片，二者的功能是相互补充的。媒体处理器可通过软件同时实现多种功能，而其可编程性使新功能的增加变得容易，即只需要进行软件升级，而不必废弃原有的硬件。当它与最新的 CPU 配合时，可构成高档产品。

媒体处理器与其他多媒体配件的最大不同之处在于，媒体处理器具有灵活的软件驱动程序，能适应多种应用。典型的媒体处理器包括 Mpact、Mediaprocessor 和 Trimadia 等。

美国 Chromatic Research 公司开发的 Mpact 媒体处理器能完成 Windows 图形加速器、三维图形协处理器、MPEG 视频编码/译码器、声卡、传真/调制解调器，以及可视电话卡所完成的所有功能。Mpact 的处理能力可以将超级计算机的多媒体功能带到台式 PC 中，能进行 20 亿次/s 操作的 Mpact 芯片在处理多媒体信息时比 Pentium 更具威力。Chromatic

Research 的 Mpact 媒体处理器由两部分组成，即媒体处理器芯片、媒体软件模块及驱动程序。Mpact 媒体处理器可实现目前已形成标准的视频、二维图形、三维图形、音频、传真/调制解调器、电话、视频会议等 7 种多媒体功能，如免提式电话、呼叫识别、自动应答、语音信箱等。

MicroUnity 公司的 Mediaprocessor 媒体处理器是一个采用高带宽结构并混合了 CISC、RISC 和 DSP 技术的可编程微处理器。Mediaprocesor 的主要特点是具有优化的多媒体和宽带通信功能，时钟速度最高为 1000MHz。它是一个多线程微处理器，可以同时处理 5 个任务，每个任务占有 200MHz 的处理带宽。Mediaprocessor 带有信号处理和增强数学运算能力的 32bit 指令集，在 1 个时钟周期内，能完成多次算术运算或逻辑运算。Mediaprocessor 是完全可编程的，可运行自己的实时操作系统，也可以运行在高级系统上。

Philips 公司的 Trimadia 媒体处理器是一个通用性的媒体微处理器，该芯片的核心是一个连接多个功能模块的 400MB/s 总线，这些功能模块包括视频输入、视频输出、音频输入、音频输出、支持 MPEG-1 与 MPEG-2 的解码器、图像协处理器等，可以完全取代目前计算机上的视频卡和声卡。

近年来，为了适应编解码技术的发展，新的媒体处理器芯片也逐步发展。如海思公司推出的一款基于 H.264 BP 算法的视频压缩芯片 Hi3510，采用 ARM+DSP+硬件加速引擎的多核高集成度的 SoC 构架，具备强大的视频处理功能，可实现 DVD 画质的实时编码性能，能自适应各种网络环境，确保画面的清晰度和实时性，低码率的 H.264 编码技术极大减少网络存储空间，并通过集成 DES/3DES 加解密硬件引擎确保网络安全。其工作原理是视频输入单元通过 ITU-R BT.601/656 接口接收由 VADC 输出的数字视频信息，并通过 AHB 总线把接收到的原始图像写入外存（SDR SDRAM 或 DDR SDRAM）中；视频编解码器从外存中读取图像，进行运动估计（帧间预测）、帧内预测、DCT、量化、熵编码（CAVLC+Exp-Golomb）、IDCT、反量化、运动补偿等操作，最后将符合 H.264 协议的裸码流和编码重构帧（作为下一帧的参考帧）写入外存中；视频输出单元从外存中读取图像并通过 ITU-R BT.601/656 接口送给 VDAC 进行显示（应用的需求不同，视频输出单元从外存中读取的图像内容也不同：当需要对输入图像进行预览时，视频输出单元从外存中读取原始图像；当需要观察视频编码器的编码效果时，视频输出单元从外存中读取编码重构帧）；ARM 对视频编码器输出的码流进行协议栈的封装，然后送网口发送，以实现视频点播业务。

2014 年 9 月，海思公司针对 H.265/HEVC 编码推出高清处理器 Hi3516A。Hi3516A 处理器改善了 H.265/HEVC 标准固有的图像振铃效应，极大减少了大运动场景下的拖尾现象和块效应，并在保持与 H.264/AVC 相同的图像画质下，使编码码流降低 50%。Hi3536 处理器采用海思半导体高性能的视频编解码器，最高可实时解码 16 路 1080P H.265/HEVC 视频流或者 4 路 4K H.265/HEVC 视频流，支持视频以 4K@60 帧的速率显示，或者同时支持多达 9 路 1080P@30 帧高清显示输出。同时，Hi3536 灵活的高性能 4 核 ARM Cortex-A17 处理器（性能是同频率 Cortex-A9 处理器的 1.6 倍），主频高达 1.6GHz，同时集成一颗 ARM 顶级 GPU——Mali T721，支持实现各种 UI 和智能相关辅助功能设计，并配合海思半导体自有的第二代智能分析协处理单元 IVE2.0，提供车牌、周界、人脸识别等多达 40 种智能分析应用。Hi3536 集成多达 4 个 SATA3.0 接口，满足超高清存储需求，同时支持双 GMAC，网络速率高达 640Mbit/s。

6.3 多媒体 I/O 设备

信息技术发展到今天，信息的种类再也不只是单调枯燥的数字及文本，还有图形、图像、声音、音频、视频等多媒体形式。多媒体计算机的 I/O 设备就是将以上形式的信息传给计算机，或将计算机处理的信息通过辅助输出设备输出。下面介绍多媒体系统常用的辅助设备及其工作原理。

6.3.1 扫描仪

扫描仪是一种计算机输入设备，它可将各种图片、图纸等资料扫描输入到计算机，转换成数字化图像数据保存和使用。配备专门的图像处理软件后，计算机系统就可以进行图文档案管理、图文排版、计算机广告创意、光学符号识别（OCR）、工程图纸扫描录入、计算机传真和复印等。

1. 扫描仪的工作原理

扫描仪是光机电一体化的产品，主要由光学成像部分、机械传动部分和转换电路部分组成。扫描仪的核心是完成光电转换的电荷耦合器件（CCD）。扫描仪自身携带的光源将光线照在欲输入的图稿上，产生反射光（反射稿）或透射光（透射稿），光学系统收集这些光线，将其聚焦到 CCD 上，CCD 将光信号转换为电信号，然后再进行模数（A/D）转换，生成数字图像信号送给计算机。扫描仪采用线阵 CCD，即一次成像只生成一行图像数据，当线阵CCD 经过相对运动将图稿全部扫描一遍后，一幅完整的数字图像就被送入计算机中。

2. 图像扫描仪的分类

图像扫描仪一般分为如下 3 类。

（1）平板式扫描仪：平板式扫描仪是应用最广泛的扫描仪。平板式扫描仪在扫描时，图稿应被平铺在台面上，步进电机带动 CCD（扫描头）做直线运动进行扫描。平板式扫描仪的工作性能比较可靠，使用寿命长，产品安装、使用方便，价格也较便宜。

（2）手持式扫描仪：手持式扫描仪本身不带传动机构，由手动方式拖动扫描仪扫描图稿。手持式扫描仪只能扫描小幅面图稿。

（3）大幅面工程图纸扫描仪：近年来这类扫描仪发展很快，产品种类和用户都在迅速增加。目前国内的 CAD 应用正在迅速发展，各生产、设计、研究部门都有大量的图纸要输入计算机进行处理，对工程图纸扫描仪的需求十分迫切。大幅面工程图纸扫描仪一般采用 A0幅面，256 级灰度，扫描一张 A0 幅面的工程图纸只需要 1 分钟左右。

3. 扫描仪的性能指标

扫描仪的性能指标主要有分辨率、色彩位数和扫描速度等。

分辨率：分辨率表示扫描仪的扫描精度，通常用每英寸上图像的采样点多少来表示，标记为 dpi（dot-per-inch）或 ppi（pixel-per-inch）。

色彩位数：色彩位数表示图像扫描仪对色彩的分辨能力，就是扫描仪 A/D 转换的位数。

色彩位数越高，图像扫描仪的色彩分辨能力就越强。

扫描速度：对黑白图像来讲，扫描速度完全取决于扫描仪的整体性能，对彩色图像来讲，还要看扫描仪是一次扫描还是3次扫描等。

除以上指标外，用户还要考虑接口形式、幅面大小、操作环境、随机软件是否丰富，以及安装的方便性等因素。

4．图像扫描软件

软件在当今扫描仪技术中所占的比重越来越大，尽管几乎所有的扫描仪都提供扫描仪应用程序，但是用户可以使用多种其他的标准图像处理软件来控制扫描仪扫描图片。这样做的意义在于，用户可以使用自己熟悉的图像工具来操作，而不必另外安装多余的软件。OCR软件在这里扮演了重要的角色。有些扫描软件直接集成了OCR功能，同时配合双分辨率功能，使扫描仪的易用性大大提高。因为用户不必再在遇到文字时单独启动OCR软件进行文字部分的扫描，扫描仪会自动对文字部分采用合适的分辨率进行扫描，如对文字进行300dpi扫描，而同时对图像部分进行1200dpi扫描。此外，一些产品将多字体识别和字体颜色识别技术与OCR技术结合在一起工作，使扫描产品的文档在计算机中保持硬拷贝文档的原貌。

5．光学符号识别（OCR）

OCR技术实际上是计算机认字，也是一种文字输入法，它通过扫描和摄像等光学输入方式获取纸张的文字、图像信息，利用各种模式识别算法，分析文字形态特征，判断出文字的标准码，并按通用格式存储在文本文件中。OCR是一种快捷而省力的文字输入方式，也是在文字数据量大的今天被人们广泛采用的输入方法。汉字识别OCR就是使用扫描仪对输入计算机的文本图像进行识别，自动产生汉字文本文件。采用OCR与人工键入的汉字效果是一样的，但速度比手工快几十倍甚至上百倍。

OCR技术主要是研究计算机自动识别文字的技术。OCR系统涉及图像处理、模式识别、人工智能、认知心理学等许多领域。一个OCR系统可分为3个部分。

（1）预处理部分：首先把待识别的文本通过扫描设备输入系统，由硬件、软件完成数字图像处理，把待识别文本中的照片、图形与文字分离开来，并将分离出的文字分割成单个符号图形，以便识别。

（2）识别部分：把分割出的文字图形规格化，提取文字的几何特征和统计特性，并把特征送入识别器，得到待识别文字的内码作为结果。

（3）后处理部分：将识别结果及预处理部分的某些因素进行综合考虑，生成具有一定格式的识别结果，然后对整个识别结果进行语言学方面的检查，纠正误识成分，从而得到最终结果。

6.3.2 多媒体投影仪

多媒体投影仪可以与录像机、摄像机、影碟机和多媒体计算机系统等多种信号输入设备相连，可将信号放大投影到大面积的投影屏幕上，获得巨大、逼真的画面，从而方便地供多人观看，成为计算机教学、演示汇报等的必备设备，正在逐渐发展成为一种独立于一般显示设备的标准外设种类。

到目前为止，投影仪主要通过 4 种显示技术实现，即 CRT 投影技术、LCD 投影技术、DLP 投影技术以及 LCoS 投影技术。

CRT 投影仪可把输入信号源分解成 R（红）、G（绿）、B（蓝）3 个 CRT 管投射到荧光屏上，荧光粉在高压作用下发光，经系统放大和会聚，最终在大屏幕上显示出彩色图像。光学系统与 CRT 管组成投影管，通常所说的三枪投影仪就是由 3 个投影管组成的投影仪，由于使用内光源，CRT 投影方式也被称为主动式投影方式。CRT 投影技术成熟，显示的图像色彩丰富，还原性好，具有丰富的几何失真调整能力。

LCD 液晶投影仪本身不发光，它使用光源来照明 LCD 上的影像，再使用投影镜头将影像投影出去。3LCD 投影技术是目前投影市场上技术资历最老也最成熟的技术，市场占用率也比较高。其核心技术专利为爱普生、索尼两家厂商所拥有，市场上大部分 3LCD 技术投影仪的芯片由爱普生制造。利用液晶的光电效应，即液晶分子在电场作用下排列发生变化，影响其液晶单元的透光率或反射率，从而影响它的光学性质，产生具有不同灰度层次及颜色的图像，由于其成像原理的特性，色彩表现很好，缺点是原始对比度低，家用机高对比度主要指的是动态对比度，而原始对比度始终无法有大的突破。LCD 投影仪分为液晶板和液晶光阀两种。

数码（DLP）投影仪以 DMD（Digital Micromirror Device）数字微反射器作为光阀成像器件，单片 DMD 由很多微镜组成，每个微镜对应一个像素点，DLP 投影仪的物理分辨率就是由微镜的数目决定的。根据所用 DMD 的片数，DLP 投影仪可分为单片机、两片机、三片机。DLP 投影仪清晰度高、画面均匀、色彩鲜艳。三片机亮度可达 2000 流明以上，抛弃了传统意义上的会聚，可随意变焦，分辨率高，不经压缩分辨率可达 1080P。一个以 DLP 为基础的投影系统还包括内存及信号处理功能来支持全数字方法。DLP 投影仪的其他元素包括一个光源、一个颜色滤波系统、一个冷却系统、照明及投影光学元件。其缺点是色彩差，亮度高势必要牺牲一些色彩，所以很多机器都采用 6 短色轮，但与 3LCD 和 LCoS 投影技术的机器相比，色彩饱和度相对逊色一些。

LCoS 投影技术属于液晶反射式芯片，集成了 3LCD 投影技术在色彩上的优势，以及 DLP 投影技术光利用率高的优势，具有色彩好、对比度高、亮度高的优点缺点是 LCoS 投影技术成本高。

6.3.3　数字视频展示台

视频展示台是一种新型数字化电教设备。视频展示台与投影仪的组合又被称为实物投影仪，逐渐取代了传统幻灯机，其应用范围也大大超出传统意义上的幻灯机。数字视频展示台不但能将胶片上的内容投影到屏幕上，更主要的是可以直接将各种实物甚至活动的图像投影到屏幕上。

视频展示台实际上是一个图像采集设备，它的作用是通过与外部输入、输出设备的配套使用，如通过多媒体投影机、大屏幕背投电视、普通电视机、液晶监视器等设备，将摄像头拍下来的景物演示出来。当外设为计算机时，可通过配置或内置的图像采集卡和标准并行通信接口，利用相关程序软件，将视频展示台输出的视频信号输入计算机，进行各种处理，实现扫描仪和数码相机的部分功能。

6.3.4 触摸屏

触摸屏是一种定位设备，系统主要由 3 个主要部分组成，即传感器、控制部件、驱动程序。当用户用手指或者其他设备触摸安装在计算机显示器前面的触摸屏时，所摸到的位置以坐标形式被触摸屏控制器检测到并被送到 CPU，从而确定用户所输入的信息。

一般来说，触摸屏可分为 5 个基本种类，即红外式触摸屏、电容式触摸屏、电阻式触摸屏、表面声波式触摸屏、应力计式触摸屏。

1．红外式触摸屏

红外式触摸屏通过遮挡的"接触"或"离开"动作而激活触摸屏。这种触摸屏利用光学技术，用户的手指或其他物体隔断了红外交叉光束，从而检测出触摸位置。屏幕的一边有红外器件发射红外线，另一边设置了光电晶体管接收装置，检测光线的遮挡情况，这样可以构成水平和垂直两个方向的交叉网络。这种方式获得的数据多，分辨率高。

2．电容式触摸屏

电容式触摸屏的构造主要是在玻璃屏幕上镀一层透明的薄膜导体层，再在导体层外装上一块保护玻璃，双玻璃设计能彻底保护导体层及感应器。此外，在附加的触摸屏四边均镀上狭长的电极，在导电体内形成一个低电压交流电场。用户触摸屏幕时，由于存在人体电场，手指与导体层间会形成一个耦合电容，四边电极发出的电流会流向触点，而电流的强弱与手指到电极的距离成正比，位于触摸屏幕后的控制器便会计算不同位置电极的电流强弱，准确算出触摸点的位置。电容式触摸屏的双玻璃不但能保护导体及感应器，更有效地防止外在环境因素对触摸屏造成的影响，即使屏幕沾有污秽、尘埃或油渍，电容式触摸屏依然能准确算出触摸位置。

3．电阻式触摸屏

电阻触摸屏的屏体部分是一块与显示器表面非常配合的多层复合薄膜，由一层玻璃或有机玻璃作为基层，表面涂有一层透明的导电层，上面再盖有一个双面层。它的外表面是硬化处理、光滑防刮的塑料层，内表面是一层透明导电层，在两层导电层之间有许多细小的透明隔离点起绝缘作用。电阻式触摸屏的关键在于材料科技。电阻式触摸屏根据引出线数多少，分为四线、五线、六线等多线电阻式触摸屏。

4．表面声波式触摸屏

表面声波是一种沿介质（如玻璃）表面传播的机械波。触摸屏在一片玻璃的每个角上装有两个发射器和两个接收器。一系列的声波反射器被嵌进玻璃中，沿着两面从顶至底穿过玻璃。反射器朝一个方向发射短脉冲。当脉冲离开一角后，就会不断地被每个反射器反射回来一部分声波。由于反射器离发射器远近不一，发射器送出的是一个短脉冲，而收到的是脉冲击中不同的反射器经不同路径返回到接收器所形成的长脉冲。

5．应力计式触摸屏

它是一种技术最简单的触摸屏。在 CRT 外面盖一块 4 角装有应力计的平板玻璃。当玻璃受到压力时，应力计就会出现电压或电阻等电气特性的变化。压力越重，变化值就越大。每个角记录这些变化。控制器读取每个角的记录值，并计算触摸点精确的位置。

6.3.5　数码相机

数码相机是一种能够进行拍摄并通过内部处理把拍摄到的景物转换成以数字格式存放的特殊照相机。与普通相机不同，数码相机不使用胶片，而使用固定的或者是可拆卸的半导体存储器来保存获取的图像。数码相机可以直接连接到计算机、电视机或者打印机上。在一定条件下，数码相机还可以直接接到移动式电话机或者手持 PC 上。

数码相机由镜头、CCD、A/D（模数转换器）、MPU（微处理器）、内置存储器、LCD（液晶显示器）、PC 卡（可移动存储器）和接口（包括计算机接口、电视机接口）等部分组成。数码相机中，只有镜头的作用与普通相机相同，其余部分则完全不同。

数码相机在工作时，外部景物通过镜头将光线会聚到感光器件 CCD（Charge Coupled Device）光电荷耦合器件或 CMOS（Complementary Metal Oxide Semiconductor）互补金属氧化物半导体集成电路上，CCD 由数千个独立的光敏元件组成，这些光敏元件通常排列成与取景器相对应的矩阵。外界景像所反射的光透过镜头照射在 CCD 上，并被转换成电荷，每个元件上的电荷量取决于其所受到的光照强度。由于 CCD 上每一个电荷感应元件最终表现为所拍摄图像的一个像素，因此 CCD 内部所包含的电荷感应元件集成度越高，像素就越多，最终图像的分辨率也就越高。

图像传感器上的光敏单元数目（像素）有两种表示方法：一种是用 X/Y 轴方向（即传感器的宽度和高度方向）数目乘积表示，如 640×480；另一种是用光敏单元总数来表示，如 100 万像素。对于给定的图像传感器，制造商通常会给出两个像素数目指标。第一个数字是传感器上所有的像素数目，如 334 万像素或者写为 3.34 Mega Pixels。第二个数字是传感器上真正用于捕捉图像的光敏单元（激活像素）数目。第二个数字一般比第一个小 5%左右。造成这 5%差别的原因有很多。在目前的传感器制作工艺中，生产一个 100%完美的产品几乎是不可能的，我们通常把图像传感器生产过程中出现的有缺陷光敏单元称为暗像素或者缺陷像素。还有部分像素被用于其他方面，例如用于从传感器读取数据时的校准过程，或者为了保证图像比例而故意不使用。很小的一部分处在传感器边缘区域的像素被人为遮蔽，避免接收外来光线，而用于检测 CCD 背景所产生的噪声，以便在实际图像数据中将背景噪声加以扣除。

因为图像传感器本身只能完成光电转换而无法分辨颜色，数码相机通常采用彩色滤镜阵列 CFA（Color Filter Array）来实现彩色输出。CFA 的主要作用是让每个像素只感受单一颜色的光线，最终重新组合出彩色的图像。制造商根据不同的色彩需求来选择不同的 CFA 结构。不管何种，CFA 结构的目的都是使所需光线通过滤镜，使每个像素接收的光线具有单一波长。所有 CFA 的设计都尽量减少入射光线在相邻像素之间的干扰，努力使景物色彩准确显示。CFA 结构中最流行的是被称为 Bayer 模式的彩色滤镜阵列。主要特征为在像素前面以间隔的方式放置红、绿、蓝色的滤镜，而且绿色滤镜的数量为红色（或蓝色）的两倍。这样做是因为人眼对绿色光波比红、蓝两色敏感得多，所以这样的数量分配就使人眼所见的图像亮度更合适，更接近真实色彩。

CCD 能够得到对应于拍摄景物的电子图像，但是它还不能马上被送去计算机处理，还需要按照计算机的要求进行从模拟信号到数字信号的转换，A/D（模数转换器）器件用来执行这项工作。接下来 MPU（微处理器）对数字信号进行压缩并转化为特定的图像格式，如 JPEG 格式。每个厂商设计的处理程序各不相同，它们通过各不相同的色彩平衡与色彩饱和度设置来生成彩色图像。数码相机还运用一个或者多个 DSP 及其他设备来共同处理所得数据，以期达到完美画质。最后，图像文件被存储在内置存储器中。数码相机为扩大存储容量而使用可移动存储器，如 PC 卡或者软盘。此外，数码相机还提供了连接到计算机和电视机的接口。

6.3.6　数码摄像机

将图像信号数字化后存储，这在专业级、广播级的摄录像系统上已被应用了相当长时间，但是，它需要付出高昂的代价，因为相应设备的价格很高，一般单位和家庭无法承受。随着数字视频（Digital Video，DV）的标准被国际上 55 个大型电子制造公司统一，数字视频技术产品正以不太高的价格进入消费领域，数码摄像机也应运而生。

家用级数码摄像机有 MD 摄像机、数码 8mm 摄像机、Mini DV 摄像机之分。MD 摄像机是将信号记录于 MD 光盘上，这种 MD 盘与 MD 随身听所用 MD 盘原理相同，但能连续拍摄的时间较短。

数码 8mm 摄像机是使用 Hi8 录像带记录信息的数码摄像机，数码 8mm 摄像机和 MiniDV 摄像机都使用录像带，而且处于同一质量档次，最高拍摄清晰度能达到 500 线水平清晰度以上，外观也非常相似。

生产 Mini DV 数字摄像机的厂家更多，品种型号更多。这种摄像机的性能价格比相对较高，体积更小，重量更轻（最轻的 Mini DV 摄像机不足 400g），而数码 8mm 摄像机所用的录像带价格更低。

DV 摄像机是将通过 CCD 转换光信号得到的图像电信号和通过话筒得到的音频电信号，进行模数转换并压缩处理后送给磁头转换记录，即以信号数字处理为最大特征。

6.3.7　数字摄像头

数字摄像头是一种新型的多媒体计算机外部设备和网络设备，人们形象地称之为计算机和网络的"眼睛"。

最初面世的模拟摄像头必须与视频捕捉卡一起使用，才能达到捕捉流畅的动态画面的效果。随着数码影像技术的发展和 USB 接口的普及，今天的多数数字摄像头都可以通过内部电路直接把图像转换成数字信号传送到计算机上。只要 CPU 处理能力足够快，CCD 捕捉到的图像信号基本上可以达到实时呈现的动态效果。数字摄像头是一种依靠软件和硬件配合的多媒体计算机附属设备，其成像使用 CCD 或 CMOS 图像传感器、A/D 器件进行，模拟图像到数字图像的转换等部分与数码摄像机是一样的，只是其光电转换器件分辨率差一些。对数字图像的数据压缩和存储等处理工作，则交给计算机系统去做。所以数字摄像头比数码相机和数码摄像机两种数码影像设备都廉价得多。由于数字摄像头主要应用在动态图像捕捉领域，实时捕捉和压缩占用了大量的 CPU 处理时间和内存空间，因此对计算机的硬件处理速度有一定的要求。数字摄像头是否捆绑功能强大的软件，也直接关系到数字摄像头的实际使用效果。大多数数字摄像头都有一个专用的控制程序，以实现最基本的功能，如拍照、摄像、管理影像文件、设置等。

6.3.8 手写输入设备

手写输入笔是一种重要的手写输入设备，是一种直接向计算机输入汉字，并通过汉字识别软件将其转变成文本文件的一种计算机外设产品。它使计算机适应中国人的书写习惯，省去了背记各种形码、音码等的烦琐过程。除此之外，有些手写输入笔还能绘画、网上交流、即时翻译。目前手写输入技术在识别速度、识别率、书写手感、人机界面等方面已经可以满足人们的基本要求。

计算机手写输入的硬件设备一般由两部分组成：一部分是与计算机相连的，用于向计算机输入信号的手写板（手写区域）；另一部分是用来在手写板上写字的手写笔。手写板又分为电阻式和感应式两种，电阻式的手写板成本低，制作简单，必须充分接触才能写出字，在某种程度上限制了手写笔代替鼠标的功能；感应式手写板又分有压感和无压感两种，其中有压感的手写板能感应笔画的粗细、着色的浓淡，分为 256 级和 512 级两种压感级别，是目前最先进的技术。

手写笔也有两种：一种是用线与手写板连接的有线笔；另一种是无线笔。前者不易丢失，但维修困难，写字的舒展余度不大。无线笔写字比较灵活，携带方便，与普通的笔比较接近，是手写输入笔的一种发展趋势。

手写识别是指将在手写设备上书写时产生的有序轨迹信息转化为汉字内码的过程，实际上是手写轨迹的坐标序列到汉字内码的一个映射过程。手写输入笔的软件是手写输入的核心部分，它决定了汉字输入的识别率及汉字输入的易用性和可操作性。

6.3.9 显示系统

显示系统是微机操作中实现人机交互的一个重要设备，其性能的优劣直接影响工作效率及质量。显示系统包含显示器和图形显示适配器（显示卡）两部分。只有将两者有机地结合起来，才能获得良好的显示效果。显示器可以从不同的角度进行分类。

（1）按照工作原理分为基于阴极射线管（CRT）显示器，液晶显示器（LCD），发光型的等离子体显示器（PDP）、场致发射显示器（FED）、发光二极管显示器（LED）等。

（2）按照显示颜色分为单色（或称黑白）显示器和彩色显示器两种。

（3）按照分辨率分为低分辨率显示器、中分辨率显示器、高分辨率显示器等。

（4）按照扫描方式分为隔行扫描显示器和逐行扫描显示器两种。

（5）按照配接的显示卡分为：MDA 单色显示器、CGA 彩色显示器、EGA 彩色显示器、VGA（包括 SVGA）彩色显示器和 MTS 多频显示器等。

1. CRT 显示器

CRT 显示器是一种光栅图像显示器（见图 6.3）。光栅图像显示器可以被看作一个像素的矩阵。在光栅显示器上显示任何一种图像，实际上都是一些具有一种或多种颜色的像素集合。确定最佳逼近图像的像素集合，并用指定属性写像素的过程被称为图像的扫描转换或光栅化。对于一维图像，在不考虑线宽时，用一个像素宽的直、曲线来显示图像。二维图像的光栅化必须确定区域对应的像素集，并用指定的属性或图案显示，即区域填充。

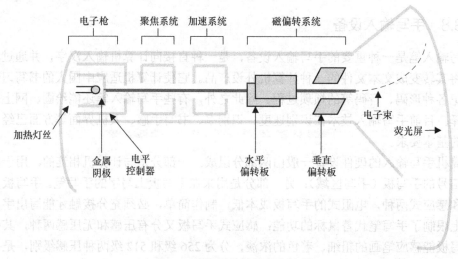

图 6.3　阴极射线管的基本结构

CRT 的工作原理可以被简单理解为：高速的电子束由电子枪发出，经过聚焦系统、加速系统和磁偏转系统，到达荧光屏的特定位置。荧光物质在高速电子的轰击下发生电子跃迁，即电子吸收到能量从低能态变为高能态。由于高能态很不稳定，在很短的时间内荧光物质的电子会从高能态重新回到低能态，这时将发出荧光，屏幕上的那一点就会亮了。从发光原理可以看出，这样的光不会持续很久，因为很快所有的电子都将回到低能态，不会再有光发出。所以要保持显示一幅稳定的画面，必须不断地发射电子束。

电子枪发射出来的电子是分散的，这样的电子束是不可能精确定位的，所以发射出来的电子束必须通过聚焦。聚焦系统是一个电透镜，能使众多的电子聚集于一点。聚集后的电子束通过一个加速阳极达到轰击激发荧光屏应有的速度。最后经磁偏转系统到达指定位置。如果电子束要到达屏幕的边缘，偏转角度就会增大。到达屏幕最边缘的偏转角度被称为最大偏转角。屏幕越大，要求的最大偏转角度就越大。要保持荧光屏上有稳定的图像，就必须不断地发射电子束。刷新一次指电子束从上到下将荧光屏扫描一次。只有刷新频率高到一定值后，图像才能稳定显示。大约达到每秒 60 帧即 60Hz 时，人眼才不会感到屏幕闪烁。要使人眼觉得舒服，一般必须有 85Hz 以上的刷新频率。

彩色 CRT 显示器的荧光屏上涂有 3 种荧光物质，它们分别能发出红、绿、蓝 3 种颜色的光。而电子枪也发出 3 束电子来激发这 3 种物质，中间通过一个控制栅格来决定 3 束电子到达的位置。屏幕上荧光点的排列不同，控制栅格也就不一样。普通的监视器一般用三角形的排列方式，这种显像管被称为荫罩式显像管。它的工作原理如图 6.4 所示。

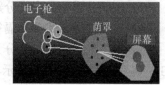

图 6.4　荫罩式显像管的工作原理

3 束电子经过荫罩的选择，分别到达 3 个荧光点的位置。通过控制 3 个电子束的强弱就能控制屏幕上点的颜色。如将红、绿两个电子枪关闭，屏幕上就只显示蓝色。如果每一个电子枪都有 256 级（8bit）的强度控制，那么这个显像管所能产生的颜色就是人们平时所说的 24 bit 真彩色了。

荫罩式显示器有如下缺点：荧光屏是球面的，几何失真大，而且三角形的荧光点排列造成即使点很密、很细，也不会特别清晰。最近几年，荫栅式显示器逐渐流行起来，弥补了荫罩式显示器的不足。荫栅式显像管亮度更高，色彩也更鲜艳。采用荫栅式显像管的显示器有柱面显示器和平面显示器，柱面显示器的表面在水平方向仍然略微凸起，在垂直方向上却是笔直的，呈圆柱状，故被称为"柱面管"。柱面管在垂直方向上平坦，与球面管相比几何失真更小，而且能将屏幕上方的光线反射到下方，而不是直射入人眼中，因而大大减弱了眩光。平面显示器是近年推出的产品，荧光屏为完全平面，大大提高了图像的显示质量。由于玻璃的折射，屏幕会产生内凹的现象，但是通过一定的补偿技术，就能产生真正平面的感觉。由于平面显示器的高清晰度、低失真及对人眼的低伤害，已经越来越得到人们的喜爱。

CRT 显示器的技术参数主要有如下几下。

（1）点距：它指 CRT 上两个颜色相同的磷光点之间的距离。点距越小，显示器画面就越清晰、自然。

（2）像素：每一个像素包含一个红色、绿色、蓝色的磷光体。

（3）分辨率：显示器画面解析度由每帧画面像素值决定。以水平显示的像素个数×水平扫描线数表示，如 800×600 是指每帧图像由水平 800 个位像素和垂直 600 条扫描线组成。

（4）行频（kHz）：又被称为水平刷新频率，是电子枪每秒在屏幕上扫描过的水平线条数。

（5）场频（Hz）：又被称为垂直刷新频率，是每秒屏幕重复绘制显示画面的次数，即重绘率。

此外，CRT 显示器的技术参数还有带宽（MHz）、动态聚焦等，这里不再详述。

2．LCD 显示器

CRT 显示器历经发展，目前技术已经越来越成熟，显示质量也越来越好，大屏幕也逐渐成为主流，但 CRT 固有的物理结构限制了它向更广的显示领域发展。此外，由于 CRT 显示器是利用电子枪发射电子束来产生图像，产生辐射与电磁波干扰便成为其最大的弱点，而且长期使用会对人体健康产生不良影响。在这种情况下，人们推出了 LCD（液晶显示器）。

液晶是一种介于液体和固体之间的特殊物质，它具有液体的流态性质和固体的光学性质。当液晶受到电压的影响时，因物理性质的改变而发生形变，此时通过它的光的折射角度就会发生变化，而产生色彩。液晶屏幕后面有一个背光，这个光源先穿过第一层偏光板，再来到液晶体上，而当光线透过液晶体时，就会产生光线的色泽改变，从液晶体射出来的光线，还必须经过一块彩色滤光片及第二块偏光板。由于两块偏光板的偏振方向成 90°，再加上电压的变化和一些其他的装置，液晶显示器就能显示想要的颜色了。

LCD 显示器的技术参数主要有可视角度、点距、分辨率、亮度、对比度、反应速度、色阶等。

（1）可视角度

可视角度是评估 LCD 显示器的主要项目之一。人们能够从各种角度观赏 CRT 显示器所呈现的影像，却必须从正前方观赏 LCD 显示器，才能够获得最佳的视觉效果。如果从其他角度看，画面的亮度会变暗、颜色会改变，甚至某些产品会由正像变为负像。这是因为液晶的成像原理是通过光的折射而不是像 CRT 那样由荧光点直接发光，所以在不同的角度看液晶显示屏，必然会有不同的效果。当视线与屏幕中心法向成一定角度时，人们就不能清晰地看到屏幕图像，能看到清晰图像的最大角度被称为可视角度。一般所说的可视角度是指左右两边的最大角度相加。一般地，140～160°的可视角度即为大尺寸 LCD 显示器的基本指标。对于较小尺寸的 15 英寸或 15 英寸以下的 LCD 显示器，120°的可视角度便足以显示完整的画面。左右两侧的可视角度一般会大于上下的可视角度，也就是垂直的可视角度小于水平可视角度。尽管如此，越来越多的 LCD 显示器都在强调其水平与垂直可视角度是相同的。

（2）点距和分辨率

LCD 显示器的像素间距类似于 CRT 的点距，就是两个液晶颗粒（光点）之间的距离。LCD 显示器的像素数量是固定的，只要在尺寸与分辨率都相同的情况下，所有产品的像素间距都是相同的。例如，分辨率为 1024×768 的 15 英寸 LCD 显示器，其像素间距皆为 0.297mm。

液晶显示器的分辨率是指其真实分辨率，如 1024×768 的含义就是指该液晶显示器含有 1024×768 个液晶颗粒。只有在真实分辨率下，液晶显示器才能得到最佳的显示效果。其他较低的分辨率只能通过缩放仿真来显示，效果并不好。而 CRT 显示器如果能在 1024×768 的分辨率下清晰显示，那么其他如 800×600、640×480 都能很好地显示。LCD 只支持所谓的真实分辨率，只有在真实分辨率下，LCD 液晶显示器才能显示最佳影像。

（3）亮度与对比度

目前，没有一个确切的标准来测量亮度是否足够。较亮的产品不见得就是较好的产品。画面过亮反而会使对比（纯黑与纯白的对比）降低。和亮度规格一样，现今尚无一套有效又公正的标准来衡量对比率，所以最好的辨识方式还是自己的眼睛。亮度并不是产品性能的全部，亮度是否均匀才是关键。品质较佳的显示器，其画面的亮度较为平均。

（4）反应速度

反应速度是指个别像素由亮转暗并由暗转亮所需的时间，单位是毫秒。数值越小，代表反应速度越快。

（5）色阶

LCD 如今已能够呈现 260,000 种颜色，甚至某些产品能够呈现 1,600 万种颜色。

在选择 LCD 显示器之前，必须考虑若干不等同于 CRT 规格的项目，包括分辨率、可视角度、亮度、对比度与反应速度等。

3．图形处理器

一个光栅显示系统离不开图形处理器（俗称显卡），图形处理器是图形系统结构的重要元件，是连接计算机和显示终端的纽带。

早期的显卡只包含简单的存储器和帧缓冲区，它们实际上只起了一个图形的存储和传递作用，一切操作都必须由 CPU 来控制。这对于文本和一些简单的图形来说是足够的，但是当要处理复杂场景，特别是一些真实感的三维场景时，单靠这种系统是无法完成任务的。所以后来发展的图形处理器都有图形处理的功能，它不单单存储图形，而且能完成大部分图形函数，这样就大大减轻了 CPU 的负担，提高了显示能力和显示速度。随着电子技术的发展，显卡技术含量越来越高，功能越来越强，许多专业的图形卡已经具有很强的 3D 处理能力，而且这些 3D 图形卡也渐渐地走向个人计算机。一些专业的显卡具有的晶体管数甚至比同时代的 CPU 的晶体管数还多。

一个显卡的主要配件有显示主芯片、显示缓存（简称显存）、数字模拟转换器（RAM DAC）。

显示主芯片是显卡的核心，俗称 GPU，它的主要任务是对系统输入的视频信息进行构建和渲染，各图形函数基本上都被集成在这里。显示主芯片的能力直接决定了显卡的能力。3dfx 公司的 Voodoo 系列产品、S3 公司的 GX 系列产品及用于专业领域的 Quadro，都指的是显示主芯片的代号。显存是用来存储将要显示的图形信息及保存图形运算的中间数据的，它与显示主芯片的关系，就像计算机的内存之于 CPU 一样密不可分。显存的大小和速度直接影响着主芯片性能的发挥，简单地说，显存当然是越大越好、越快越好。早期的显存类型有 FPM（Fast Page Mode）RAM 和 EDO（Extended Data Out）RAM，现在很流行的是 SGRAM（Synchronous Graphics RAM）和 SDRAM（Synchronous DRAM）。RAMDAC（RAM Digital to Analog Converter）实际上是一个数模转换器，它负责将显存中的数字信号转换成显示器能够接收的模拟信号。RAMDAC 的转换速度以"MHz"来表示，其转换速度越快，影像在显示器上的刷新频率也就越高，从图像也越稳定。

显卡在计算机中是如何工作的呢？简单地说，显卡就是将 CPU 送来的图像信息经处理再输送到显示器上，其中包括如下 4 个步骤。CPU 将数据通过总线传送到显示芯片，显示芯片对数据进行处理，并将处理结果存放到显示内存中，显示内存将数据传送到 RAMDAC（数模转换器）并进行数字信号到模拟信号的转换，RAMDAC 将模拟信号通过 VGA 接口输送到显示器。

实际上，现在的显卡都已有图形加速的功能（即加速卡），它们都可以执行一些图形函数。通常所说的加速卡的性能，是指加速卡上的芯片集能够提供的图形函数计算能力，这个芯片集通常也被称为加速器或图形处理器。芯片集可以按它们的数据并行传输带宽来划分，一般为 64bit 或 128bit，更大的带宽可以使芯片在一个时钟周期中处理更多的信息，也能带来更高的解析度和色深（在当前分辨率下能同屏显示的色彩数量）。加速卡的速度很大程度上受所使用的显存类型及驱动程序的影响。

为提高 PC 的图形处理性能，增强图形显示质量，在数据传输中，Intel 公司提出了视频接口标准 AGP（Accelerated Graphics Port）。AGP 的总线结构不是系统总线的一种，而是一种新的图形专用总线，它只支持图形设备。除此之外，它还是一种独占的专用总线，并不受其他设备的影响，这些都保证了 AGP 接口性能的优越性。AGP 接口可把内存和显存直接连接起来，其总线宽度为 32 bit，时钟频率是 66MHz，能以 133MHz 的频率工作，最高传输速率达 533Mbit /s。

2004 年，Intel 推出了 PCI Express（PCIE）接口。PCI Express 的接口根据总线位宽不同而有所差异，包括 X1、X4、X8 及 X16（X2 模式将用于内部接口而非插槽模式）。PCI Express X16，即 16 条点对点数据传输通道连接，取代传统的 AGP 总线。PCI Express X16 也支持双向数据传输，每向数据传输带宽高达 4GB/s，双向数据传输带宽有 8GB/s。

6.3.10 彩色打印技术

打印机是计算机系统的重要输出设备。近年来，随着彩色打印技术的发展，彩色打印的输出质量越来越好，其单张打印成本和维护成本也越来越低。

电视、电影是通过自身发光来合成颜色的，其合成法则被称为加法原理，三基色为红、绿、蓝，辅助色为白。在印刷或打印过程中，涂料则是通过吸收某些光线而形成颜色，因此其法则被称为减法原理，三基色为青、品红、黄，辅助色为黑。

在计算机里，图像上每一个点的色彩都需要用若干二进制位表示的 RGB（红/绿/蓝）信息存储起来。屏幕上的 RGB 颜色并不能直接打印出来，这是因为发光设备（例如计算机显示器）是通过一个使用红、绿、蓝三原色的附加过程产生色彩的，而色彩显示过程则是把各种波长的色彩以不同的比例叠加起来，进而产生各种不同的颜色。例如，没有光就产生黑屏，所有波长叠加在一起就产生白色。与此相反，反射设备（例如一张纸）通过负过程产生色彩，一张没有打印过的纸包括所有波长组成的光，从而呈现出白色，彩色打印过程使用了 CMY 模式，以产生不同的色彩。青色涂料吸收红色波，使打印出来的图像呈蓝绿色；类似地，品红颜料吸收绿色波，使打印出来的图像呈蓝红色。

1. 黑白激光打印机

了解黑白激光打印机的原理是理解彩色打印的基础，以下说明其实现过程。

当计算机通过电缆向打印机发送数据时，打印机首先将接收到的数据暂存在缓存中，当其接收到一段完整的数据后，再发送给打印机的处理器，处理器将这些数据组织成可以驱动打印引擎动作类似数据表的信号组，对于激光打印机而言，这个信号组就是驱动激光头工作的一组脉冲信号。

激光打印机的核心技术就是所谓的电子成像技术，核心部件是一个可以感光的硒鼓。激光发射器所发射的激光照射在一个棱柱形反射镜上，随着反射镜的转动，光线从硒鼓的一端到另一端依次扫过，硒鼓以 1/300 英寸（1 英寸≈2.54 厘米）或 1/600 英寸的步幅转动，扫描又在接下来的一行进行。硒鼓是一只表面涂覆了有机材料的圆筒，预先带有电荷，当有光线照射时，受到照射的部位会发生电阻的变化。计算机所发送来的数据信号控制着激光的发射，扫描在硒鼓表面的光线不断变化，有的地方受到照射，电阻变小，电荷消失，也有的地方没有光线射到，仍保留有电荷，最终，硒鼓表面就形成了由电荷组成的潜影。

墨粉是一种带电荷的细微塑料颗粒，其电荷与硒鼓表面的电荷极性相反，当带有电荷的硒鼓表面经过涂墨辊时，有电荷的部位就吸附了墨粉颗粒，潜影就变成了真正的影像。硒鼓转动的同时，另一组传动系统将打印纸送进来，经过一组电极，打印纸带上了与硒鼓表面极性相同但强得多的电荷，随后纸张经过带有墨粉的硒鼓，硒鼓表面的墨粉被吸引到打印纸上，图像就在纸张表面形成了。此时，墨粉和打印机仅仅靠电荷的引力结合在一起，打印纸被送出打印机之前，经过高温加热，塑料质的墨粉被熔化，在冷却后固着在纸张表面。

将墨粉传给打印纸之后，硒鼓表面继续旋转，经过一个清洁器，将剩余的墨粉去掉，以便进入下一个打印循环。

2. 彩色激光打印机

彩色激光打印机的工作原理与黑白激光打印机相似。黑白激光打印机使用黑色墨粉来印刷，彩色激光打印机则是用青、品红、黄、黑四种墨粉各自来印刷一次，依靠颜色混合就形成了丰富的色彩。由于彩色激光打印机使用四色碳粉，因此以上电荷"负像"和墨粉"正像"的生成步骤要重复 4 次，每次吸附上不同颜色的墨粉，最后转印鼓上将形成青、品红、黄、黑影像。

3. 彩色喷墨打印机

彩色喷墨打印机的作用是将计算机产生的彩色图像或来自扫描仪的彩色图像高质量地打印出来。计算机用 RGB 模式显示的页面必须用 CMY 模式打印，这就需要把色彩从 RGB 模式转换到 CMY 模式。喷墨打印机上的每一个喷嘴都是二进位的，这也就是说，它只能够被打开或关闭。所以，除了从 RGB 模式到 CMY 模式的图像转换以外，图像信息还必须进一步转换成送到打印控制开/关的一系列命令，其中包括青色开/关命令、品红色开/关命令和黄色开/关命令。对于双喷墨头（一个黑色打印墨盒和一个彩色打印墨盒）的打印机来说，还必须把一系列的黑色开/关的命令传送给打印机。当在 CMY 模式中增加了黑色时，这种模式就被称为 CMYK 模式，其中 K 就是指黑色。

为了提高彩色喷墨打印机的彩色输出质量，社会上先后出现过许多先进技术。图形优化技术是一种在打印低分辨率图像时，自动根据图片情况，把低分辨率图像进行优化处理，把图片粗糙的边缘进行锐化修饰，然后再以打印机所能提供的最大分辨率在打印机上输出的技术。普通图纸优化打印技术是一种采用"墨水优化液"的辅助液体技术，打印时先将这种优化液喷到纸上，然后打印机喷嘴喷出墨水，墨水与优化液结合后发生反应，使墨水牢牢地黏结在纸张的表面而不会渗透进纸张深处，用化学方法改善纸张的表面，使纸张更适合打印运行环境，从而提高打印质量，在普通纸张上打印出更细致、更精美的图像。

6.4　多媒体存储系统

根据记录方式不同，信息存储装置大致可以分为磁、光两大阵营。磁记录方式历史悠久，应用也很广泛。采用光学方式的记忆装置，因其容量大、可靠性好、存储成本低廉等特点，越来越受世人注目。

6.4.1　磁存储系统及其工作原理

磁盘（存储器）是一个精密的机电结合体，它的主要功能是将主机送来的电脉冲信号转换成磁记录信号保留在涂有磁介质的盘片上，或者从盘片上将被保留的磁记录信号再转换成电脉冲信号送往主机。

完成这一功能的关键部件就是磁头。磁头的基本结构是在一个环形导磁体上绕上线圈，导磁体面向磁盘方向开一个滑磁缝隙，当磁头线圈中通以交变信号电流时，导磁体内的磁通量也随之变化，这个交变的磁场从磁头缝隙中泄漏出去，使做匀速运动的磁盘表面上的磁介质感应磁化。磁化后，磁盘上的"磁化点"（磁元）就代表了所要记录的数据。当读出数据时，磁盘匀速转动，使"磁化点"顺序地经过磁头，在磁头线圈中感应出相应的电动势，将这一电动势经一定的处理，使它恢复为原来写入的状态，这时就完成了读功能。

磁记录介质稳定性好，记录的信息可以脱机长期保存，故便于交换，同时，由于其存储每一位信息所占面积很小，即记录密度高，故存储容量大，此外，其所存储的信息易被擦除，也很容易写入新数据，具有重复使用的性能。同其他存储方式相比，其价格也较低。

软盘（Floppy Disk）是使用软塑料作为片基，表面涂有磁性材料，封装在方形的保护套中，故而被称为软盘。软盘需要与软盘驱动器（Floppy Disk Drive）配合使用。

软盘具有携带方便的特点，缺点是存取速度慢，存储容量小，且容易损坏，所以它不适合存储数据量较大或数据可靠性要求较高的信息。为了增大软盘的容量，一种被称为 HiFD（High Floppy Disk）的软盘问世，其容量可达 200MB，体积与 3.5 英寸软盘同样大小，十分便于携带，而且 HiFD 驱动器还可以读取 1.44MB 的软盘信息。

硬盘的用途主要是存储数据或程序以及数据的交换与暂存。由于多媒体应用的特点，对硬盘的要求首先是容量要足够大，以便存储大的应用程序和多媒体数据；其次是数据传输率要足够高，以便快速地实现数据的存取与交换。

若要实现大容量及高可靠性的磁盘存储，则可采用冗余磁盘阵列，即 RAID（Redundant Array of Inexpensive Disks）技术，它是用多台小型的磁盘存储器按一定的组合条件组成的一个大容量的、快速响应的、高可靠的存储子系统。它采取的手段类似于并行处理机，将若干个硬磁盘机按一定的要求组成一个快速、超大容量的存储系统，数据被分配存储在各个硬磁盘机上。这样一个磁盘阵列看起来是一个硬磁盘机，用并行存取方式来减少存取时间，提高响应速度，再加上采用冗余纠错技术来提高可靠性，形成了基于硬磁盘而速度和可靠性高于硬磁盘的存储设备。

磁盘阵列中针对不同的应用使用不同的技术，目前常用的标准是 RAID 0～RAID 5。至于要选择哪一种 RAID 技术，应视用户的操作环境及应用而定。一般来讲，RAID 0 及 RAID 1 适用于 PC 及 PC 相关的系统，如小型的网络服务器及需要大磁盘容量与快速磁盘存取的工作站等；RAID 3 及 RAID 4 适用于图像、CAD/CAM 等处理；RAID 5 多用于 OLTP。

磁带具有经济、可靠的特点，是备份存储的首选介质。从 1952 年第一台磁带机在 IBM 公司问世以来，人们积累了大量的使用经验和可靠性数据。实践证明，磁带数据至少可被保存 30 年。现在磁带技术已经得到大大的发展，一盒磁带存储容量可达 70GB（压缩后），磁带库可扩展至几十 TB 的水平。磁带存储设备可以在无人操作下自动进行备份，甚至可以在工作状态下自动为数据库建立备份。

6.4.2 光盘存储技术

从磁介质到光学介质是信息记录的飞跃，目前应用最广泛的光存储设备是 CD-ROM 与 DVD-ROM，几乎已经成为计算机的标准配置。

1. HD-DVD 光盘

高密度光盘（HD-DVD）存储技术的目标是存储密度达到 $64.51\sim129.02\text{Gbit/cm}^2$（即 $10\sim20\text{ Gbit/in}^2$），最小记录点尺寸小于 200nm，接近或小于光衍射极限。可采取的措施有：缩短记录激光波长；增大物镜的数值孔径；采用超分辨率检测技术，如光学超分辨率技术、磁致超分辨率技术等；缩短道间距；改进存储格式、编码方式和记录/读出方式。

要实现超高密度存储，获得符合要求的材料是关键之一。超高密度光盘的材料有这样一些要求：其光学常数适用于蓝绿光范围存储，有清晰和稳定的亚微米范围的记录点，能建立适用于光学超分辨率技术的记录和读出的多层膜结构，能快速响应，记录/擦除时间小于200ns；寿命长，记录信息的保存时间可大于 10 年。

2. 全息光盘

全息光盘刻录机采用普通的低能耗气体激光发生器，它产生的激光首先通过一块半镀银镜，分为透射和反射两束光。透射光将经过一个微型镜片阵列。上百万个微镜片集中在一块芯片表面上，以"开"或"合"的方式来决定是否让透射光通过，从而使透射光携带数据信息。

通过微镜片阵列之后的透射光照射在由光敏聚合物制造的光盘表面，反射光也从另一角度照射到同一位置。两束光发生干涉，使聚合物化学结构发生变化，透射光所携带的数据信息就被记录下来。再用普通激光照射聚合物，就能探测到聚合物化学结构所发生的变化，读出数据。

普通数字光盘的容量约为 20GB。这种全息光盘的容量将比普通的数字光盘（DVD）高出几倍乃至几十倍。全息光盘驱动器读取数据的速度高达每秒 1GB，约为数字光盘驱动器的 25 倍。

由于聚合物产生的变化是永久性的，这种全息光盘只能写入一次。虽然全息光盘不可擦写，但鉴于其容量巨大、成本低廉，仍可能具有广阔前景。

荧光多层存储技术也开始被应用于存储中。荧光多层存储技术应用荧光的不连续特性，使光盘表面的信息层达到 10 层以上，因此，多层荧光光盘（FMD）的容量几乎是同样尺寸的 DVD 光盘的 10 倍。

3. 光盘库

光盘库存储系统是一种以光盘为主存储介质的大型专业性网络存储设备，以较低成本的方式存储多媒体信息，一般用于不经常使用的数据准联机存储，在多媒体数据库中被称为二级库。光盘库内可有序放置几十甚至几百个光盘片，存储容量可高达几百 GB。光盘库中有机械手设备和一个或多个光盘驱动器，驱动器在 SCSI 总线上有它们的 SCSI ID，机械手设备也作为一种 SCSI 设备并有自己的 SCSI ID，这样就可以用程序来控制设备。在使用光盘库的过程中，主机控制机械手操作光盘盘片。主机可以直接读写光盘库的某个盘片的数据，当需要的时候，将光盘数据迁移到一级库。

光盘库的巨量存储特性决定了它在多媒体存储过程中有极其重要的应用。在多媒体应用中，光盘库所用的光盘片经常是以 VCD 或 DVD 为主。一张单层单面 DVD 光盘片的存储能力是 4.7GB，大体相当于一盘磁带的存储量，且存储格式为 MPEG-2，完全能够满足广播级音视频信号的要求。光盘库的一个重要的特点是网络共享性。每套光盘库都连接在一台宿主服务器上，而一台宿主服务器可管理多达 3 套光盘库，在宿主服务器上安装一套光盘库管理软件就可以方便地管理光盘库。一套光盘库可存放 600 张光盘。在宿主服务器上，每一套光盘库都被虚拟成一个人的根目录，盘片中的每张光盘都是一个子目录（光盘的卷标即为子目录名）。多张盘片可以共用一个子目录名，再设置需要共享目录的共享属性，这样就能实现整个网络节目资源的共享，在终端机上就可直接调用需要的信息，完全解决了从磁带库中查找磁带的麻烦。

4. 闪存盘

闪存盘也叫 U 盘，在 Windows 98 操作系统中需要安装驱动程序，Windows 2000 及以后出版的操作系统已经嵌入其驱动程序，不需额外安装。

闪存盘是一种采用 USB 接口的不需要物理驱动器的微型高容量移动存储产品，采用的存储介质为闪存（Flash Memory）。闪存盘不需要额外的驱动器，只要接上计算机上的 USB 接口就可独立地存储、读写数据。闪存盘只支持 USB 接口，它可直接插入计算机的 USB 接口或通过一个 USB 转接电缆与计算机连接。

目前闪存盘的容量可达 32GB，未来可达更高的容量。闪存盘可以使用的计算机必须带有 USB 接口及闪存盘所支持的操作系统。理论上一台计算机可同时接 127 个闪存盘，但由于驱动器盘符采用 26 个英文字母，以及现有的驱动器需占用几个英文字母，故最多可以接 23 个闪存盘且需要 USB Hub 的协助。

6.5 多媒体操作系统

多媒体操作系统除了具有 CPU 管理、存储管理、设备管理、文件管理、线程管理五大基本功能外，还增加了多媒体功能和通信支持功能。多媒体操作系统采用图形界面来实现人机交互功能。

最流行的多媒体操作系统是 Windows 操作系统，它拥有大量的应用程序，不仅拥有面向专业领域的软件，还拥有满足一般用户需要的软件。Windows 操作系统在多媒体方面的功能主要有：

（1）多媒体数据编辑：Windows 操作系统定义了默认的音/视频格式，内含多媒体编辑和播放工具，如"录音机""音量控制"和"Windows Media Player"工具等。

（2）与多媒体设备联合：支持数字或模拟多媒体设备。如支持 CD、VCD、DVD、MIDI、照相机、摄像机、扫描仪等多种设备，可以获取外部多媒体设备的信息并对外输出信息。

（3）多媒体同步：支持多处理器、多媒体实时任务调度和多媒体数据的多种同步方式，还能进行多媒体设备的同步控制。

（4）网络通信：提供网络和通信系列功能，使多媒体计算机方便地接入局域网或互联网，实现对多媒体数据的网间传输。例如，电子邮件、图文传真、万维网信息的检索及流媒体的获取等。

设备驱动程序包括一系列控制硬件设备的函数，是操作系统中控制和连接硬件的关键模块。它提供连接到计算机的硬件设备的软件接口。也就是说，安装了对应设备的驱动程序后，设备驱动程序向操作系统提供一个访问、使用硬件设备的接口，操作系统就可以正确地判断出它是什么设备、如何使用这个设备。

为使 Windows 设备驱动程序的使用更安全、更灵活，并能够跨平台，同时在编制方面更简单，Microsoft 公司推出了一个新的设备驱动程序体系——WDM（Windows Driver Model），目的就是统一设备体系，给未来的驱动程序开发提供一个简单的平台，从而减轻设备驱动程序的开发难度和周期，逐渐规范设备驱动程序的开发。WDM 也将成为以后设备驱动程序的主流。

WDM 有两种驱动模式，即 WDM 驱动程序和 WDM 型的 USB 驱动程序。

WDM 驱动程序采用基于对象的技术，建立了一个分层的驱动程序结构。它基于 Windows NT 的分层 32bit 设备驱动程序模型，支持即插即用、电源管理、Windows 诊断和设备接口。WDM 驱动模式首先在 Windows 98 中实现，也符合 Windows 2000/XP 下的内核模式驱动程序的分层体系结构。

随着微机技术水平的日益提高，通用外设接口标准 USB 应运而生。对于 USB 设备来说，其 WDM 驱动程序分为 USB 底层（总线）驱动程序和 USB 功能（设备）驱动程序。USB 底层驱动程序由操作系统提供，负责实现底层通信。USB 功能驱动程序由设备开发者编写，通过向 USB 底层驱动程序发送包含 URB（USB Request Block，请求块）的 IRP，来实现对 USB 设备信息的发送和接收。当应用程序要对 USB 设备进行 I/O 操作时，首先调用 Windows API 函数，I/O 管理器将此请求构造成一个合适的 IRP 并把它传递给 USB 功能驱动程序。USB 功能驱动程序根据这个 IRP 构造出相应的 URB，作为新的 IRP 传递给 USB 底层驱动程序。USB 底层驱动程序根据 IRP 中所含的 URB 执行相应的操作，并将操作结果返回给 USB 功能驱动程序。USB 功能驱动程序通过返回的 IRP 将操作结果返回给 I/O 管理器，最后 I/O 管理器将此 IRP 操作结果返回给应用程序。

6.6　多媒体应用软件

多媒体应用软件很多，本节从不同媒体出发，有代表性地介绍几种多媒体应用软件。

6.6.1　文本软件

1．Notepad++

Windows 自带的记事本功能比较简单，往往不能满足打开各类文档编辑处理的需要，而 Office 系列中的文本处理软件 Word 又有过于庞大等问题。开源软件 Notepad++ 就可以充分弥补这一不足，是一款轻量级、功能强大的多语言编辑工具。

作为一款编辑器，Notepad++ 提供了语法高亮（Syntax Highlight）也被叫作代码高亮（见图 6.5）的功能。其实，其他很多文本编辑器也都支持语法高亮功能，只是 Notepad++ 支持的语言较多，如常用的 C、C++、Python、XML、HTML、xml、JavaScript 等，甚至还支持一些相对不是很常用的类型，如 makefile，tex/LaTex 等。

Notepad++ 还提供了非常丰富的多语言支持，可以安装多个字典和字词。如果需要字词自动完成功能，用户能做自己的 API 列表（或从下载专区下载需要的 api 文件）。一旦 api 文件建立完成且在正确的路径系统，即可按 Ctrl+Space 组合键，启动字词自动完成功能。

Notepad++ 也支持同时编辑多义件，用户可以同时开启多页面（Tab）米编辑，也可以同时对比排列两个视窗。用户不但能在两个不同的窗口中开启两个不同文件，而且能开启一个单独文件，在两个不同的视窗内（Clone Mode）进行同步编辑。同步编辑的成果将在两个窗口内同时更新。Notepad++ 也支持储存宏。

Notepad++ 除了自身提供的功能外，还可以安装插件，即扩展功能。所以当你需要某些功能，而 Notepad++ 本身没有提供时，就可以考虑插件了。Notepad++ 不仅支持通过插件扩展已有功能，更主要的是目前已经有非常多的插件可供选择了，而且很多功能都是很实用和很方便使用的。用户可以通过单击工具栏中的插件（P），找到目前已经安装了哪些可用的插件，并且通过 Plugin Manager 去安装插件。

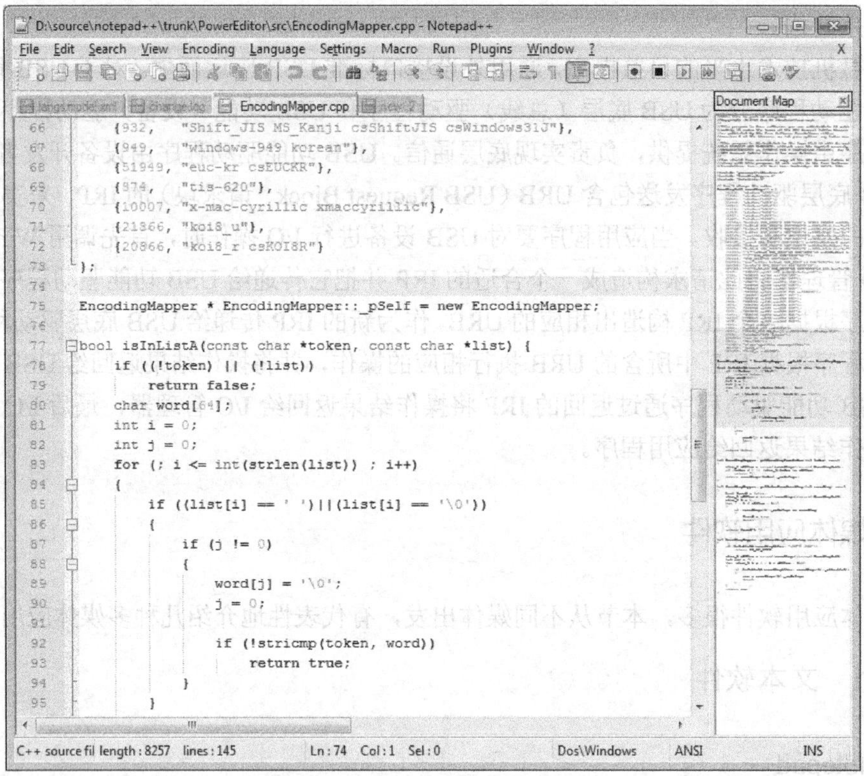

图 6.5　使用 Notepad++进行编程

2．Cool 3D

Cool 3D 作为一款优秀的三维立体文字特效工具，被广泛地应用于平面设计和网页制作领域。Cool 3D 3.0 对系统的要求相对来说高一点，由于它的 3D 立体渲染功能比较强，所以对 CPU 的速度、内存的大小有着相当苛刻的要求。为了提高渲染速度，系统中最好要装上 7.0 及 7.0 以上版本的 DirectX。

Cool 3D 3.0 主要被用来制作文字的各种静态或动态的特效，如立体、扭曲、变换、色彩、材质、光影、运动等。在界面中，顶部是菜单栏，中部是编辑图像的工作区，下部是包含各种现成效果的"百宝箱"，右边是对象管理器（Object Manager）。对象管理器用于管理图中的各种文字图形对象，是 Cool 3D 3.0 所增加的新功能。

工具栏中有众多命令的快捷按钮，其中比较重要的是对象工具栏。在对象工具栏中 5 个按钮的功能分别是输入文字、编辑文字、插入图形对象、编辑图形对象、插入几何立体图形，而且前两个功能还可用快捷键 F3 和 F4 来实现。

刚输入文字的位置、角度、方向等参数往往不能满足需要，于是就需要在图中进行调整。左边的下拉式列表框可以让用户选择要编辑的对象，这在屏幕上对象较多，无法用鼠标直接单击选中时特别有用。第一个按钮是移动按钮，被按下时，拖动对象可平移它；第二个按钮是旋转按钮，被按下时，拖动对象可使其在各个方向旋转；第三个按钮用来缩放对象。另外在对象需要精确定位时，可以对图中位置工具栏中的数值进行直接调整。位置工具栏中最左边一个按钮表示当前使用的是什么调整工具。

调整了文字的位置和角度后，就可以给文字加上各种效果。被称作"百宝箱"的 EasyPalette 提供了许多现成的特效，共 6 大类。对大多数效果，屏幕下方的属性工具栏都会显示对应的参数即属性设置，而且左边标有"F/X"字样的按钮可以控制本次效果是否施加于被选择对象上。用户可以在施加效果之前调整效果的参数，以达到最满意的效果。对于满意的效果，还可以通过单击最右边的"Add"按钮，把效果加入"百宝箱"的现成特效集中，以便在工作时按需要随时调用。

值得注意的是，Cool 3D 3.0 把文字对象看作由 5 个部分组成，分别是前面、前面的斜切边缘、边面、后面的斜切边缘、后面。许多针对对象本身性质的效果，可以选择施加到哪几个面上，这是由工具栏控制的，哪个按钮按下就代表哪个面能被施加效果。缺省时是所有面，也就是效果施加于整个对象。

6.6.2 音频软件

1. Audio Grabber

Audio Grabber 是一个专业的抓音轨的软件，它可以把光盘上的 CD 音轨转换为 WAV 或 MP3 文件，从而使音乐脱离光盘播放。使用 Audio Grabber 软件，用户不仅可以抓取完整的乐曲，还能把一首乐曲的片段转换为 WAV 或 MP3 文件。

Audio Grabber 工作流程如下：

打开 Audio Grabber：安装软件后，从"开始"菜单中的"Audio Grabber"下打开 Audio Grabber。Audio Grabber 窗口的上面是菜单栏和工具栏；工具栏的下面显示着现在这张 CD 上的所有歌曲，每首歌曲的后面都列出了它的插放时间和大小；窗口的最下面是播放控制按钮。

选择要抓的音轨：歌曲列表不仅列出了歌曲的时间和大小，歌曲名称的前面还有一个打着对勾的小方框（复选框）。这些方框就是歌曲选择框，前面有对勾，就表示这首歌曲要被抓取。可以同时选择几首歌，一起抓下来。如果用的是共享版，每次最多只能抓取 CD 中的一半歌曲，其他的歌曲前面没有方框，无法选择。

播放要抓取的音轨：选择好要抓取的歌曲后，可以用窗口最下面的播放控制栏实现多种操作，如控制音量，播放当前选定的这首歌曲，暂停和停止播放，播放所有选定的歌曲，快进和快退，播放前一首和后一首，随机播放选定的歌曲等。

选择文件的保存目录：确定好要抓取的歌曲后，还要为抓下来的文件指定一个保存的目录。单击工具栏上的"Settings"按钮，在这个窗口中，最上面有一个"Directory to store file in"项，单击旁边的"Browse"按钮，为文件指定一个保存的目录，单击"OK"按钮。

指定文件名：在想改名的歌曲上单击鼠标右键，选择"Rename"选项，然后输入一个新的名字，最后确定就行了。

开始转换：用鼠标单击工具栏上的"Grab"按钮，Audio Grabber 就开始转换文件了。在转换的过程中，可以随时单击"Skip this track"按钮跳过这一首歌，转换下一首歌，也可以单击"Abort all"按钮，以中断转换。

抓取乐曲片段：如果只转换一首歌的一部分，可在文件名上单击鼠标右键，选择"Properties"，在属性窗口中设定要抓取的片段。窗口上面有 4 个按钮，前面两个是播放和停止，后面两个用来标记片段的起始位置和结束位置。单击"Play"按钮，歌曲开始播放，当播放到合适的位置时，单击"Set start"按钮，这个点就被标记为起始点了，继续播放，在合适的位置再单击"Set end"按钮，标记结束点。定好抓取片段后，单击"OK"。再单击"Grab"按钮，就可以进行转换了。

制作 MP3：Audio Grabber 允许用户把 CD 音轨转换成 MP3。方法和上面讲的基本一样，只是要选中工具栏上的"MP3"复选按钮（单击小方格，使里面出现一个小勾）。

WAV 转换 MP3：如果有一个现成的 WAV 声音文件，用 Audio Grabber 也可以直接把它压缩成 MP3 文件。单击 Audio Grabber 工具栏上的"MP3"按钮，在 MP3 设置窗口中有一个"Create an MP3 now"，单击它下面的"Browse"按钮，从弹出的对话框中选择要压缩的 WAV 文件，单击"打开"按钮，开始压缩。关闭 MP3 属性窗口，打开资源管理器，就能看到这个 WAV 压缩的 MP3 了。

2. Crazy Talk

Crazy Talk Standard Edition 是一款经典的聊天动画制作工具，分为家庭版和网络版。

通过 Crazy Talk 软件，只需要一张普通的照片就能制作出人物说话时的口形动画。在生成的动画中，除了嘴巴会跟着语音开合之外，眼睛、面部肌肉等也都会跟着动，非常自然。只要输入文字，软件即可自己生成语音和口形。Crazy Talk 除了自带的小猫、小狗、雕像等十余个动画角色外，还允许使用者自行制作角色，用自己、动物、朋友、明星的照片制作成会说话的动画角色。

Crazy Talk 支持的照片格式是常用的 JPG 和 BMP，如果不是这两种格式的照片，可用 ACDSee 等软件转换。选择好照片之后，需要对头像轮廓进行调整，Crazy Talk 已经将头像的大概轮廓勾勒出来，进行简单的调整即可。可以单击左边的表情栏进行预览，如果觉得满意，头像模板就算做好了，保存成".tjm"格式的文件，供合成时用。

头像设置好之后，下面就来录声音。单击"Create a Talking Message"选项，接着单击"Record"按钮，就可以进行录音了。录制完之后按"Play"按钮试听，没有问题的话就可以按"Apple"键确定。

接下来软件会弹出一个预览界面，上面是一个人的头像，单击播放按钮，这个人就开始说话了。

Crazy Talk 软件很智能，可以根据说话的音波来调整口形，并不用手动进行设置。在录音的同时，还能设定人物的表情，用鼠标选中一段声音，然后单击鼠标右键，就可以选择人物的表情。在这里，可以根据说话的语调来调整人物的表情，从而让人物的表情更加丰富。

接下来可以将头像和录制的声音进行合成。选择"Crazy Talk File Manager"选项，在界面中选择制作好的头像。接着在"Message"面板里选择录制好的声音，当选择好声音之后，软件就会自动播放动画。如果觉得比较单调，还可以对动画进行一些处理，然后发送和保存。

还可以在"Send a Crazy Talk Messenger"选项中给人物加上一些边框等效果，然后可以保存为 EXE 可执行文件。也可以在"Send a Crazy Card"选项里面把动画制作成贺卡，可以储存成 AVI 的动画或 EXE 文件，然后直接附加在电子邮件里寄给朋友。

6.6.3 视频软件

1. Video Editor

Video Editor 是一款功能强大、操作简单、以时间轴为主的编辑软件，它使视频处理工作变得非常容易。它可以将一个视频文件的所有元件（包括音乐、动画、字幕及视频文件）合在一起，套用其中的特殊效果滤镜，通过一系列高效率移动路径将素材送入 3D 空间，制作出高品质效果的视频作品。

Video Editor 允许用户在时间轴上插入各种素材，包括视频、语音、图片、标题、静音、色彩、音乐等。单击时间轴上的各个素材插入图标，选择好素材之后，它们将分别被存放在时间轴相应的轨道上。

在编辑菜单下选择"对齐"选项，可以自动将素材对齐到时间轴的各个编辑点。一个素材可以放在另一个素材的旁边，相邻的画格之间不留空间。如果要在精确的时间位置放置素材，可加入提示点（双击鼠标，时间轴标尺内的提示列中出现蓝色的三角形），然后拖曳素材，将素材的第一个画格精确地与提示点对齐。在合并不同资料柜的素材时，需要对齐到素材提示点。这样可以让素材更精确地从一个画面淡化到另一个画面。

如果沿着时间轴移动素材，最好先把它们群组在一起，一起拖动。对于图片、色彩、静音等素材，可以直接加长、缩短它们在时间轴上的长度。而视频和音乐素材，可以缩成一个画格。如果要精确地设定素材的长度，可以选择素材菜单下的"期间"选项，然后在打开的对话框中输入素材所需要的长度。

素材被导入到时间轴上后，可以进行一些相应的编辑处理工作，如添加转场效果、复叠效果等。

2．Camtasia Studio

Camtasia Studio 是一款功能强大的视频处理软件，提供从屏幕录制、视频编辑到视频输出整套工具。输出格式包括 Flash、AVI、MOV、RM、GIF 动画等多种常见格式，是制作视频演示的绝佳工具。

Camtasia Studio 包括下列组件。

（1）Camtasia 录像器：从计算机屏幕上录制 AVI 视频，并可在视频中添加标题、水印、系统标记等。

（2）Camtasia 增效器：把录制的 AVI 文件进行编辑，在视频帧中添加注释、标题等。

（3）Camtasia 电影制作器：把视频文件或图像文件合并成电影输出，可插入音频、裁剪视频、添加转换效果等，并可输出为 EXE 文件。

（4）Camtasia 菜单制作器：可以制作 autorun 光盘。

（5）Camtasia 播放器：内置的播放器，可播放通过 Camtasia 电影制作器制作的 AVI 电影。

Camtasia Studio 不仅能方便地实现视频录制，而且由于采用 TSCC 的编码算法，录制的视频文件体积小巧，质量也不逊于同类软件，非常适合需要录制游戏视频和制作教学影片使用。下面通过具体实例进行介绍。

这里主要使用的是 Camtasia Studio 中的组件 Camtasia Recorder，在抓取前有必要对 Camtasia Recorder 进行设置。这样在制作影片时，只要按下相应的热键，就可以进行录制、停止等操作。如果还想在录制视频时顺便录制音频、鼠标轨迹，可以选择菜单"Effects"→"Audio"→"Record Audio"和"Effects"→"Cursor"→"Show Cursor"。

经过上面的设置之后，只要按"F9"键即可开始录制。如果前面设置了录制声音选项，就可以通过话筒一边操作、一边讲解。录制结束时按 F10 键即可。

在 Camtasia Recorder 录制结束时，系统会自动将录制的影片导入 Camtasia Studio 中去，也可以通过选择 Camtasia Studio 主窗口中的"File"→"Import Media"，将需要处理的影片导入程序中，生成.AVI 文件，进行打包之后，还可以生成.EXE 文件。

（1）剪除多余部分：在录制过程中，可能会有一些片断是多余的，在时间轴上用鼠标拖动左上角的控制小滑块，将不需要的部分选中，然后选择"Edit"→"Cut Selection"即可将多余的部分删除。

（2）重新添加解说音频：在录制过程中，如果音频录制效果不好，可以通过 Camtasia Studio 重新录制音频。

录制时，程序内置的视频预览器将会实时播放视频，录制完毕后，将录制的音频保存起来，再单击"Finish"按钮，以结束录制工作。

6.6.4 图形软件

1．CorelDRAW

CorelDRAW 是 Corel 公司出品的矢量图形制作工具，它既是一个大型的矢量图形制作工具，也是一个大型的工具软件包。CorelDRAW 的主要功能都可以通过执行菜单栏中的命令选项来完成，执行菜单命令是最基本的操作方式。CorelDRAW 的菜单栏中包括 File（文件）、Edit（编辑）、View（视图）、Layout（布局）、Arrange（排列）、Effect（效果）、Bitmaps（位图）、Text（文本）、Tools（工具）、Windows（窗口）和 Help（帮助）等 11 个功能各异的菜单。

在绘制的图形对象中，有很大一部分是由几何图形组成的，其中矩形、椭圆和多边形是各种复杂图形的最基本的组成部分。为此，CorelDRAW 在其 Tool Box（工具箱）中提供了一些用于绘制几何图形的工具。这些工具的使用方法都是一样的。

（1）鼠标在工具箱中选中工具。

（2）鼠标移动到绘图页面中，用拖动的方式绘制出所需的图形对象。

（3）按住 Ctrl 键拖动鼠标，即可绘制出"正"的图形。

（4）按住 Shift 键拖动鼠标，即可绘制出以鼠标单击点为中心的图形。

（5）按住 Ctrl+Shift 键后拖动鼠标，则可绘制出以鼠标单击点为中心的"正"的图形。

Freehand Tool（手绘工具）实际上就是使用鼠标在绘图页面上直接绘制直线或曲线的一种工具。它的使用方法非常简单。

（1）从工具箱中选择 Freehand Tool（手绘工具）后，鼠标光标将会变成右下角带波浪形的十字形状，表明此时可以开始直线的绘制。

（2）在绘图页面中单击鼠标，作为直线的起点。

（3）将鼠标移动到欲绘制直线的终点处，再次单击鼠标，即可完成直线的绘制。

（4）使用 Freehand Tool（手绘工具）也可以绘制任意曲线，在绘图页面中按住鼠标左键不放，拖动鼠标，绘制后释放鼠标即可。

（5）拖动鼠标绘制曲线，曲线绘制完成后释放鼠标即可。

使用 Freehand Tool 也可以绘制折线，具体操作方法是：在绘图页面中单击鼠标，作为折线的起点，然后在每一个转折处双击，到达终点时再单击鼠标，即可完成折线的绘制。

使用 Bezier Tool 可以比较精确地绘制直线和圆滑的曲线。由于矢量图形中的曲线是由邻接的节点构成的，曲线上的任何一个拐弯处节点的变化都可以使曲线改变方向，Bezier Tool 通过改变节点控制点的位置来控制曲线的弯曲程度。

Artistic Media Tool（艺术媒体工具）是 CorelDRAW 提供的一种具有固定或可变宽度及形状的特殊的画笔工具。利用 Artistic Media Tool（艺术媒体工具）可以创建具有特殊艺术效果的线段或图案。Artistic Media Tool 的属性栏提供了 5 个功能各异的笔形按钮及其功能选项设置。

2. FreeHand

FreeHand 是 MacroMedia 公司发布的一个矢量图形制作软件，用它绘制的图像栩栩如生。

利用透明透镜填充选项，可以生成半透明的图形或者不改变对象吸引人的矢量属性就在一幅位图上叠加半透明对象。这些功能适用于任何形状或对象，用户可以控制透明属性来产生各种效果。用户甚至可以在绘画中加入一些反射效果。FreeHand 的绘图效果体现出写实主义对各种事物（从大海的景色到葡萄酒杯）的一种全新感受。

利用 Magnify（放大）透镜填充功能，可以抓取一幅可缩放的视图并将其重新生成为图片或图表中使用的插图。一旦原图发生变化，这张可缩放的插图也自动发生相应的变化。此外，FreeHand 还提供增亮、暗化、倒置和单色填充透镜，它们可以大大加快修改作品中局部画面的速度。

FreeHand 也提供几种新的工具。其中最主要的是新的三件套自由造型工具 Push、Pull 和 Reshape Area，这三种自由造型工具使用户可以随时直接变换绘图路径。利用新的 Interactive Transform Handles，用户可以迅速移动、缩放、旋转对象或对象组。此外，新的 Xtra 系列工具的组成包括在页面上喷射矢量图的图形喷嘴（在生成天空、森林及背景或图案方面，该工具很有用），以及生成浮雕图案、阴影和镜像的工具。

6.6.5　图像软件

1. HyperSnapeDX

HyperSnapeDX 是一个强大的屏幕捕捉程序，可以有选择地捕捉整个桌面或者某个窗口，甚至指定的某个区域。用户可以将捕捉下来的文件插入文档中，制作出图文并茂的文档。

HyperSnapeDX 还可以将捕捉下来的文件另外保存为 20 多种流行的格式，包括 BMP、GIF 和 JPG 格式。GIF 格式存储时可以在交错、透明背景或者最小化色盘中进行选择；JPG 格式可存储为渐进式或者按用户对图形质量的要求设定压缩比。

HyperSnapeDX 为不间断的屏幕抓取提供了"快速保存"的功能，另外，可以选择抓取时是否包含鼠标光标，内建文件浏览和裁剪工具，可对抓取的屏幕进行简单的处理。HyperSnapeDX 亦可捕捉 DirectX 游戏屏幕。

在制作软件使用说明文档，或者制作幻灯图片时，需要记录一系列的屏幕操作，就必须连续抓取一系列图片。在 HyperSnapDX 中，选择菜单"Capture"→"Quick Save"。设定完毕，按"OK"键退出后，所有的抓取动作将直接由 HyperSnapeDX 自动保存。操作时只要在需要抓取的时候按下热键即可，非常方便。

HyperSnapDX 还能够抓取使用 MS DirectX/Direct3D 技术、3Dfx Glide 驱动的应用软件或者游戏的屏幕，并可从 DVD 播放软件或者其他的视频软件等使用 DirectX 屏幕覆盖技术的软件中实现抓屏。当然，首先需要进行简单的配置。选中菜单"Capture"→"Enable Special Capture"，默认的抓取热键为"Scroll Lock"。

抓取的方法：正常运行游戏或者视频播放软件，当需要抓屏的时候按下定义的抓取热键，若出现简短的蜂鸣，则抓取操作完成。HyperSnapDX 并不强制中断游戏或者软件的运行，如果要返回桌面的话，只有完全退出游戏。

2．PolyView

PolyView 是一个 Windows 系统下的图像共享软件，具有强大的图像浏览、转换、编辑及打印功能。它具有以下特点。

（1）支持几乎所有的图像格式、包括 BMP、GIF、JPEG、PCX、PNG、SGI、TIFF 等。

（2）支持全屏模式和幻灯片模式，可以指定图像的播放顺序及图像的切换效果，另外还可以在播放幻灯片的同时播放指定的声音文件。

（3）为注册用户提供了强大的图形图像打印功能，并提供了 Print Composer（打印设计器），用户可以自己设计多图像页面的打印。

（4）提供拇指图（缩略图）浏览器、目录浏览器及图像相册功能，帮助用户管理图像文件。

（5）具有强大的图像格式转换功能，可将一批不同格式的图像转换为同一种指定格式的图像。

（6）自动为拇指图相册或某个目录的所有图像生成 Web 图像页面。

（7）在不失真（或细微失真）的情况下进行 JPEG 图像的旋转。

（8）提供众多的图像处理功能和滤镜功能。

（9）能从 JPEG 和 FlashPix 图像文件中提取数码相机的信息，并能播放内嵌的音频信息。

另外，PolyView 还提供关联表功能、动画制作功能，支持 OLE 拖放功能、Keywords 功能，并能从扫描仪和数码相机中获取图像。它的多线程设计增强了图像处理的功能。

PolyView 的界面朴素，顶部是命令丰富的菜单栏，其下是工具栏，中部是客户区，供用户浏览图像及处理图像用。与 ACDSee 的单文档结构不同，PolyView 采用多文档结构，可以在同一客户区内打开多幅图像。

图像浏览功能是 PolyView 的基本功能之一。像 ACDSee 一样，PolyView 允许用户使用 Viewer 进行个别图像浏览，也可以使用 Brower 对某个目录的图像进行浏览。

图像编辑一直是 PolyView 的重要功能之一，它可以改变图像的明亮度、对比度、色调、大小，还可以对图像进行旋转、镜像、复制等操作。另外，PolyView 还提供了一些特效处理及滤镜功能，使用它们可以实现浮雕、雕刻、氖光特效及各种边缘效果。PolyView 所有的编辑功能都可以使用它的"Operations"菜单实现。该菜单的第一项"Appearance（外观）"包含一个命令众多的子菜单，使用这些子菜单命令可以调整图像的明亮度、对比度、色调等。第二项为"Edge Filters（边缘滤镜）"，使用它包含的各子滤镜可以实现边缘的探测、加强等操作。第三项为"Special Effects（特效）"，使用它可以实现浮雕、雕刻及氖光 3 种特效。使用 Operations 菜单的其他命令，还可以实现图像的翻转、旋转、镜像等操作。

也可以使用工具栏中部的 8 个按钮进行图像明亮度、对比度、色调及色彩的调整。

PolyView 的 Slider Show 功能比 ACDSee 的强大，也更灵活。它可以为每个图像指定浏览时间，可以指定图像的播放顺序及切换效果，还可以播放音乐。执行"Browse"菜单下的"Slider Show"命令，可以打开一个"Select File for the Slider Show"对话框。在此对话框中选择幻灯片需要播放的图像文件，选择完毕后单击"Continue"按钮进入"Create or Modify a Slider Show"对话框，可以在该对话框中设置幻灯片播放的各项参数。对话框左下角是"Sound Options"选项，单击"Browse"按钮，可以为选定的图像选择声音文件，它只支持*.wav、*.mid 及*.rmi 等几种简单的声音文件。选定声音文件后，单击"Listen"按钮，可以对选定的声音文件进行试听。在"Listen"按钮左侧的下拉列表中，可以为选中的图像指定声音文件的播放方式。对话框右下角是"Transition Effect（切换效果）"，在 Name 下拉列表中提供了 12 种幻灯片切换效果，包括"None（没有）""Wipe from Top（从顶部擦除）""Blind（上下百叶窗）""Blocks（块擦除）""Center（中心辐射）""Louvers（左右百叶窗）""Squares Out（方块传播）""Zigzag（锯齿形）"及"Random（随机）"等。在其下的 Speed 编辑框中可以输入切换的速度。

对话框右侧还有一个"Display Options"选项，在这里可以设置图像的旋转模式及显示的时间。单击右上角的"Properties"按钮，系统弹出"PolyView Properties"对话框，可以对"Slider Show"中的图像进行统一设置。设置完毕单击"Play"按钮，即可进入"Slider Show"，在全屏模式下自动播放图像。单击"Save"按钮，系统弹出打开一个"Save Slider Show Script"对话框，PolyView 将以 Scripts 文件的格式保存"Slider Show"设置。此后使用"Browse"菜单下的"Open Script"命令可以打开 Script 文件，进入相应的"Slider Show"。

拇指图（缩略图）管理功能是 PolyView 的优势之一。在 PolyView 中，拇指图的生成与管理十分容易，它有一个 Thumbnails（拇指图）菜单来实现拇指图的生成与管理，这给图像的管理带来了许多的便利。执行"Thumbnails"菜单下的"Thumbnail Explorer"命令，或单击工具栏上的第一个按钮，可以打开一个拇指图的"Explorer"。"Explorer"的右部为拇指图的显示区，若当前目录有图像，该显示区将以灰色方块的形式显示目录中的所有图像。单击任一灰色方块可以，选中该图像，选中的图像将被一个暗红色的方框圈住。按住 Shift 键或 Ctrl 键单击灰色方块，可选中多幅图像。此时无法看到图像的内容，在任意一个灰色方块上单击右键，系统将弹出一个菜单。选中其中的"Create"项，打开一个子菜单。它有 4 项，即生成本图拇指图、生成选中图像的拇指图、生成同一目录下所有图像、包括子目录里的图像的拇指图。使用该子菜单，用户可以建立相应范围的图像的拇指图。建立拇指图后，它们将显示在"Explorer"右侧的显示区，而拇指图信息自动保存到 PolyView\Program\PolyView.pvx 文件中。下次再使用"Explorer"打开该目录时，就不需再建立拇指图，原来的拇指图将被自动显示出来。双击某个拇指图，PolyView 将以框架窗口的形式打开相应的图像。

建立好的拇指图可执行"File"菜单下的"Export Thumbnails"命令进行保存。打开一个"Export Thumbnails"对话框，在该对话框中可以设置拇指图保存的目录及保存的格式。建立好的拇指图还可以被输出到打印机进行打印。执行"File"菜单的"Print Thumbnails to Windows"命令，还可以将拇指图打印到一个图像中，建立一个关联表。使用 PolyView 还可以建立拇指图相册。执行"Thumbnails"菜单下的"New Thumbnails Album"命令，系统将打开一个空白的 Album（相册）页面。将"Browsing"或"Explorer"窗口中的图像、拇指图拖曳到该页面中，可在 Album 中添加相应的拇指图信息。建立好的相册可以保存下来，以供将来使用。PolyView 可以对成批图像进行格式转换，而且操作方便简单。使用 PolyView 还可以制作 Web 图库。

图像打印功能是 PolyView 的另一大强项。PolyView 提供了图像的打印预览功能，在图像打印前可以进行预览。另外 PolyView 具有多图像页面的打印功能，并提供了 Print Composer（打印设计器），用户可以自己设计多图像页面。

6.6.6 动画软件

1. GIF Movie Gear

GIF Movie Gear 是一个非常优秀的 GIF 动画制作软件，它不仅可以制作 GIF 动画，还可以在 AVI、GIF、ANI 3 种文件之间随意转换。

要制作 GIF，首先要把已经做好的单帧的图导入进来，单击工具栏上的 "Insert Frame" 按钮，在弹出的对话框中选择已经做好的图，再单击 "打开" 按钮。

在选择单帧图的时候可以一次选择很多张，这样可以提高效率。单击工具栏上的 "Show Animation Preview" 按钮，GIF Movie Gear 立刻弹出一个预览窗口，做好的 GIF 可在窗口中播放。可以调整动画的播放速度。先关闭预览窗口，再单击工具栏上的 "Animation Properties" 按钮，在弹出的 GIF Movie Gear 的动画属性对话框中可以对这个动画的整体效果进行控制。再单击 "Global Frame" 选项卡，在这个窗口的下面有一个 "Animation" 项，它下面的 "…1/100th seconds delay after frame" 栏是这个动画中每一帧的显示时间，单位是百分之一秒。现在默认的是 1，也就是 10ms，把它改为 5，即 50 ms。

在 "Animation Properties" 中不仅可以控制动画的播放速率，还可以设置 GIF 动画的很多选项。打开 "Animation Properties" 对话框，在 "Animation" 选项卡中可以看到 GIF 文件的路径和文件名。下面还有 GIF 的总帧数。可以在 "Number of Iterations" 栏中指定动画播放的次数，如果填入 0，动画就会始终循环播放。"Global Palette" 是 GIF 动画所用的调色板，一般不用管它。"Width" 和 "Height" 是动画的宽度和高度，这一项也可以随意改变，不过如果改得太小，可能会使画面不完整。在这一项的旁边有一个 "Auto Size" 按钮，它可以帮助用户自动设置动画的宽度和高度。"GIF Bk Color" 允许用户选择一种颜色作为 GIF 的背景色，不过该颜色在浏览器中不被显示。如果做一个透明背景的 GIF 动画，并在这里指定一个背景色，在看图软件中可以看到这个动画有一个背景颜色，但放到浏览器中观看时，就变成了透明背景。

在 "Global Frame" 选项卡中可以控制动画中所有帧的显示方式。这里所控制的是所有帧的共同属性，它将影响动画中的每一个画面。如果有空白的数值或灰色的检查框，则表示动画的某些帧在这一项中指定了与其他帧不同的值。"Width" 和 "Height" 是帧的宽度和高度；"Offset X" 和 "Offset Y" 是帧的偏移量，可以通过改变这一项的值来使帧在整个画面中进行移动。"Transparent" 项是动画中的透明色，如果做的动画中想使用透明色，可以单击旁边的 "Edit"，从调色板或画面中选择一种颜色。这样，动画中出现的所有这种颜色都将变为透明色。

设好透明色后，保存文件。再把有透明色的 GIF 动画放到主页中去，可以看到透明的地方显示出下面背景图形的图案。"Global Frame" 选项卡中的 "Interlaced" 是 GIF 文件在网页上的下载方式，如果选中这一项，GIF 文件会使用百叶窗的方式下载，使浏览者能在整个图形下载完成之前了解它的大致内容。"Local Palette"指定动画是否可以使用局部调色板。
"······before drawing next frame"用来决定下一帧画面出现的方式，也就是在下一帧画面出现之前，要对当前帧画面进行处理。

2．Unity 3D

Unity 3D 是当下最流行的开发平台之一，可以创建 2D、3D 跨平台游戏和互动体验。Unity 由 Unity Technologies 公司开发，多用于游戏开发，也是支持虚拟现实、现实增强等一类技术的强大载体。如《炉石传说》《纪念碑谷》《奥日和黑暗森林》等一系列名噪一时的游戏皆为使用 Unity 引擎开发的。Unity 自 2005 年诞生以来，经过了一系列改进，已经进化到了 Unity5.0 版本，逐步成长为当今全球开发者们普遍使用的开发引擎之一。

Unity 引擎相较于其他开发引擎，有以下几个优点。

（1）Unity 功能齐全，用户操作界面简洁，允许用户直观地操作界面中的各项素材部件，工具集丰富而强大，可以节省不少开发者的开发时间（不必花费过多的时间在底层代码上），同时 Unity 提供了一部分预设素材与脚本，可以省去相当大一部分的前期开发时间。图 6.6 展示了 Unity5.5.2f1 版本的开发界面，图中左侧为项目中各种素材的层级视图，图中正中为场景视图，右侧则为项目属性与脚本的检视视图。从图中可以看出，软件将各种素材直观地展示在用户面前，允许用户直接单击其中的某项物体进行移动、缩放等操作，同时 Unity 引擎会把脚本等代码性文件直接转变为可直接操作修改参数的接口，方便用户对代码内容进行修改。

图 6.6　Unity5.5.2f1 版本的开发界面

（2）Unity 引擎的范用性十分广泛。这个范用性可以分为 3 个方面：第一，Unity 支持 Windows、Android、iOS、Mac OS X、XBOX 等 20 多种平台，开发者在开发过程中无需针对每个平台进行额外的开发与兼容工作，可以轻松地将开发成果发布到各个平台上直接投入使用，节省了大量的时间与精力；第二，Unity 引擎有着自己独特的"Unity Assets Store"，上面包含各种可以在程序开发设计过程中所需要用到的人物、环境模型，Unity 本身也支持各种不同格式（几乎是所有）的视频、音频、图像等素材文件被加入项目软件中去；第三，Unity 可以支持 C#和 JavaScript 两种不同的脚本语言，让精通任何一种脚本语言的开发者都能顺利、快速地适应并投入到 Unity 引擎的开发中去。

（3）Unity 设立了自己官方的交流平台。Unity 官方提供了一个专门的用于全世界各地开发人员交流、讨论、共享心得、解决问题的论坛，以此帮助开发者更好地融入 Unity 开发的大环境中。

6.7 本章小结

多媒体系统由多媒体硬件系统和多媒体软件系统组成，是对基本计算机系统的软硬件功能的扩展。多媒体计算机硬件系统的主要任务是实时地综合处理文、图、声、像信息，实现全动态视像和立体声的处理，同时还要对多媒体信息进行实时的压缩与解压缩。多媒体的软件系统主要包括多媒体操作系统、多媒体通信软件等部分。

思考与练习

一、判断题

1．媒体处理器与其他多媒体配件的最大不同之处在于，媒体处理器具有灵活的软件驱动程序，能适应多种应用。 （ ）

2．要使人眼觉得舒服，一般必须有 60Hz 以上的刷新频率。 （ ）

3．闪存盘可以使用的计算机必须带有 USB 接口及闪存盘所支持的操作系统。理论上一台计算机可同时接 127 个闪存盘。 （ ）

4．投影仪主要通过 3 种显示技术实现，即 CRT 投影技术、LCD 投影技术和 DLP 投影技术。 （ ）

5．LCD 投影仪分为液晶板和液晶光阀两种。 （ ）

6．CRT 显示器是一种光栅图像显示器。 （ ）

7．液晶的成像原理是通过光的折射而不是像 CRT 那样由荧光点直接发光，所以在不同的角度看液晶显示屏，必然会有不同的效果。 （ ）

8．图形处理器是图形系统结构的重要元件，是连接计算机和显示终端的纽带。（ ）

9．AGP 的总线结构是系统总线的一种，支持图形设备。 （ ）

二、选择题

1．闪存盘是一种采用 USB 接口的不需要物理驱动器的微型高容量移动存储产品，它采用的存储介质为（ ）。

A．Flash Memory B．光存储介质 C．磁存储介质 D．其他

2．在数码相机工作中，完成模拟信号到数字信号的转换的器件是（ ）。

　　A．A/D（模数转换器）　B．CCD　　　　　　C．镜头　　　　　　D．内置存储器

3．显示主芯片是显卡的核心，俗称（　　　）。

　　A．MPU　　　　　　　B．CPU　　　　　　C．GPU　　　　　D．CMOS

4．通常所说的加速卡的性能，是指（　　　）。

　　A．显卡缓存的大小

　　B．加速卡上的芯片集能够提供的图形函数计算能力

　　C．GPU 的主频

　　D．其他性能

5．MPC 系统最重要的数据存储设备仍是（　　　）。

　　A．光盘　　　　　　　B．硬盘　　　　　　C．磁带　　　　D．闪存

6．扫描仪的核心是（　　　）。

　　A．完成光电转换的电荷耦合器件（CCD）　　B．光学成像部分

　　C．机械传动部分　　　　　　　　　　　　　D．转换电路部分

三、填空题

1．投影仪主要通过 4 种显示技术实现，即＿＿＿＿＿＿、＿＿＿＿＿＿、＿＿＿＿＿＿、
＿＿＿＿＿。

2．LCD 显示器的技术参数主要有＿＿＿＿、＿＿＿＿、＿＿＿＿＿、＿＿＿＿、
＿＿＿＿、＿＿＿＿、＿＿＿＿。

3．多媒体硬件系统包括多媒体计算机的＿＿＿＿＿、＿＿＿＿、＿＿＿＿、＿＿＿＿等。

4．扫描仪的性能指标主要有＿＿＿＿、＿＿＿＿、＿＿＿＿等。

5．多媒体操作系统除了具有 CPU 管理、存储管理、设备管理、文件管理、线程管理五
大基本功能外，还增加了＿＿＿＿＿＿和＿＿＿＿＿＿。

四、简答题

1．什么是 OCR？OCR 系统由哪几个部分组成？

2．对于多媒体信息的存储，都有哪些主要的存储技术？

3．媒体处理器与 CPU 在结构上有何不同？图形处理器又有什么特点？

4．结合当前计算机技术的发展趋势，谈谈多媒体系统的最新进展。

第 7 章　超文本与超媒体技术

随着网络技术的发展，各类信息正以爆炸形式不断传播。如何像人类思维那样通过"联想"来确定不同信息之间的关联，已成为多媒体领域的重要研究内容。本章将在介绍超文本与超媒体的基本概念的基础上，重点介绍超文本与超媒体的表示模型、超文本标记语言、超媒体系统等相关内容。

7.1　概述

文本是人们最熟悉的信息表示方式。文本结构最显著的特点是它在组织上是线性的和顺序的，这种线性结构体现在人们读文本时，只能按固定的线性顺序逐字、逐行、逐页地进行阅读。然而，人类记忆是一种具有联想能力的网络结构，不同的联想可能导致不同的访问路径。所以，网状信息结构无法用文本进行管理，必须采用一种比文本更高层次的信息管理技术，即超文本（Hypertext）。

超文本可以被简单地定义为收集、存储和浏览离散信息，以及建立和表示信息之间关系的技术。它采用一种非线性的网状结构组织块状信息，没有固定的顺序，也不要求读者必须按某个顺序来阅读。

超文本概念早于计算机的诞生。1939 年，美国著名科学家 V.Bush 撰写的论文 "As We May think" 描述了一个超文本系统 Memex，提出了超文本系统的思想。他设想以缩微胶卷的形式存储书籍、照片、记录和信件，而且在页边加上注释和说明，人们可以按照联想存储的方式快速、方便地得到各种存储的信息。

1962 年—1967 年，D.Englebart 在斯坦福研究所开发了 Augment 的项目，以扩大人类的能力。该项目的一部分被称为 NLS 在线系统，具有超文本的性质，可以把存储的文本都连在一起，使在该项目中工作的所有科学家都可以使用指针一起协同工作。

1965 年，Ted Nelson 第一次使用 Hypertext 这个词。他的设想是建立一个世界文库，把世界上所有作品都放到一个超文本系统中。在该系统中，用户可以从任何一个文档的任意地方访问其他文档的一个子字符串，包括局部及远程的数据。

在超文本发展的过程中，最新的多媒体技术与人工智能相结合，产生了一些有较大影响的大型产品。1985 年，Symbolic 公司开发的符号文本检查系统具有 8000 个页面、1 万个节点、23000 个指针，是一个大型超文本应用系统。1972 年—1982 年，美国卡内基·梅隆大学研制的 KMS 知识管理系统是一种结构式浏览的超文本系统，用于原子能航空母舰。1985 年，施乐公司开发的 Notecards 具有复杂的网络层次结构，包括节点、链、浏览器和文件盒 4 种对象。HyperCard 是 20 世纪 80 年代末期世界上最流行的由苹果公司开发的超文本系统。它把节点、链的概念介绍给用户，并提供了一种功能很强的脚本语言 Hypertalk。

超文本由节点与超链组成，由于超链的作用，文本的阅读可以跳转，如图 7.1 所示。超文本链接的不同节点，可以在同一台机器上，也可以在局域网甚至 Internet 的不同机器上。如果超文本能支持基于时间变化的信息，如图形、图像、视频、音频等多媒体信息，则被称为超媒体。

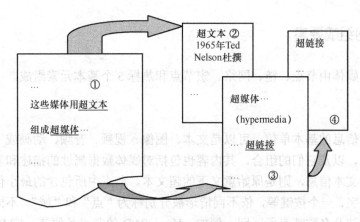

图 7.1　超文本的概念

超文本不是顺序的，而是一个非线形的网状结构，它把文本按照其内部结构固有的独立性和相关性划分成不同的基本信息。超文本具有以下特点。

1．多媒体信息

超文本的基本信息单元是节点，它可以包含文本、图形、图像、动画、音频和视频等多种媒体信息，而且它的信息变相方式和大小等都可以根据所要表述的主题自由选择、组合，不需要严格的定义。

2．网络结构形式

超文本从整体来讲是一种网络的信息结构形式，按照信息在现实世界中的自然联系及人们的逻辑思维方式有机地组织信息，使其表达的信息更加接近现实生活。

3．交互特征

信息的多媒体化和网络化是超文本静态组织信息的特点，而交互性是人们在浏览超文本时最重要的动态特征。

能对超文本进行管理和使用的系统叫作超文本系统。超文本系统一般具有以下特点：

（1）在用户界面中包含对超文本的网络结构的一个显示表示，即向用户展示节点和链的形式。

（2）给用户一个网络结构的动态总貌图，使用户在每一时刻都可以得到当前节点的邻接环境。

（3）超文本系统一般使用双向链，这种链应支持跨越各种计算机网络，如局域网和因特网。

（4）用户可以通过自己思想的联想及感知，根据自己的需要动态地改变网络中的节点和链，以便对网络中的信息进行快速的、直观的、灵活的访问，如浏览、查询、标注等，这种联想和感知被准确地定义，并要求有良好的性能价格比。

（5）尽可能不依赖于它的具体特征、命令和信息结构，而更多地强调它的用户界面的"视觉和感觉"。

7.2 超文本的组成要素

超文本和超媒体由节点、链、网络、宏节点和热标 5 个基本元素组成。

1. 节点

节点是表达信息的基本单位，可以是文本、图像、视频、音频、动画或一段计算机程序等各种媒体信息，以及它们的组合，其内容也包括对媒体数据属性的描述和表现方法。如果每个节点只表示文本信息，则是原始意义下的超文本。节点中所包含的最小信息单位，如一幅图像、一段文字、一个按键等，依不同情形被分别称为"点"和"域"。不同的超媒体系统的节点的表示方法及名称都有所区别，例如，HyperPAD 的节点是便笺；KMS 的节点是帧；Hypercard 的节点被称为卡片。一般采用两种方式显示节点中的信息内容：一种是依据节点的某种次序显示；另一种是以窗口的形式显示（这时节点和窗口是一一对应的，屏幕上可能有若干个不同尺寸的重叠窗口，每个窗口分别显示一个节点）。

节点可以按不同方式分类。

（1）按照表现形式分为基于框架的节点和基于窗口的节点。

基于框架的节点，其内容被放在某种尺寸固定的框架内。早期的超文本系统 HyperCard 就是以一张卡片的尺寸存放节点的一部分内容。它的优点是管理简单，链总是指向节点的开始位置，缺点是把要表述的内容分割成小于规定尺寸的信息单元，不仅工作量大，而且不容易分割成恰好的尺寸，它适用于小型系统或原型系统。基于窗口的节点，在节点的每一个页面上都有水平和垂直的滚动条，用户可以用鼠标控制节点内容上、下、左、右移动，因此比较容易划分节点、内容。随着因特网上流行样式的变化，一页显示内容的多少及分栏形式也在不断变化。

（2）按照结构分为原子节点、复合节点和包含节点。

原子节点是不能再分割的最小信息单元，复合节点由若干原子节点构成，包含节点是指某个节点内又包含另一个节点，为本节点的组成部分。

（3）按照状态分为静态节点和动态节点。

静态节点在物理上稳定地占据外存储器的空间。超媒体系统中的大多数节点是静态节点。动态节点不占据外存空间，是在需要时动态生成，因此也被称为虚节点。例如，在通用的实时信息发布系统中，系统每隔 5s 接收一次实时数据，超链中包含计算公式。当需要查询某个数据时，把数据从实时数据库中取出，临时通过计算生成需查询的数据内容。在使用动态节点时要注意建立健全的防病毒措施，确保接收数据的用户系统不会受到永久性损害。

（4）按照用途分为操作型节点、组织型节点和推理型节点。

操作型节点一般通过超媒体按钮来访问，包括文本、图形、图像、音频、动画、视频、混合媒体、按钮等。这种节点往往定义一种操作，也是一种动态节点。例如，有些因特网上的 IP 电话软件给用户提供的是一个可单击的图标，只要用户单击，软件就调用一个自动执行程序来打开界面，允许用户键入或调出欲拨电话号码，自动拨号。这种节点使用的是执行链。

文本节点是由文本和符号等构成的节点，可以是一篇文献或者一个概念，表达一种思想或者描述一个对象。文本节点既可以是可滚动的，也可以是固定的。在超文本系统中，一般称具有可滚动的文本节点的系统为基于文章的系统，具有固定屏的文本节点的系统被称为基于卡片的系统。图像节点是图像媒体构成的节点，节点可以是任意一幅图像或者一幅图像的一部分。图形节点则是由图形媒体组成的节点，节点可以是任何一幅矢量图形或者图形的某一区域。音频节点是由听觉媒体构成的节点，可以是一般录音或者合成的波形音频。音频节点通常离不开屏幕图像显示，比较接近于混合媒体。视频节点可以是由电视机、摄像机等获取的视频信息。动画节点可以是任一段动画信息。动画和视频均属于动态图像媒体，能够增强表现效果且具有不同凡响的作用和影响力。混合媒体节点是由各种媒体构成的，可以由文本、图形、图像、动画、视频、声音等多种媒体混合而成，可以通过各节点链接来表示相关信息。按钮节点通常是执行一段相应的程序，从而完成特定操作，得到某种预定的结果。许多应用程序都通过设计按钮来实现用户与计算机的交互对话。例如在网上商店购物，用户只要选择相应的按钮就可以定制购物表单或者提交选购商品。复杂超媒体系统通常使用按钮节点来获得更大的灵活性。

组织型节点包括各种媒体节点的目录节点和索引节点。目录节点包括各个媒体节点的索引指针，这些指针指向索引节点。索引节点由索引项组成，索引项的指针指向目的节点。组织型节点可以实现数据库的部分查询工作。

推理型节点可以使用推理链和计算链，它包括规则节点。规则节点存放的是用于推理的规则条件，即指明使用规则的条件和使用后得到的结果。推理节点的产生是超文本智能化发展的产物。对象节点用于描述对象，它的节点由槽、继承链和嵌入过程组成。对象节点和 Is-a 链连接起来，用于表现知识的结构。规则节点用于保存规则，并指明满足规则的对象，判定规则适用与否，进行规则的解释等，即指明使用规则的条件和使用后得到的结果。

2. 链

链又被称为超链（Hyper Link），是超媒体的组成部分。它将节点链接在一起，描述节点之间的关系。超媒体中的链是超媒体系统的本质，模拟人脑思维的自由联想功能，是用户由一个节点转移到下一个相关节点的有效手段，达到实现非线性检索信息的目的。

链具有方向性，由 3 个部分组成，即链源、链宿及链的属性。一个链的起端被称为链源，表现为一个节点中的"点"或"域"，通过它可以访问另一节点，是导致节点信息迁移的原因。链宿是链的目的，一般指节点，也可以是其他媒体对象。链的属性决定链的类型，这是链的主要特性，另外还有一般属性，如链的类型、版本和权限等。当链的属性很强时，链可以作为独立的实体，如类型链等。链还可以分为显形链和隐形链，基本结构链和索引链属于显形链。

根据超链的特点及功能，链可以分为基本结构链、组织链和推理链 3 大类型。

（1）基本结构链。它是一种由超媒体系统作者事先说明的、具有固定明确特点的实链。基本结构链又可以分为基本链、交叉索引链和节点内注释链 3 种类型。

基本链是用来建立节点之间基本顺序的链，它使信息在总体上呈现出层次结构。基本链的链源和链宿都是节点，它决定节点的固定顺序。基本链又可以分为顺序链、结构链、查询链、移动链、缩放链、全景链和视图链。

顺序链将超文本或者超媒体节点按最基本的先后顺序排成一个队列。各节点之间呈现出线性结构。顺序链反映了节点之间的次序、位置等关系，结构如图 7.2 所示。结构链将节点组织成树形结构，也可以被称为树形链或者树状链。它的上层节点被称为下层节点的父节点，下层节点被称为上层节点的子节点，上层节点的父节点被称为祖父节点。结构链对层次信息进行操作，即它所链接的是处于不同层次的父子节点，例如，将一个节点的某个点与另一个节点链接。这种链接方法在超文本网络中就形成了树状子网。查询链为节点定义关键字，通过关键字的查询操作驱动相应的目标节点，也可以被称为隐形链或者关键字链。可用节点的标识或属性作为关键字，也可以将链本身作为关键字。以关键字访问节点可能有多个匹配。移动链可以简单地移动到一个相关节点，可以作为超文本中的导航。缩放链可以扩大或缩小链节点。全景链将返回超文本系统的高层视图。视图链比较隐蔽，是对专门的用户开放的链接。

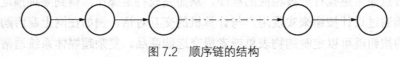

图 7.2　顺序链的结构

交叉索引链将节点连接成交叉的网状结构。如图 7.3 所示。交叉索引链为节点之间提供了富有想象力的链接方法，它的链接形式最自由，是应用最为广泛的一种链。其链源可以是各种热标、单媒体及链按钮。链宿可以是节点，也可以是其他内容。交叉索引链表示的是访问的顺序。

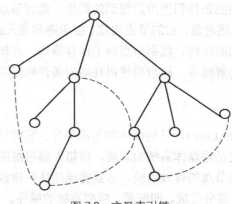

图 7.3　交叉索引链

节点内注释链是一种指向节点内部注释信息的链。链源通过热标确定，注释体往往是单一媒体。采用节点内注释链的好处是不用链接节点，在需要时注释才会出现。

（2）组织链和推理链。组织链和推理链可以分为索引链、蕴含链和执行链。

索引链将用户从一个索引节点引到该节点相应的索引入口。索引用于与数据库的接口及查找共享同一索引项的文献。蕴含链用于连接推理树中的事实。执行链是一种将执行活动与按钮节点相连的特殊节点。执行链通常是以按钮的形式出现，可以通过建立节点，方便地解释应用程序的功能和目的，使超文本成为高层程序的界面。

在智能超文本系统中，推理链是由谓词定义的。因此，可以通过逻辑编程来增强超媒体嵌入谓词的能力，并在逻辑运算过程中建立相应的链。推理链是一种虚链或被称为动态链。

3. 网络

超文本信息网络是由节点和链构成的一个有向信息网络，这种信息网络类似于人工智能中的语义网络。语义网络是一种知识表示方法，其中节点表示概念，而节点之间的弧表示两个概念之间的关系。类似于人类的联想记忆结构。从这个观点看，超文本也可以被看作一种知识组织和表达方法，与人工智能范畴的知识工程不同的是，后者致力于建立知识的表示，以便于机器推理；而超文本知识表达的目的是将各种思想、概念组合到一起，便于浏览，而不考虑机器的推理。网络结构中信息块的排列没有单一、固定的顺序，每一节点都包含多个不同的选择，可由用户自由选择。超媒体中的网络结构不仅仅提供知识、信息，同时还包含对知识信息的分析和推理。节点内不仅有文本，而且包含图形、动画、声音及它们的组合等多种信息，这种网络即为超媒体网络。

4. 宏节点

宏节点是指链接在一起的节点群。准确地说，一个宏节点就是超文本网络的一部分，即子网（Web）。宏文本和微文本表示不同层次的超文本。微文本也被称为小型文本，支持对节点信息的浏览；宏文本也被称为大型超文本，支持对文献（宏节点）的查找与索引，它强调存在于许多文献之间的链，可以跨越文献进行查询和检索。在计算机网络中，很多超媒体的Web网分散在多台计算机中，这些Web网被称为宏节点或者文献，它们之间通过跨越计算机网络的链进行链接。图7.4给出计算机网络宏节点的一种表示方法。

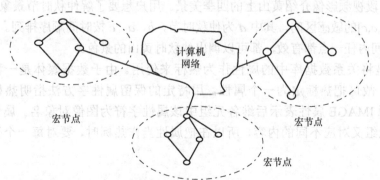

图 7.4　计算机网络宏节点的一种表示方法

5. 热标

热标是超媒体中特有的元素，它确定相关信息的链源，通过它可以引起相关内容的转移。

热标可分为热字、热区、热元、热点和热属性5类。

热字往往存在于文本中，把需要进一步解释和含有特殊含义的字、词或词组做成带下画线和特别颜色的，与其他内容区别开来，而各保留字和转移目的却不显示出来，读者通过点击这些热字，得到进一步的解释和说明。如图7.5所示，每个地名即为一个热字，当选中某个热字时，鼠标就变为手形标志，单击它就可以打开相应地方的目标节点窗口。

据了解，目前广东铁青已率先推出了前往<u>包头</u>，途经<u>呼和浩特</u>的火车旅游路线——"内蒙响沙湾、<u>山西太原</u>、<u>平遥古城</u>、<u>云岗石窟</u>、<u>五台山</u>空调双卧9天"，

图7.5　热字的使用示例

热区是将图像等静态视觉媒体节点中某一区域作为触发转移的源点。通常使鼠标标记在进入热区时变形为一种多边形，这样用户便知道可以转移到另一幅能够更详尽地描述当前图像部位的新图片。

热元主要用于图形节点。由于图形的最基本单位是图元（如一个图、一条线、一个圆等），当图形在超媒体页面中移动时，图元跟着移动。如果为了在另一幅图形中详细描述本图形的某一部分，便可用热元的形式与转换的目标图形相链接。热元在CAD工程设计中的建筑图注释、机器设备联机维护手册等方面有广泛的用途。图7.6是网页上利用图像作为一组热元的示例，单击某一个图片就可以打开相应的目标节点窗口。

图7.6　网页中的热元示例

热点是对于具有时间特性的媒体节点而言的，如动画、视频、声音节点，如果用户对其中某一段时间内的信息感兴趣，就记录下这段时间的起止，这一段（或几帧）信息被称为热点。例如有一段视频影像介绍黄山上的四季美景。用户想要了解仲秋时节景象，可在时间轴上设定一个$[b,a,c]$的敏感区间，其中a为仲秋时节，b、a、c按时间顺序排列。那么，用户触发了$[b,a,c]$区间内任一点都有效，都可以调出仲秋时黄山的景色。

热属性是将关系数据库中的属性作为热标来使用。由于数据媒体是一种特定的格式化符号数据，故可把热标定为一个属性，用特定的保留属性字方法指明热标触发后表现的内容。如用IMAGE属性表示后继各元组中该属性字符为图像对象名。属性中的元组有多个，每个元组又对应不同的内容，所以在把属性当作热标时，要对每一个元组都指明不同的链。

7.3　超文本标记语言

Web是一个信息资源网络，它之所以能够使信息资源为广大用户所利用，主要依靠下面3条基本技术：资源地址的统一器URL（Uniform Resource Locator），超文本传送协议HTTP

（Hypertext Transfer Protocol）和超文本链接（Hypertext Link）技术。现在 Web 使用的标准语言就是 HTML 语言，即超文本标记语言。HTML 文件是一个包含标记的文本文件，其中的标记确定了浏览器怎样显示页面。HTML 文件使用 htm 或者 HTML 作为后缀扩展名。

HTML 文件可以用任何一个简单的文本编辑器来创建、编辑。HTML 应用非常广泛，如出版联网文档或者各种辅助文档，通过超文本链接可以检索和阅读联网信息，设计交易单等。

7.3.1　HTML

当今因特网上的 WWW 服务都基于 HTML 语言。虽然 HTML 文件中，内容与标记混排，但是用户通过浏览器能够观察执行效果。

1．HTML 基本语法

纯文本的 HTML 文档由各种 HTML 标记，以及所要显示的内容组成。控制命令用<>括起来。主要标记有文件头、文件体、标题头（Heading）、文本块结构（Block Structuring Element）、列表结构<ListElement>、锚元素<Anchor>、嵌入图像标记、表格标记<Table>、输入表标记、分割窗口标记、换行符、水平线。

2．HTML 特点

HTML 的特点是能创建和实现独立于平台的文档，能与 Internet 上其他文档相连，使 WWW 页面包括图形和多媒体，能链接 Internet 上的其他资源。

（1）能创建和实现独立于平台的文档

WWW 服务和 HTML 都是独立于平台的。换句话说，Internet 的异构性及 HTML 的平台独立性，使 WWW 服务无处不在。

（2）能与 Internet 上其他文档相连

超文本、超媒体的重要特征之一是具有超链。超链能把本地及异地计算机上的各种形态的媒体对象非线性地链接在一起。用户在因特网上浏览时，可以按照自己的喜好选择浏览路径。

（3）使 WWW 页面包括图形和多媒体

除了允许用户在浏览器窗口中查看文本以外，HTML 还允许用户使用声音、图像、动画、影视及虚拟现实语言编写内容。

（4）能够链接 Internet 上的其他资源

HTML 以统一资源定位器 URL 与因特网上的资源相互链接。

由于 HTML 是一种纯文本的标记排版语言，可以按照用户的喜好选择文本排版的样式、字体、背景、前景，并且很容易更新和改换风格，因此，运行在全球网络计算机上的网页五彩缤纷。HTML 的超链不仅连接了全球的资源，而且把位于异地的多种媒体形式表现的内容通过用户的点击，迅速地显示在浏览器上。HTML 采用输入表格（FORM）的形式，把被动的页面变成交互方式，动态 HTML 具有的功能使 WWW 页面更加生动活泼。HTML 运用窗口分割技术，使电子广告、远程教育画面、联网实时股票交易页面形式多样，方便快捷。而 HTML 与 JavaScript 及 ASP 的联合使用，既能增加动态功能，还能把多层页面的内容放入数据库进行管理，只要改变数据库的内容，便能自动生成风格各异的网页。

HTML 3.0 以前的版本主要以静态显示页面为主，HTML 3.0 以后的版本增加了框架<frame>和图像映像<imagemap>两种功能。利用<frameset>和<frame>标记可以对页面进行整体布局的划分，将页面索引的内容放于不同的框架中，对检索内容很有利。而且两者都可以嵌套使用，能够在水平方向和垂直方向划分不同大小的子框架。如果把<frame>和<table>联合起来使用，<frame>用于页面的整体显示定位，可以有滚动条；<table>的应用既可以是显式的，也可以是隐式的；可以是整体定位，也可以是局部定位；两者同时使用时，<table>标记的表格总是被置于<frame>标记的框架之内。

图形映像可以实现在同一幅图中划分不同区域，并可指向不同目标。Imagemap 的区域划分用<map>标记中的多个<area>标记实现，可以按矩形、圆形、多边形来标记<area>的形状（shape）、坐标（coords）、链指针（href）等属性。

DHTML（动态 HTML）还支持 CSS、DOM、<layer>标记、动态字体和幕布模式等。级联样式表 CSS 可显示的风格有扩展文本、图像定位属性、文本字体颜色、大小写、粗体等。图像定位有绝对定位和相对定位。风格定义有直接定义和预定义样式。预定义样式可以动态修改文本样式，而文档本身不做任何修改。除了文档多样化的静态样式外，还有显示属性，它可以实现隐藏内容块、内容行、列表内容块，使文档有动态特性。

DOM 是利用面向对象的思想，对 HTML 进行标记，加入对象的内涵，克服了 HTML 语言的简单性和静态性，使标记的内容具有对象的属性，在应用时被当作对象来调用。因此，HTML 标记由一个简单的静止符号，变成具有属性和方法，可以被灵活调用的活动对象。这种实质性变化，使 HTML 不仅可以定义静态文本和图像，还可以定义流动的文本和动态图像。

<layer>可标记文本图像等内容元素，用 ID 号给所标记的内容命名。<layer>标记易与 JavaScfipt 融合使用，以创建动态 HTML 页面。<layer>标记只用于像素级精度的定位，而 CSS 可实现不同级别精度的定位。同时，可以把<layer>标记的内容看成一个层对象，引入与 JavaScfipt 类似的层对象的属性、方法和事件驱动功能。

动态字体允许浏览器在下载页面内容的同时下载所需的字体。幕布模式（Canvas Mode）用于创建 Chromless（五色彩式）的窗口，使 Web 页面全屏显示。

3. HTML 应用

一个多媒体网页可能包括背景、文本内容、表格、背景音乐、音乐链接、视频链接、嵌入的图像或图像链接等，表现力十分丰富。HTML 用于对多媒体信息进行组织并以网页形式展示给用户。目前在互联网上的大多数网页是由 HTML 编写的。利用 HTML 建立网页，可以使用任意一个文本编辑器或专用软件，这里以 DreamwaverMX2004 为工具，介绍 HTML 在网页制作中的使用方法，如文本展示、插入表格、音频、视频等多媒体信息。DreamwaverMX2004 既提供了"所见即所得"的网页设计界面，又提供了 HTML 的编辑功能，用户可以两种方式进行设计工作，每一个网页都具有如下基本形式。

```
<html>
<head>
<meta http-equiv="Content-Type" content="text/html; charset=gb2312">
<title>无标题文档</title>
</head>
<body>
```

```
</body>
</html>
```

对于在网页中插入的新的多媒体信息，全部放入<body>…</body>这一对标记中。在以下的各个例子中，只说明应该在<body>…</body>标记中插入的代码，用户在插入新代码保存后，可在 Internet Explorer 中查看运行结果。

（1）在网页中展示不同效果的文本信息

① 在网页中置入文本内容

可在<body>…</body>标记中插入以下代码：

```
<table>
<tr><td width=200></td>
<p><br>
<p>
<br>
<font style="color:red;font-family:courier;font-size:20pt;font-style:italic;
font-weight:bold;text-decoration:blink";background-color:black;face="宋体">
<br>文本内容<br>
各种文字效果。<br></font>
</p>
</table>
```

保存并在 Internet Explorer 中运行，得到图 7.7 所示的显示结果。

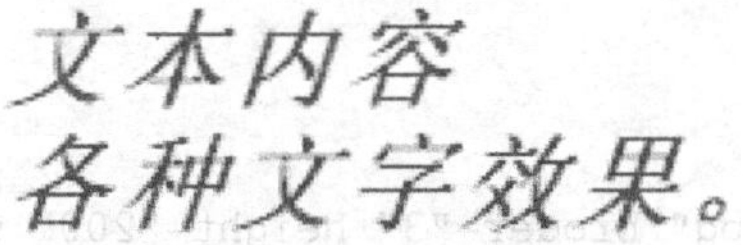

文本内容
各种文字效果。

图 7.7　网页中插入文字的效果

② 在网页中插入动态文字。

可在<body>…</body>标记中插入以下代码：

```
<p><font style="color:red;font-size:20pt;font-style:italic;font-weight:bold;
face:宋体;text-decoration:blink">
<marquee direction="up" behavior="scroll" scrollamount="2" align="middle"
bgcolor="green" height="80" width="80">
开</marquee>
<font style="color:red;font-size:20pt;font-style:italic;font-weight:bold;face:
宋体;text-decoration:blink">
<marquee direction="up" behavior="scroll" scrollamount="2" align="middle"
bgcolor="green" height="80" width="80">
心</marquee>
<font style="color:black;font-size:20pt;font-style:italic;font-weight:bold;
face:宋体">
<marquee direction="down" behavior="scroll" scrollamount="3" align="middle"
bgcolor="green" height="80" width="80">
每</marquee>
<font style="color:white;font-size:20pt;font-style:italic;font-weight:bold;
face:宋体">
```

```
<marquee direction="down" behavior="scroll" scrollamount="3" align="middle"
bgcolor="green" height="80" width="80">
    一</marquee>
<font style="color:yellow;font-size:20pt;font-style:italic;font-weight:bold;
face:宋体">
<marquee direction="down" behavior="scroll" scrollamount="3" align="middle"
bgcolor="green" height="80" width="80">
    天</marquee>
</font></font></font></font></font>
```

保存并在 Internet Explorer 中运行，得到图 7.8 所示的显示结果。在本例中，如果改变 direction 中标记的值，可改变文字移动的方向。其中 up 为向上移动，down 为向下移动，left 为向左移动，right 为向右移动。

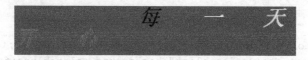

图 7.8　网页中插入动态文字的效果

（2）在网页中插入带边框的图像

可在<body>…</body>标记中插入以下代码：

```
<div align="center">
<table bordercolor="#000000" align="center" border="2" >
<tr>
<td>
<p align="center">
<img src="F:\图片\003.jpg" broder="3" height="200" width="320">
</p>
</td>
</tr>
</table>
</div>
```

其中 src="F:\图片\003.jpg"中的 F:\图片\003.jpg 是由用户自己指定的一幅图像，具体位置（可以是网络地址或本机地址）、文件名与内容由用户自己设定。保存并在 Internet Explore 中运行，可以得到带边框的图像，示例如图 7.9 所示。

图 7.9　网页中插入图像的效果

（3）在网页中插入音乐

可在\<body>…\</body>标记中插入以下代码：

```
<p align="center">
<embed src="F:\音乐\求佛.mp3"  loop="3">
</p>
```

其中 src="F:\音乐\求佛.mp3"中的 F:\音乐\求佛.mp3 是由用户自己指定的一首音乐，具体
位置（可以是网络地址或本机地址）、文件名与内容由用户自己设定。保存并在 Internet Explore
中运行，便可听到播放的音乐，播放控制的按钮如图 7.10 所示。

图 7.10　播放控制的按钮

（4）在网页中插入视频

可在\<body>…\</body>标记中插入以下代码：

```
<p align="center">
<embed src="E:\VC++视频\Lesson9.AVI" loop="true">
</p>
```

其中 src= src="E:\VC++视频\Lesson9.AVI"中的 E:\VC++视频\Lesson9.AVI 是由用户自己
指定的，具体位置（可以是网络地址或本机地址）、文件名与内容由用户自己设定。保存并在
Internet Explore 中运行，便可看到视频的内容，示例如图 7.11 所示。

图 7.11　网页中插入视频的效果

（5）在网页中插入表格

可在\<body>…\</body>标记中插入以下代码：

```
<p align="center">
<table border="2">
<tr>
<th>学号</th>
<th>姓名</th>
<th>学科</th>
```

```
<th>成绩</th>
</tr>
<tr>
<td>02</td>
<td>张三</td>
<td>语文</td>
<td>85</td>
</tr>
</table>
</p>
```

保存并在 Internet Explore 中运行，得到图 7.12 所示的显示效果。

学号	姓名	学科	成绩
02	张三	语文	85

图 7.12　网页中插入表格的效果

7.3.2　XML

1. 概述

XML 是一种可扩展的标记语言（Extensible Markup Language），虽然也是用标记表示数据，但是它的标记说明了数据的含义，而不是如何显示。例如，HTML 用（…）表示"粗体字"，而 XML 语言用标记（<message>…</message>）表示信息的内容。一对尖括号标记之间的内容是 XML 的一个元素。一个元素可以完全包含在另一个元素之中，从而表示层次结构。XML 文档由一个个被称为实体的存储单元组成，这些实体包括解析数据和未解析数据。从物理角度看，文档又由实体单元组成，一个实体可以在其他文档的实体中被引用。从逻辑上讲，文档由声明、元素、注释、字符引用和处理说明组成。

严格地说，XML 本身不是一个单一的标记语言，它是一种元语，可以被用来定义一种新的标记语言。HTML 是用来定义某一类文件便于显示的格式，而 XML 是用来创造类别文件的格式定义，也就是在 XML 中可以创造出很多不同的标记语言，用来定义不同的文件类别。

XML 有以下几个特点。

（1）XML 是文本化的小型数据库表达语言，可以对其进行装入/保持、插入/删除/修改、选择等操作。甚至可以把 XML 应用作为一个中间层的虚拟数据库。

（2）XML 是客户端计算机的数据结构载体。通过与 JavaScript/DHTML 结合使用，可实现客户端小型信息过滤、查询、计算与通信的应用。

（3）XML 是信息的高层封装与传输标准。它是不同应用系统之间的数据标准接口和所有信息的中间层表示，是中间层应用服务器的通用数据接口。可用于数据仓库的数据迁移、数据库报告的格式之中。

（4）XML 是 HTML 的高层扩展。HTML 面向文本、信息发布，容许混乱；XML 面向数据、数据处理，要求格式良好、合法。用户可用 XML 创建自己的 HTML。

（5）XML 是面向对象的标记语言，它具有接口/类机制、对象实例，可以定义对象的实现或方法，并且可以解决类的继承问题。XML 中的资源、寻址及物理实体构成了信息组件。XML 中的资源描述框架是信息导航、浏览、搜索的用户接口标准。

（6）XML 是一种不同数据结构体的文本描述语言。它可以描述线性表、树、图形，也能描述文件化的外部数据结构，还可以制造类似于 XML 的编译器，使文本与二进制文件之间相互转换。

2．XML 的基本组成

XML 包含 3 个要素：文档类型声明 DTD（Document Type Definition）或者 XML Schema，扩展样式语言 XSL（eXtensible Stylesheet Language），以及扩展链接语言 Xlink（eXtensible Link Language）。

（1）DTD 和 XML Schema

DTD 和 XML Schema 规定了 XML 文件的逻辑结构，定义了 XML 文件中的元素、元素的属性，以及元素与元素属性之间的关系。文档类型声明是早期开始使用的定义方法，一般包括标记声明或参数实体应用，有时还包括外部实体的 ID。标记声明可以有元素类型声明、属性表声明、实体声明或符号声明等。

① 元素类型声明

元素是 XML 标记的基础。一个合法的 XML 文档中的元素，必须符合 DTD 中声明的某个元素类型。元素类型声明的语法规则如下：

`<ELEMENT  元素名  元素  内容说明>`

根据 XML 对名字的规定，每个元素类型声明都必须用不同的名字。元素类型声明具有"唯一"性，只能声明一次。每个元素类型只允许特定的内容出现。内容说明有 4 种形式。

Empty 内容：有时希望某个元素类型不要有任何内容。例如，类似于 HTML 中的 img 图像元素类型，可以用属性指定一个外部图像文件名；对交叉引用元素类型，也不需要内容，根据引用目标可以生成引用文本。

ANY 内容：希望某个元素类型可包含任何元素或字符数据。ANY 内容的元素类型是有用的。在 DTD 的开发过程中，可以先将每个元素类型都声明为 ANY 内容，使现有文档都具有合法性，然后将每个元素类型的内容逐个修改成更精确的形式。

混合内容：最简单的混合内容的元素类型只允许字符数据，这种元素的内容说明以左括号开始，后面跟字符串"#PCDATA"，然后以右括号结束。混合内容可以包含字符数据，还可以混入 emphasis（重点）和 quotation（引述）子元素。

元素内容：这是一种说明"子孙"的内容，规定该类型元素的内容是"子孙"。在声明具有元素内容的类型时，要使用"内容模型"。内容模型是一种模式，用于描述一个元素类型中能够包含的子元素及它们之间的顺序。

在 title 和 paragraph 之间的"，"，表示在 warning 元素中，title 必须出现在 paragraph 之前，称之为序列，它可以有任意长度。

② 属性表声明

属性表声明被用于为特定元素类型声明属性。通常属性表声明紧跟在元素类型声明之后。属性可以有默认值，当作者不为属性指定值时，处理器就会使用默认值。

③ 实体声明

从物理角度讲，XML 文档可以被看作 XML 文档的组合。实体被声明后就可以在其他地方引用。解析时，解析器将用文本或二进制数据来代替实体。实体声明有两大类：通用实体声明，以 "&" 开始，以 ";" 结束；参数实体声明，以 "%" 开始，以 ";" 结束。

④ 符号声明

使用自定义的符号来识别一个外部的二进制实体格式时，可以把符号声明看作格式声明。这种声明可以被用于属性表声明和实体声明。

⑤ XML 大纲

XML 中的 DTD 也存在不少缺点。例如，DTD 只提供了非常有限的数据类型，不支持名称空间，DTD 的内容模型是不开放的，不能随意扩充内容。1999 年 5 月，"XML schema" 工作草案被接受，被多次讨论和完善后，目前 XML 大纲草案已基本成熟。XML 大纲为一类文档规定了一种模式，规范了文档中的标签和文本可能的组合形式。它包含了 DTD 能实现的所有功能，本身就是规范的 XML 文档。XML 大纲提供了一系列可以弥补 DTD 不足的新特色。

（2）扩展样式语言 XSL

扩展样式语言 XSL 用一种标准方式对 XML 文档进行格式化。制定 XSL 应当遵循 3 个原则：XSL 应当能够被直接应用到 Internet 上，XSL 样式表应当清晰、易读，并且容易创建。其实，XSL 本身还在发展之中。

（3）扩展链接语言 Xlink（或 XLL）

XML 的扩展链接语言开始时被称为 Xlink，后来被改为 XML-Link，最近 W3C 工组又决定称其为 XLL。它是一个正在开发之中的标准，目标是要能够具有双向链接功能，能够过滤（或隐藏某些）数据的表现样式，提供持久的含有语义的链接，汇集动态文档，可以从用户不能编辑的文本创建链接，可以发布动态更新或软件补丁，支持网络上的批注功能等。

7.4 超媒体系统

7.4.1 超媒体系统的组成

超媒体系统是指能够创作和使用超媒体应用的系统。由于超媒体是一种实现超链连接的概念，所以许多应用都出现超媒体的影子，例如超媒体化的求助、超媒体化的多媒体演示等。超媒体系统一般由作者子系统（或被称为创作子系统）、读者子系统（或被称为浏览器）及支持子系统组成。

1. 作者子系统

作者子系统通过向用户提供生成超媒体的手段（包括编辑器、超媒体语言、媒体编辑工具等），将零散的多媒体数据组成具有丰富表现的超媒体应用网络。因此，作者子系统要负责完成多媒体的时空表现描述，建立超媒体信息网络的节点和链，并对已有的超媒体系统进行增、删、改操作。大多数多媒体创作工具都可以进行多媒体的时空描述，但并不一定能够完成超媒体的链接关系的建立。所以，超媒体的创作工具比多媒体创作工具多一个建立超链接的部分，这是多媒体创作工具与超媒体创作工具的区别。

2. 读者子系统

读者子系统向用户提供使用超媒体应用的手段（主要包括浏览器及其他的一些读者工具），用于协助用户使用超媒体的文献和数据。浏览器的主要作用是：一方面使用户在超媒体信息网络中能够快速定位、查询、收集有关的信息和数据；另一方面防止用户在复杂的超媒体信息网络中迷失航向。这里只介绍几种常用的导航工具，如导航图、查询系统、线索、遍历和书签。

（1）导航图

导航图或被称为浏览图，它以图形化的方式，表示出超媒体网络的结构图，与数据库层中存储的节点和链一一对应。导航图可以帮助用户在网络中定向，并观察信息是如何链接的。尤其是在一个由成千上万个节点组成的超媒体信息网络中，迷路是很常见的事情，全局导航图的作用就显得十分重要，它可以帮助用户在网络中寻路定位。系统还可以用不同的颜色和线型来表示不同类型的节点和链，使用户一目了然。

（2）查询系统

在超媒体信息网络中查找信息，通常的方法是首先查询控制节点或索引节点，由它提供给用户完整的信息网络轮廓或更细致的局部轮廓，再逐步跟踪相关节点，缩小搜索范围，直到找到所需信息。在以前的超文本系统中，它主要采用与传统串搜索思想相结合的方法来实现。例如采用关键词进行查询的方法，将节点的主题抽取为关键词，以备用户匹配查询。但是随着多媒体信息的引入，原有的查询方法已明显不能满足要求，例如用户要找图像节点中"带眼镜的人"的节点，就必须采用基于内容检索的方法。

（3）线索

线索是用户在浏览超媒体时访问过的节点和链的记录，理想的线索还应包含浏览时建立的批注。有时超媒体的作者可以事先有意地选定一些用户感兴趣的或有用的节点和链作为线索。用户在使用超媒体文献时就可以沿着某个线索浏览，阅读线索建立者对各种故事、插图或新词等的评注，就像看评论员文章一样。建立线索这种导航方式，对于超媒体信息网络而言是一个非常有用的工具，因为一旦读者掌握了线索，就能对问题定位并可重新调整网络结构。

（4）遍历

遍历又被称为周游，它实际上是一种贯穿整个超媒体信息网络的线索，一般的超媒体系统都提供这一功能。遍历的效果就像看一部连续的幻灯片，系统以某种周游算法，从头至尾依次将文献的节点表现给用户。遍历一般不用用户干预，除非中途退出。

（5）书签

书签的含义同人们读书时用的书签的含义是一样的。书签的实现方法是系统提供若干书签号，用户在浏览过程中，对认为是主要的或感兴趣的节点打上指定序号的书签，以后只要用户输入书签号，就可以快速回到设置书签的节点上。

3. 支持子系统

支持子系统负责管理整个超媒体创作和使用，向作者和读者提供通向超媒体系统的接口。支持子系统是实现超媒体服务的关键，对应用来说，它是系统应用的内核层，能识别超链的成分，并引导转向相应的目标节点。如果在网络上运行，该子系统要协助用户完成不同计算机之间协议的连接和通信，完成用户的各种操作。

支持超媒体应用主要靠超媒体服务器（或被称为 Web 服务器）的支持。有些单机的超媒体系统虽然没有专门的服务器或服务进程，但它也必须有能够识别超媒体成分特别是超链成分的相应机制。这些服务器或服务进程在识别出相应的超媒体成分后，能够按要求进行相应的操作，包括链的转移、热标的响应、对超媒体成分的修改等。还有一类辅助服务器，包括提供特定媒体来源的媒体服务器（如专门向外提供卫星云图的服务器、提供某一现场的监视视频服务器等）、完成特定功能的功能服务器（如电子邮箱、广告板、通信服务器等），如要纳入超媒体应用的范围，也要进行管理和维护。如果在网络上运行，服务器还要协助用户完成不同计算机之间协议的连接和通信，用户的注册和维护，服务器的注册和维护等工作。

支持子系统要协助作者子系统和读者子系统完成对超媒体成分（即节点、链、热标、文献或宏节点）的管理和维护。要协助应用收集所要的信息并组成超媒体，在基础设施的支持下完成各类媒体的存储、输入/输出、多媒体表现、数据库管理、网络通信、媒体低层处理等工作，为上层提供一个良好的、统一规范的多媒体环境。

7.4.2 多媒体表现创作和超媒体写作

1. 多媒体表现的创作工具

多媒体时空描述是创作中的第一步。有些简单的超文本应用只有文本，没有其他媒体或者其他媒体形式，所以不需要特别对信息的表现进行描述或创作，但若使用多媒体数据，对各种媒体在空间和时间上的安排，就是不可缺少的了。空间上的安排包括在屏幕上什么位置，大小如何，以什么方式进行表现，具有什么样的属性等。时间上的安排则包括显示或播放多长时间、何时开始和何时中止等。

多媒体创作工具一般有 3 种类型，即基于卡片或页面的工具，基于图标的事件驱动工具和基于时间线的创作工具。任何类型都有脚本语言和所见即所得两种方式。

（1）基于卡片或页面的工具：这些工具创作是以卡片或页面为基本单位，通过对卡片的时空描述，确定各种媒体的表现方法，显示空间位置和时间上的先后顺序。由于每一个卡片都是相对独立的，作者比较容易规划表现的内容，也比较容易对一组卡片的先后次序进行调整。但也是由于这个原因，对于跨卡的媒体表现比较麻烦，例如，用一段音乐对一系列卡进行伴奏，需要在程序上单独进行处理，否则在表现时会给人断续、零散的感觉。

基于卡片和页面的工具对多媒体的组织提供了简单而且容易理解的方法。一般采用一种合乎逻辑的序列或者类似于书的章、节、页等形式，并在其上表现出声音、视频、动画等媒体出来。这种方法是基于面向对象的，对象包括按钮、文字字段、图形图像对象、声音对象、背景、页面或卡等，对象的属性可以使不同的媒体灵活地组合在一起，达到丰富多彩的表现效果。

对页面的描述可以采用多种方法，一种是所见即所得方式，另一种是脚本语言方式。脚本语言又基于时空算子对操作进行表示。两种方式最终都要生成标准的表示结构，交由系统解释和使用。

所见即所得方式的描述过程是这样的：作者首先建立空白的页面或卡，然后在系统的引导下，在页面上指明对应媒体的位置、表现的方式和属性、时间的长短，由系统自动地记录用户的操作过程，并转化为标准的格式。修改过程也是一样。这种方式直观、易懂、易操作，也不必培训用户，但对大规模的应用表现生成和修改较为困难。

脚本语言方式与所见即所得方式恰好相反，比较易于大规模的写作和编辑，也比较容易修改，但不够直观。空间算子（或原语）是脚本语言和数据模型的表示基础，后面将专门介绍。

（2）基于时间线的创作工具：不同于页面的方法，它没有特定的页面和节点，而是把各种媒体成分和事件按时间路线进行组织，时间分辨率可以高达 1/30s。这种工具对那些基于时间的演示应用比较适合，能够比较准确地描述出各种成分之间的相互时间关系，但对超媒体应用中超成分的表示就比较困难。

实际上，时间线工具只能对媒体的时间关系进行描述，对各种媒体在显示空间的位置，还需要借助其他方法进行表达。

（3）基于图标的事件驱动工具：基于图标的事件驱动工具为组织和演示多媒体提供了可视程序设计的处理方法。首先要通过拖动库中适当的图标建立事件、任务、判断的结构和流程图。这些图标可以包括菜单选择、图形图像、声音及计算。流程图从图形上表示项目的逻辑。结构建好以后，可以加入内容，如文本、图形、动画、声音和视频。然后，为了项目细化，可以通过重新安排或微调图标和它们的属性编辑逻辑结构，Authorware 等就属于这一类。

2. 空间算子及表现描述

空间操作包括一元操作和二元操作。一元操作主要描述单一媒体对象的显示位置和显示形式（如缩放、剪裁、旋转等），二元操作主要描述两个媒体对象之间的重叠、合并、邻接等位置及先后关系。事实上，现在关于空间操作尚无一个完整的原语或算子描述体系。

如果用脚本语言进行描述，可以将一元空间操作合并，用一个多元原语描述空间位置和显示属性，例如在 HDB 系统中，该形式为：

AreaAtt(Title,Rect,Scale,Cut,Control,Shape,Border,Clear,Glimmer,Show)

其中，Title 为标题；Rect 为显示位置；Scale 为缩放比例；Cut 为剪裁位置；Control 为显示的控制类型，如无控制、循环、有控制等；Shape 为显示区域形状，如矩形、椭圆等；Border 为显示区域边框类型，如粗、细、立体、Windows 边框等；Clear 为显示区域清除方式，如透明、单色、线条、彩虹、位图等；Glimmer 为显示闪烁方式，如不闪烁、正反、衰减、灰度等闪烁方式；Show 为显示特技，如淡入、淡出、百叶窗、马赛克、镜像、万花筒等。

3. 时间算子及表现描述

媒体表现需要时间，这个时间是由起始时间点、响应与持续时间长度，以及终止时间点构成的时间区间。另外，由于多媒体表现对于用户来说，还是"有交互性参与的创作再现"，因此，必须将交互性也"时间化"，使交互性具有时间约束和时刻触发的性质，使用户在一定程度上参与表现活动的时间流程控制。但交互时间与表现时间不同，由于不能准确地确定用户交互的持续时间，因此交互的起、止时间点和时间区间是不确定的。

在时间的同步和合成上，使用相应的时间算子就可以应用到多媒体的时间表现描述之中。事实上，用前述的时间线、图标流程图甚至程序设计的方法都可以完成对时间的描述。一般来说，在多媒体创作工具中，单个页面内的时间关系用时间算子来描述较为合适，在页面之间的时间顺序可以用上述的各种方法，或者由超媒体编辑来确定。

4．超媒体创作

超媒体创作是决定超媒体各种成分相互关系的过程，这个过程可以由人工对各种成分进行指定完成，也可以通过某些方法由计算机协助完成，其中最重要的是对链的指定。一般来说，超媒体应用在对超媒体节点描述完成后，可以简单地按顺序组成超媒体文献。有了这个文献，就有了基本的顺序关系，这个顺序关系由基本链指明，不需要特别描述。但对交叉索引链，则要进行组织和描述，也即对各种热标及其按钮等指定所缺的目标节点和位置。有些热标如注释类热标，由于在时空描述时已经进行了说明（由节点内完成），所以不用指明特别的目的地，而有些热标和按钮，则要指明对应的节点或位置。如果要跨网建链，则还要说明服务器（或者是透明的）、协议等内容。

现代的超媒体应用更趋向于自动地通过内容寻找源地和目的地（也就是锚地），而不管它们是如何表现、在什么位置上。例如，在说明"超媒体"3个字是源地时，如果认可，系统可以将应用中所有的"超媒体"3个字作为源，也就是热字。它们将自动地指向同一目的锚地。许多情况下并没有明显的建链的过程，而是只指明目标服务器及其地址和协议，由服务器透明地给出路径。

超媒体语言能以一种程序设计的方法来描述超媒体信息网的构造、节点和各种属性。虽然交互式的操作非常易于使用，但对大批量的数据创作整理和更新来说，用程序语言的方式更能体现创作者的意图。对于某些用交互式很难表达的属性和计算（如系统规则、循环等），用语言的方式是再合适不过了。另外，超文本语言是实现空结构的有利工具。所谓空结构，是一种简单的超媒体文献框架，它不包含具体的信息内容。这在应用中是很有用的。

7.4.3　开放超媒体的概念

可以把超媒体系统分成两大类，即超媒体应用和超媒体工具。超媒体应用是指那些将超媒体的结构与功能、用户多媒体的数据相集成，具有非常明确应用目的的系统。现在常见的超媒体应用如微软的"书架"等，都是这些系统的例子。另外一类系统则是以工具的面目出现的，如 HyperCard 和 ToolBook。这些系统实际上是一些图形化的工具，但它们可以支持超媒体特征的按钮、热标及超链，以生成具体的超媒体应用，但这种工具对导航的支持能力、链的管理能力较差，有的甚至没有这方面的能力。它们大多数都有强有力的脚本语言，能够实现十分复杂的超媒体写作。无论哪一类系统，它们都面临着一个难题，就是很难进行信息交互，用户也很难对其进行修改和维护。换句话说，它们是封闭的。近年来引起人们关注的 WWW 系统，采用了 HTTP 协议和 HTML 标记语言，能够建立起网络上的超文本信息关联，通过非常易用的浏览器软件，用户可以使用网络上的超文本信息。从 WWW 定义的开放式格式和协议来看，它是一个开放式的系统，从目前的应用来看却是封闭的，因为它的链信息嵌到文献的数据中，很难为第三方应用提供服务。

目前的超媒体系统基本上都依赖于点到点的位置链接，即在文献数据的相应位置上有相应的标识。位置在信息中的作用十分明显，它包括文本中每个作为热字的词的位置、图像中作为热区的某一区域，以及其他媒体中的相对位置等。这种方法对少量的信息来说是合理和有效的，但它不能直接发展成为大型的、分布式的多媒体信息库，因为人不可能记住如此众多的位置、链及目标，从而影响了创作过程和链的管理使用。很明显，未来的超媒体系统在结构上将是开放的，因此，开放超媒体系统中超链的管理将是解决问题的关键。其中，最为可行的方法是将链的信息从数据文献中分离出来，如同数据一样，单独进行管理和提供链的服务。

将链的有关信息从数据文献中分离出来的方法，不仅能使这些链可以支持大型的应用和大量的数据，而且可以将超媒体的功能特性集成到普通的计算环境之中，支持各种不同系统的工具和来自不同用户的需求。这样，超媒体管理系统就变得更像一种后台过程而不是一个专有系统的用户接口技术。Malcolm 等人对下一代超媒体系统的用户需求进行了很好的总结和概括，实际上是给出了下一代大型超媒体系统发展的准则。这些准则具有如下特点。

（1）应是适应性很强的集成各种数据工具的环境，使用户可以不受限制地使用特定的编辑器和专用软件包的服务。

（2）应是与平台无关的能够跨平台分布的系统。

（3）用户在系统中应能非常容易地执行寻找、修改、注释和交换有关信息等操作。

（4）在系统中应能在概念一级对内容进行处理，并可适应所有的数据和媒体形式。

很明显，目前的超媒体系统尚不能满足这些准则，因为它们或多或少都属于某种程度的封闭系统。由于超媒体链与数据封装在一起，所以很难从外部对超媒体系统的数据和链进行存取。实际上，这也使数据和链所建立的信息关系相对固定。其他用户如果要使用这些信息，就不得不依照这个固定的模式，而这往往又是开放超媒体系统所不能接受的。相比之下，开放超媒体系统通过提供一种可供所有参与超媒体服务应用使用的协议，使应用与超媒体的链接机制以一种比较松散的方式集成，从而通过对协议的限制确定它的开放程度，对应用的控制可以在完全控制到完全没有控制的范围内改变。所以，对任何开放超媒体系统来说，超媒体的链服务及相关的协议应该是基本的组成部分。

7.4.4 开放超媒体系统实例

下面通过实例 Microcosm 系统介绍开放超媒体系统的设计方法。

1. Microcosm 概述

南安普顿大学从 1989 年开始研究 Microcosm 系统，其最基本的思想是要建立一个超媒体的分层体系结构，如同 DBMS 的概念层建立了用户数据视图与数据库内部存储结构的映射一样，它要通过链服务将用户观察的数据，不管是哪一个应用，都映射到文献管理系统中的多媒体信息上去。它的设计目标是在未来的超媒体系统中能够满足下面的要求：系统不要求在数据中做任何标记；应能集成任何在主机操作系统下运行的工具；系统中的数据和处理过程应能通过网络进行分布；可以跨过硬件平台操作；系统中的读者和作者应没有任何人为的差别；应能非常容易地增加新的功能等。这些要求归纳起来就是要开发一个链管理系统，以及在开放超媒体服务的基础上建立一个通用的多媒体信息管理系统环境。在这个环境中，数据和链是分离的，任何数据的重用都不会影响这些数据本身，也适合每一个用户对每一批数据建立起更加符合其个人要求的超媒体结构。在 Microcosm 中，每一个用户都被赋予了一个个人空间，可以为每一个应用建立自己的链集合，也可以将这些链与其他用户关于该应用建的链合并。

2．系统的设计目标

Microcosm 系统的设计目标是要满足以下标准，使之成为开放超媒体系统。

（1）系统不对数据做任何特殊标注，使不属于该系统的应用程序进程能够存取其数据。

（2）系统能够集成任何可在宿主操作系统上运行的工具。

（3）系统中的数据和处理进程可跨网分布，并可跨硬件平台进行操作。

（4）系统很容易增加新的功能，如新的程序模块可被简单地插入系统中。

这些设计标准或原则将要求系统开发一个链管理系统并设计一种集成方法，使那些不在该超媒体系统控制下的其他应用程序能够利用系统提供的链服务。系统设计的初始目标是，要求系统能够在以只读媒质形式存储的数据上建立链结构，并要求将系统设计得尽可能开放，使超媒体的链接概念能够成为操作大型多媒体信息系统中多媒体对象的一种灵活、有效的机制。系统的最终目标是，在开放超媒体系统提供的有效链服务的基础上，建立一个通用的多媒体信息管理环境。

3．系统的体系结构

根据系统设计目标，Microcosm 系统设计的体系结构的 3 层结构类似于传统 DBMS 的 3 级体系结构。正如 DBMS 的概念即将数据的用户视图映射成数据库的内部存储结构一样，超媒体链服务将应用程序中的数据映射成由文献管理系统分类管理的多媒体信息。

数据与链结构的分离是该体系结构支持开放、满足系统设计目标的首要特性。系统的数据在创建时将不做任何特殊标注，使数据属性对系统平台不形成依赖。该体系结构将支持系统模型在不影响数据本身属性的情形下复用数据，并允许多媒体数据和超媒体的链结构独立地分布到异构的网络环境中，使系统的任何用户可以成为一个超媒体文献的分布合著者。创建一个超媒体结构将区别于创建多媒体数据，合作编著工作将由此变成一个独立的而又相互紧密关联的活动。该体系结构还将支持对超媒体文献存取权限的保护，在系统支持的用户数据视图范围内，用户可以随意创建私人的或可共享的超媒体文献结构。Microcosm 系统默认每个用户可以在系统提供的私人工作空间为一个特殊的应用程序创建其私人的链集合，这些链结构可以与其他创作者创建的共享链进行合并，以达到多个创作者合作编著超媒体文献的目的。

4．系统的设计

Microcosm 系统模型在逻辑上由前端处理和后端处理两部分组成。前端处理由浏览器（Viewer）和文献控制系统（DCS）来完成；后端处理由过滤器（Filter）和过滤器管理系统（FMS）完成。

用户通过浏览器与系统进行交互，浏览器是一组能够完成超媒体文献表现功能的应用进程。用户通过它产生执行动作的消息，发送给 DCS，由 DCS 统一向后端处理的 FMS 发送申请超媒体链服务的消息。FMS 通过向一个过滤器链（Filter Chain）快速分发消息来控制消息的响应：FMS 控制轮流地向过滤器链上每一个过滤器分配一个固定的处理时间片，在给定的时间片中，过滤器以阻塞、直接通过或更改消息内容后通过 3 种响应形式对消息进行处理。

在这个消息响应的过滤处理中，根据输入消息的内容，有些过滤器还将产生的新消息加到过滤器链上进行处理。最终消息的响应也以消息的形式从过滤器链中输出。例如在 MS Windows 环境中，不具备 DDE 存取能力的应用程序就可被认为是 Microcosm 系统的无感知浏览器。为了使这些应用程序可以利用 Microcosm 系统的链服务，Microcosm 系统引入了"剪贴板链"的概念，通过它，Microcosm 系统可以监测剪贴板的内容并在此数据上执行链处理动作。利用这种方法，不同的桌面应用程序都可以利用 Microcosm 系统的链服务。

Microcosm 系统可以将部分感知浏览器和无感知浏览器统一成一个"通用浏览器"的概念，通过它可以将 Microcosm 系统的按钮直接链到任何应用程序的主题框上，按此按钮会产生一个 Microcosm 链创建/牵引菜单，使任何应用程序（不管它是否支持 DDE 协议）都可以利用 Microcosm 系统提供的链服务。

Microcosm 系统采用带标识的 ASCII 码消息格式，任何浏览器都可以在消息格式中引入任何标识和数据，过滤器将响应其对应的标识。Microcosm 系统的 Windows 版、Mac 系统和 UNIX 系统分别利用 DDE 协议、Apple 事件和 Socket 在进程间传送消息。

Microcosm 系统开发了一个文献管理系统，以管理特殊应用程序中有效的多媒体信息。它向用户提供一个有效的信息目录，用户可以直接利用它来查洵和检索信息。存储在 DMS 中的数据类型列表是可扩充的，并可以包含任意虚拟的媒体类型。另外，链可以指向第三方应用程序，这些链可以说明 DMS 中的数据类型。除由链服务提供的超媒体存取功能外，这些应用程序将向用户提供强大的多媒体信息管理功能，如索引和分类工具可以辅助导航、检索多媒体信息和编著超媒体文献，它们是扩充 Microcosm 系统以适应管理大型多媒体信息系统所必需的。

7.5 本章小结

随着多媒体技术和 Web 技术的发展，图像、音频、视频等信息的多媒体数据大量涌现，人们对大量的多媒体数据进行全方位管理的需求越来越迫切。如何像人类思维那样通过"联想"来确定不同信息之间的关联，已成为多媒体领域的重要研究内容。本章在介绍超文本与超媒体的基本概念的基础上，重点介绍超文本与超媒体的表示模型、超文本标记语言、超媒体系统等相关内容。超媒体方法和超文本方法都以非线性方式组织信息，从本质上说是一样的。主要区别在于超媒体方法组织的信息对象更多，从理论上说，超媒体是超集。

思考与练习

一、判断题

1. 超文本不是顺序的，而是一个非线形的树状结构，它把文本按照其内部结构固有的独立性和相关性划分成不同的基本信息。 （　　）

2. 原子节点是不能再分割的最小信息单元，复合节点由若干原子节点构成，包含节点是指在某个节点内又包含了另一个节点，作为本节点的组成部分。 （　　）

3. 链是具有无方向性的，由 3 个部分组成，即链源、链宿及链的属性。 （　　）

4. DOM 是利用面向对象的思想，对 HTML 进行标记，加入对象的内涵，克服了 HTML 语言的简单性和静态性。　　　　　　　　　　　　　　　　　　　　　　（　　　）

5. XML 是一种可扩展的标记语言，虽然也是用标记表示数据，但是它的标记说明了如何显示，而不是说明了数据的含义。　　　　　　　　　　　　　　　　　　　（　　　）

6. 超文本与超媒体的结构比较复杂，体现在它的线性网状结构，因此超文本与超媒体系统结构也较为重要。　　　　　　　　　　　　　　　　　　　　　　　　　　（　　　）

7. 读者子系统要负责完成多媒体的时空表现描述，建立超媒体信息网络的节点和链，并对已有的超媒体系统进行增、删、改操作。　　　　　　　　　　　　　　　　　（　　　）

8. 遍历又被称为周游，它实际上是一种贯穿整个超媒体信息网络的线索，一般的超媒体系统都提供这一功能。　　　　　　　　　　　　　　　　　　　　　　　　　　（　　　）

9. 所见即所得方式，比较易于大规模的写作和编辑，也比较容易修改，但不够直观。
　　　　　　　　　　　　　　　　　　　　　　　　　　　　　　　　　　　　（　　　）

10. 超媒体应用是指那些将超媒体的结构与功能、用户多媒体的数据相集成，具有非常明确应用目的的系统。　　　　　　　　　　　　　　　　　　　　　　　　　　（　　　）

二、选择题

1. 节点可以按不同方式分类，下列不是按照用途分类的节点是（　　　）。
　　A．操作型　　　　　　　B．逻辑型　　　　　　C．组织型　　　　　　D．推理型

2. （　　　）决定链的类型，这是链的主要特性。
　　A．链源　　　　　　　　B．链宿　　　　　　　C．链的属性　　　　　D．链体

3. 下列不是超链的特点及功能的是（　　　）。
　　A．基本结构链　　　　B．组织链　　　　　　C．推理链　　　　　　D．操作链

4. （　　　）是超媒体中特有的元素，它确定相关信息的链源，通过它可以引起相关内容的转移。
　　A．热标　　　　　　　　B．宏节点　　　　　　C．网络　　　　　　　D．链

5. 下列不是 XML 特点的选项是（　　　）。
　　A．XML 是文本化的小型数据库表达语言，可以对其进行装入/保持、插入/删除/修改、选择等操作。甚至可以把 XML 应用作为一个中间层的虚拟数据库

　　B．XML 需要向 Web 客户呈现同一数据对不同用户的不同显示形式

　　C．XML 是客户端计算机的数据结构载体。通过与 JavaScript/DHTML 结合使用，可实现客户端小型信息过滤、查询、计算与通信的应用

　　D．XML 是 HTML 的高层扩展。HTML 面向文本、信息发布，HTML 容许混乱；XML 面向数据，数据处理，要求格式良好、合法。用户可用 XML 创建自己的 HTML

6. （　　　）负责管理整个超媒体创作和使用，向作者和读者提供通向超媒体系统的接口。
　　A．作者子系统　　　　B．模型子系统　　　　C．支持子系统　　　D．读者子系统

7. Microcosm 系统的设计目标是要满足特定标准，使之成为开放超媒体系统，下列不是设计目标的是（　　　）。
　　A．系统不对数据做任何特殊标注，使不属于该系统的应用程序进程能够存取其数据

　　B．系统能够集成任何可在宿主操作系统上运行的工具

C. 系统中的数据和处理进程可跨网分布，并可跨硬件平台进行操作

D. 应是与平台无关的能够跨平台分布的系统

三、填空题

1. 超文本具有以下特点：_____；_____；_____。

2. HTML 的特点是_____，_____，_____，_____。

3. 超媒体系统一般由_____、_____及_____组成。

4. 多媒体创作工具一般有 3 种类型，即_____，_____和_____创作工具。

5. 可以把超媒体系统分成两大类，即_____和_____。

6. Microcosm 系统模型在逻辑上由前端处理和后端处理两部分组成，前端处理由_____和_____来完成；后端处理由_____和_____完成。

四、简答题

1. 超文本、超媒体由哪些部分组成？各部分的作用是什么？

2. 超链有哪些类？充分利用这些超链会对超文本系统起什么作用？

3. 扩展标记语言 XML 是在什么背景下诞生的？它的主要组成部分是什么？为什么在电子商务等方面 XML 能得到广泛应用？

4. 超文本与超媒体以及超链接技术的出现给人们的学习、工作和生活带来的改变表现在哪些方面？

C. 为更方便地使用超长的数据类型，如可编辑长字符串、

D. 除整数外行定义的数据类型需行约定表述

三、填空题

1. 超文本和超媒体系统是

2. HTML 的含义是

四、简答题

5. 可用来创建网络分页的方法类、目、

6. Microsoft 公司基于网络上的高效浏览器和相应的编辑网络文件，即网页编程框

第 8 章 多媒体数据库技术

传统数据库模型主要针对的是整数、实数、定长字符等规范数据。数据库的设计者必须把真实世界抽象为规范数据。当引入图像、声音、动态视频等多媒体信息后，可以表达的信息范围大大扩展，但多媒体数据不规则，没有一致的取值范围，没有相同的数据量级，也没有相似的属性集。在这种情况下，如何用数据库系统来描述这些数据，成为多媒体数据库的研究热点。本章在分析多媒体数据特点的基础上，重点介绍多媒体数据的存储、管理、数据模型等问题，并对当今前沿技术——基于内容的多媒体检索进行了简要介绍。

8.1 概述

随着计算机技术的发展，计算机越来越多地被用于信息处理，如财务管理、办公自动化、工业流程控制等。这些系统所使用的数据量大、内容复杂，而且面临数据共享、数据保密等方面的需求，这就要用到数据库系统。数据库系统的一个重要概念是数据独立性。用户对数据的任何操作（如查询、修改等）不再是通过应用程序直接进行，而是通过向数据库管理系统（DBMS）发请求实现。DBMS 统一实施对数据的管理，包括存储、查询处理和故障恢复等，同时也保证能在不同用户之间进行数据共享。如果是分布数据库，这些内容将扩大到网络范围之上。

依据独立性原则，DBMS 一般按层次被划分为 3 种模式，即物理模式、概念模式、外部模式（也被称为视图）。物理模式的主要职能是定义数据的存储组织方法，如数据库文件的格式、索引文件组织方法、数据库在网络上的分布方法等。概念模式定义抽象现实世界的方法。外部模式又被称为子模式，是概念模式对用户有用的那一部分。概念模式通过数据模型来描述，数据库系统的性能与数据模型直接相关。数据模型的不断完善和变革，也就是数据库系统发展的历史。数据库数据模型先后经历了网状模型、层次模型、关系模型等阶段。其中，关系模型因为有比较完整的理论基础，"表格"一类的概念也易于被用户理解。因而关系模型逐渐取代网状、层次模型，在数据库中占主导地位。关系模型把现实世界事物的特性抽象成数字或字符串表示的属性，每一种属性都有固定的取值范围。于是，每一个事物都有一个属性集及对应它的属性值集合。

传统数据库模型主要针对的是整数、实数、定长字符等规范数据。数据库的设计者必须

把真实世界抽象为规范数据，这要求设计者具有一定的技巧，而且在有些情况下，完成这项工作相当困难。即使抽象完成了，抽象得到的结果往往会损失部分原始信息，甚至会出现错误。当图像、声音、动态视频等多媒体信息被引入计算机之后，可以表达的信息范围被大大扩展，却带来许多新的问题。因为多媒体数据不规则，没有一致的取值范围，没有相同的数据量级，也没有相似的属性集。在这种情况下，如何用数据库系统来描述这些数据呢？表格还适用吗？另一方面，传统数据库可以在用户给出查询条件后迅速地检索到正确的信息，但那是针对使用字符数值型数据的。如果基本数据不再是字符数值型，而是图像、声音，甚至视频数据，那将怎样进行检索？如何表达多媒体信息的内容？该如何处理这些数据呢？查询该如何进行呢？这些都是多媒体数据库技术需要研究的问题。

8.2　多媒体数据的管理问题

8.2.1　传统的数据管理

传统的数据库系统有 3 种类型，即关系型、层次型和网络型。科德（Codd）对于关系数据库的开创性工作，建立了关系数据库的坚实理论基础，给出了清晰的规范说明，而且"表格"的概念直观易懂，因此，关系数据库在理论和产品开发上都获得了巨大的成功，在数据库市场上占有明显的主导地位，特别是中小型数据库系统。

关系数据库采用关系框架来描述数据之间的关系，通过把数据抽象成不同的属性和相互的关系，建立起数据的管理机制。例如某公司用关系数据库管理雇员的资料。雇员的信息可以被抽象为工号、姓名、年龄、性别、月工资、所在部门、该部门的经理等多项属性。按关系模型的要求，雇员信息可以用两个关系表示，即雇员（工号、姓名、年龄、性别、月工资、部门编号）、部门（部门编号、部门名称，部门经理）。这两个关系就可以支持关于雇员的检索和查询工作。这个例子说明，对于一个具有复杂结构的实体（如雇员），关系数据库需要把它分解，分解的结果可以用最简单实用的关系（如雇员和部门）表示。实体的结构语义隐性地包含在两个关系的相同属性（部门编号）中。只有通过联结、投影等操作，才能体现出结构语义。关系数据库的这一特性非常简洁，既可以用数学理论加以规范和证明，又通俗易懂，易于被人们接受。

8.2.2　多媒体数据带来的问题

在传统的数据库中引入多媒体的数据和操作，是一个极大的挑战。这不是一个只要把多媒体数据加进数据库中就可以完成的问题。传统的字符数值型数据虽然可以对很多的信息进行管理，但由于这一类数据的抽象特性，应用范围毕竟十分有限。为了构造出符合应用需要的多媒体数据库，必须解决从体系结构到用户接口一系列的问题。

多媒体数据库管理系统（MMDBMS）的 3 层模型如图 8.1 所示。

多媒体对数据库设计的影响主要表现在以下几个方面。

（1）数据量庞大且媒体之间数据量的差异也极大，从而影响数据库的组织和存储方法。只有组织好多媒体数据库中的数据，选择设计好合适的物理结构和逻辑结构，才能保证磁盘的充分利用和应用的快速存取。数据量的巨大还反映在支持信息系统的范围的扩大。应用范围的扩大，显然不能指望在一个站点上就存储上万兆字节的数据，而必须通过网络加以分布。这对数据库在这种环境下进行存取也是一种挑战。

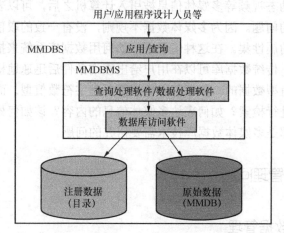

图 8.1　DBMS（MMDBMS）的 3 层模型

（2）媒体种类的增多，加大了数据处理的困难。每一种多媒体数据类型都要有自己的一组最基本的概念（操作和功能）、适当的数据结构和存取方法，以及高性能的实现。除此之外，也要有一些标准的操作，包括各种多媒体数据通用的操作及多种新类型数据的集成。虽然前面列出了几类主要的媒体类型，但事实上，在具体实现时，某种媒体格式往往根据系统定义、标准转换等演变成几十种媒体格式。不同媒体类型对应不同数据处理方法，这便要求MMDBMS 能不断扩充新的媒体类型及其相应的操作方法。新增加的媒体类型对用户应该是透明的。

（3）数据库的多解查询。传统的数据库查询只处理精确的概念和查询，但在多媒体数据库中，非精确匹配和相似性查询将占相当大的比重。因为即使是同一个对象，若用不同的媒体进行表示，对计算机来说也肯定是不同的；若用同一种媒体表示，如果有误差，在计算机看来也是不同的。与之相类似地还有诸如纹理、颜色和形状等本身就不易于精确描述的概念，如果在对图像、视频进行查询时用到它们，很显然是一种模糊的、非精确的匹配方式。对其他媒体来说也是一样。媒体的复合、分散、时序性质及其形象化的特点，注定要使数据库不再是只通过字符进行查询，而应是通过媒体的语义进行查询。然而，我们却很难了解并且正确处理许多媒体的语义信息。这些基于内容的语义在有些媒体中是易于确定的（如字符、数值等），对另一些媒体却不易确定，甚至会因为应用的不同和观察者的不同而不同。

（4）用户接口的支持。多媒体数据库的用户接口肯定不能用一个表格来描述，对于媒体的公共性质和每一种媒体的特殊性质，都要在用户的接口上、在查询的过程中加以体现。例如对媒体内容的描述、对空间的描述及对时间的描述。多媒体要求开发浏览、查找和表现多媒体数据库内容的新方法，使用户可以很方便地描述他的查询需求，并得到相应的数据。在很多情况下，面对多媒体的数据，用户有时甚至不知道自己要查找的是什么，不知道如何描述自己的查询。所以，多媒体数据库对用户的接口要求不仅仅是接收用户的描述，而且要协助用户描述出他的想法，找到他所要的内容，并在用户接口上表现出来。多媒体数据库的查询结果将不仅仅是传统的表格，而且是丰富的多媒体信息的表现，甚至是由计算机组合出来的结果"故事"。

（5）多媒体信息的分布对多媒体数据库体系带来了巨大的影响。这里所说的分布，主要是指以 WWW 全球网络为基础的分布。Internet 的迅速发展，网络上的资源日益丰富，传统的那种固定模式的数据库形式已经显得力不从心。多媒体数据库系统必须考虑如何从 WWW 网络信息空间中寻找信息，查询所要的数据。

（6）传统的事务一般都是短小精悍的，在多媒体数据库管理系统中也应尽可能采用短事务。但在有些场合，短事务不能满足需要，如从动态视频库中提取并播放一部数字化影片，往往需要长达几个小时的时间，作为良好的 DBMS，应能保证播放过程不致中断，因此不得不增加处理长事务的能力。

（7）服务质量的要求。许多应用对多媒体数据的传输、表现和存储的质量要求是不一样的，系统所能提供的资源也要根据系统运行的情况进行控制。对每一类多媒体数据都必须考虑这些问题：如何按所要求的形式及时地、逼真地表现数据？当系统不能满足全部的服务要求时，如何合理地降低服务质量？能否插入和预测一些数据？能否拒绝新的服务请求或撤销旧的请求？

（8）多媒体数据管理存在考虑版本控制的问题。具体的应用往往涉及对某个处理对象（如一个 CAD 设计或一份多媒体文献）的不同版本的记录和处理。版本包括两种概念：一是历史版本，同一个处理对象在不同的时间有不同的内容，如 CAD 设计图纸，有草图和正式图之分；二是选择版本，同一处理对象有不同的表述或处理，一份合同文献便可以包含英文和中文两种版本。需解决多版本的标识和存储、更新和查询，尽可能减少各版本所占的存储空间，而且控制版本访问权限。现有，通用型 DBMS 大都没有提供这种功能，而仅由应用程序编制版本控制程序，显然是不合适的。

8.2.3　多媒体数据的管理

应用程序开发者和数据库管理者面临的最大挑战是，把不同形式的信息（包括文本、图像和视频）组合在应用程序中。正如前面看到的那样，即使是压缩了的多媒体对象，容量也是非常大的。另外，目前大多数多媒体应用都与网络通信相结合（如电子邮件），因此数据库系统必须是完全分布式的。现在有若干数据库存储方法可供选择，这些方法将决定整个方案的灵活性和性能。可选的方法有如下几个。

（1）对关系数据库管理系统（RDBMS）进行扩展，用二进制对象的方式支持各种多媒体对象。

（2）把关系数据库中基本二进制对象扩展为继承和类的概念。支持这些特性的数据库管理系统提供对象程序设计前端扩展或 C++支持。

（3）将数据库和应用程序转换为面向对象的数据库，并使用 C++或 SQL 这样的面向对象的语言进行开发。

关系数据库是当前占主流地位的数据库，但它缺乏对多媒体数据库的支持，因为后者是数字和文本数据、GUI 前端的图像、CAD/CAM 系统和 GIS 应用程序、静态视频、音频，以及记录有音乐、伴音的全动作视频的组合。在关系数据库上实现多媒体应用程序的关键局限是，其关系数据模型和关系计算模型。

关系数据库在设计上就仅支持表结构的字母数字数据（包含用二进制方式存储的日期），

绝大多数关系数据库支持整型、浮点型、字符串、货币、日期、布尔量及其他一些数据类型，有一些关系数据库也增加了一些新特点，如在 BLOB 中查询超文本，但它们不支持如派生和聚合这样的类关系。另外，未加修改的关系模型不支持自动管理数据的同步编辑，如版本管理。关系数据库的计算模型也不支持扩展结构的遍历操作所需的内存驻留对象的概念，例如演示包含有图像和全动作视频剪辑的 RTF 文本时的操作。同时，关系模型不能进行具有某种复杂度的长周期事务处理，如需要对被多个用户访问的分布式多媒体对象进行更新操作。

1. RDBMS 的多媒体扩展

大多数先进的关系数据库将二进制大对象（BLOB）作为新的数据类型，看作二进制和自由格式文本。BLOB 构成关系表中的列，用于图像和其他的二进制的数据类型。关系数据表包含 BLOB 的位置信息，而 BLOB 实际储存于数据库外部的独立的图像、视频服务器中。关系数据库经过扩充，能访问这些 BLOB，从而提供给用户一个完整的数据集。例如：RDBMS 可能支持传统图像服务器上图像的 BLOB 的存储，但对 BLOB 的使用和操作也存在问题，如索引的设计等方面存在问题。图像管理系统的设计将文件名作为 RDBMS 表，这个域说明图像的位置，图像或视频管理系统将索引域作为指向图像和视频文件的指针，以便读取所需对象。正如人们想象的那样，数据的读取需要一系列操作：从 RDBMS 中读取索引键，传递给多媒体对象存储系统，该系统读取适当的对象，并传回给应用程序，应用程序把对象和相关的数据库信息显示出来。尽管属性数据和对象在不同的网络服务器上，这些工作必须紧密地配合。RDBMS 无法理解 BLOB 的内容，不能在 BLOB 内部进行索引。

扩充的关系数据库正逐步向面向对象的系统发展。关系数据库具有进行严格的集合管理的能力，从而保证了数据库的完整性，而早期的 DBMS 中正是缺少这种完整性。RDBMS 比ODBMS 多出的其他两个重要特点是安全性和事务的完整性。安全性是以对域级、表级和数据库级的访问形式提供的，多媒体数据事实上被存放在数据库系统外部，因而无法获得数据库对其自身数据提供的安全保护。许多数据库外部的应用程序要不断对文件中存储的图像、声音信息或全动作视频进行访问。RDBMS 的事务完整性是通过保证当事务更新失败时事务被退回，以保持数据库中受影响的部分的同步性。由于复合文件对所有多媒体部件的访问要进行很多操作，所以事务的完整性的实现是很复杂的。事务的许多活动是不被包含在数据库的事务控制中的，如读取多媒体部件、将其集成到可演示的对象中、记录其变化，然后将更新写回存储器。例如，如果不进行特定的操作来完成更新，RDBMS 无法知道这一段视频被改变了。

RDBMS 模型的另一个扩展是，除了存储在数据库内部以外，BLOB 也受到并发性和事务控制的影响。也就是说，如果事务的后续部分失败了，对 BLOB 进行的所有修改都可以被退回。并发控制对 BLOB 的作用与对其他数据类型的作用是一样的。

在基于 RDBMS 的客户-服务器应用程序中用得最多的过程化语言——标准 SQL 语言中，没有对数据库结构中的 BLOB 进行处理的协议；虽然许多独立的应用程序都可以操作 RTF（有图形和其他数据类型嵌入其中的文本）、图形、声音、全动作视频和其他数据，但这些信息只能被保存在数据库结构之外。为了克服 SQL 在多媒体对象处理方面的缺点，可以将基于 SQL 的非过程性语言和单纯面向对象的数据库合并起来，使多媒体对象的控制更加方便灵活。结果是数据库可以支持封装和继承这两个面向对象概念中的基本原则。封装是使用嵌套的表格来提供类似关系数据库的支持。关系数据库模型包括一系列关系，它们被称为表格，由行列组成。表格中的一行表示单个关系，表格嵌套就是一个表格的一列中包含另一表格的所有行的内容。另外，表格允许有对每一行中某一列内容进行处理的过程。这样定义的关系表格就将数据库结构及行上的操作有效地封装起来。任何过程都可以与表格相联系并对表格中的每一行进行处理。这样，面向对象数据管理的两个先决条件——继承和封装，就已经具备了，并且整个是在关系数据库模式内部进行的。

关系数据库提供的数据访问的灵活性是多媒体文档管理系统的重要特征。复合关键字使对多媒体文档的访问可以有多种组合方式，在这方面，数据库提供了完全的适应性。

2. 多媒体的面向对象数据库

尽管有扩展的关系数据库，但是，对象数据库仍是对多媒体的支持的最为快捷的途径。运用可复用代码和模板概念的面向对象编程，使数据库的维护更简单，但是它会带来危险。当前的对象数据库缺乏安全性和并发控制，因而目前大多数对象数据库无法用于商业应用，但是类的概念和面向对象数据库模型非常适合多媒体数据。只要建立了类，其中所有的对象都有了该类的属性。类的定义能加速应用程序的开发速度，还能提供更广泛的对象能力和对复杂的多媒体应用的开发和维护工具。对象数据库的消息传送、可扩展性和对层次结构的支持等能力，对多媒体系统是很重要的。

ODMS（对象数据库）允许对数据库应用程序的增量修改，这些修改在过程化语言环境下会更困难。例如，"消息传送"，允许对象之间以激发各自方法的方式相互作用，应用程序的一个成员的数据到另一个成员的传送过程，能使数据的管理更适合下一层次。数据库中这种方式的分层支持使设计更为简单，因为大多数产品设计都包容了客户与服务器之间的自然的分层结构。"可扩展性"意味着操作、结构、约束的集合都不是固定的，正如 RDBMS 中那样，开发者可为他们的应用程序增加新的操作。早期面向对象数据库缺乏关系数据库的鲁棒性，其中的事务完整性仍然难以控制，像恢复、撤销这些常用特性还没有被完全支持。尽管如此，面向对象数据库仍然为多媒体软件提供了新的有力的基础。下面再次讲解一下面向对象数据库的关键概念，因为它对多媒体系统相当重要。

面向对象的软件技术基于下面 3 个概念，对多媒体系统是十分重要的。

（1）封装性，或者说以预定义、可控制的方式把软件实体作为单元来处理，其中控制程序是与实体结合在一起的。

（2）联系，或以与另一实体的差异来定义一个软件实体的能力。

（3）分类，或以有相同行为、属性的数据项来代表一个单独的软件实体的能力。

面向对象的一个重要优势是以模块化和复用方式来组织软件。领域独立的类库定义了属性和控制程序的基本集，这个基本集是一种复杂的信息元素类型——对象所要求的。例如，对象可能是一个视频片断或一个特别复杂的文档。

面向对象的另一个重要性是它提供了较软件实体更直接的模拟复杂现实世界的新方法。领域相关的类库被用来定义真实世界的属性而不是这些实体的抽象属性，这些属性在类的下一层定义。

类库还被用来支持诸如数据转换、符合用户环境的数据表示这样的函数。专用针对交互领域的类库简化了处理大量显示系统、压缩/解压缩技术的要求。

封装成功地隐藏了内部成员的功能，只留下了交互接口。对开放系统，对象的接口和实现之间的差别很重要。封装提供自治性，对各种外部程序的接口能在一类对象上实现而数据被存储在其他类对象中。一个对象不能影响其他对象的运作，只限于使用其他对象的公共方法。

继承机制允许快速构造与父辈性质相近的对象，如从一个基本显示对象继承，得到一系列不同的显示对象，以适应工作站的需要。

8.3 多媒体数据的存储问题

人们对文本的透彻理解、广泛应用已经有很长一段时间了，而多媒体存储则是较新的议题。多媒体数据存储有如下新的需要考虑的问题。

1．庞大的数据量

统计结果表明，我们所使用的全部重要信息中只有不到20%的部分被自动化了，而其余80%以上的信息一般是写在纸上，或在会议、讨论、演示中进行交互。纸、胶片或磁带上的记录很难进行集成、控制、搜索、存取和分发。若要确定某一纸张文档、胶片、音频或视频带的位置，需要在只被少数关键人员所掌握的众多存储文件、复杂索引系统中搜索，并要进行很好地组织，以确保按正确的顺序放回到最初的存储位置。比定位更复杂的是为文档、胶片和磁带建立索引，尤其是当这些不同的媒体结合成一个单一的多媒体文档时。

2．存储技术

理想情况是，来自于纸张、胶片、音频和视频带，以及直接来自摄像机的信息，可以被处理数据、文本和图形的同一计算机化信息系统管理。其结果是一种集成的信息库，它可以被许多人同时、快速、方便地访问，实践上要达到这一点，需要将各种存储机制放在公共的存储和检索管理之下。有两种主要的大型存储技术可以被用于多媒体文档的存储，即光盘存储系统和高速磁盘存储。显然，管理光盘库中的几个光盘要比管理范围更大的磁盘容易许多。

3．多媒体对象存储

存储于光媒体中的多媒体对象要实际发挥作用，就需要被快速自动地定位。这里的一个关键问题是对超媒体文档或超媒体数据库记录进行随机存取。检索速度是另一个主要考虑的方面。检索速度与以下几个因素直接相关：存储等待时间（从存储介质中检索数据所需的时间），相对于显示器分辨率的数据容量（压缩效率），传输介质和速度（传输等待时间），以及解压缩效率。

4．多媒体文档检索

标识多媒体文档的最简单形式是通过存储盘标识和文档在盘上的相对位置来进行。这些对象可以被分组后存在数据库夹中，或存在显示超媒体文档的复合对象中。这是在大多数多媒体系统中标识图像的基本方法。

用标识符访问存在数据库中的对象，这一功能要求数据库能完成所要求的多媒体对象目录功能。对于声音和全运动视频来说，另一个重要应用是能剪切它的某些部分，并将它们与另一段相结合。例如，一段语音或演示可以被剪下来，用作另一个 RFT 文档的引述。为使声音或视频素材能以参考单元的形式存储，并为许多用户使用，为它建索引的能力就变得很重要，因为这样可以避免在几个小时长的、缓慢运动的带子中进行搜索这样乏味的工作。当然，新的基于内容的检索技术可以提供更为智能的支持。

8.4 多媒体数据库的组织结构

由于目前还没有完全意义的多媒体数据模型，所以还没有标准的多媒体数据库体系结构，现在大多数解决办法是采用扩展现有的关系数据库，一是扩展字段长度，二是扩展为对象采用面向对象的方案。这里介绍的仅局限在专门的应用范围，只对专门应用进行结构设计。

1. 单一型多媒体数据库的组织结构

针对各种媒体单独建立数据库，每一种媒体的数据库都有自己独立的数据库管理系统，虽然它们是相互独立的，但可以通过相互通信来进行协调和执行相应的操作。用户既可以对单一的媒体数据库进行访问，也可以对多个媒体数据库进行访问，以达到对多媒体数据进行存取的目的。在这种数据库体系结构中，对多媒体数据的管理是分开进行的，可以利用现有的研究成果直接进行组装，每一种媒体数据库的设计也不必考虑与其他媒体的匹配和协调。但是，由于这种多媒体数据库对多媒体的联合操作实际上是交给用户去完成的，给用户带来灵活性的同时，也为用户增加了负担。该体系结构对多种媒体的联合操作、合成处理和概念查询等都比较难于实现。如果人们并没有按照标准化的原则设计各种媒体数据库，那么它们之间的通信和人们的使用，都会产生问题。

2. 集中型多媒体数据库的组织结构

只存在一个单一的多媒体数据库和单一的多媒体数据库管理系统。各种媒体被统一地建模，对各种媒体的管理与操作被集中到一个数据库管理系统之中，各种用户的需求被统一到一个多媒体用户接口上，多媒体的查询检索结果可以统一地表现。由于这种多媒体管理系统是统一设计和研制的，所以在理论上，人们能够充分地做到对多媒体数据进行有效的管理和使用。但实际上这种多媒体数据库系统是很难实现的，目前还没有一个比较恰当且高效的方法来管理所有的多媒体数据。虽然面向对象的方法为建立这样的系统带来了一线曙光，但要真正做到，还有相当长的距离。如果再把问题放大到计算机网络上，这个问题就会更加复杂。集中型多媒体数据库的组织结构如图 8.2 所示。

3. 主从型多媒体数据库的组织结构

每一个数据库都有自己的管理系统，它们被称为从数据库管理系统，它们各自管理自己的数据库。这些数据库管理系统由一个主数据库管理系统进行控制和管理，用户在主数据库管理系统上使用多媒体数据库中的数据，是通过主数据库管理系统提供的功能来实现的。目的数据的集成也由主数据库管理系统进行管理。主从型多媒体数据库的组织结构如图 8.3 所示。

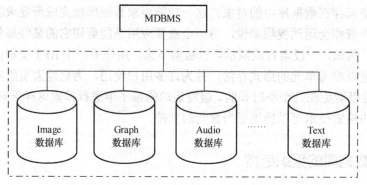

图 8.2　集中型多媒体数据库的组织结构

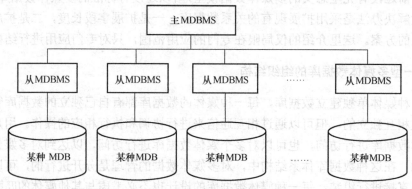

图 8.3　主从型多媒体数据库的组织结构

4．协作型多媒体数据库的组织结构

协作型多媒体数据库管理系统是由多个数据库管理系统组成的，每个数据库管理系统之间没有主从之分，只要求系统中每一个数据库管理系统能协调工作，但因每一个成员 MDBMS 彼此之间有差异，所以在通信中必须首先解决这个问题。为此，对每一个成员要附加一个外部处理软件模块，由它提供通信、检索和修改界面。在这种结构的系统中，用户位于任一数据库管理系统位置。协作型多媒体数据库的组织结构如图 8.4 所示。

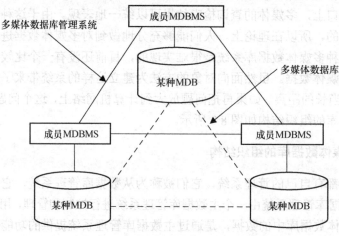

图 8.4　协作型多媒体数据库的组织结构

多媒体数据库系统技术还在发展过程中，大多数多媒体数据库管理系统只限制在特定的多媒体应用领域。很多多媒体的应用领域还只涉及对多媒体文件的处理，利用多媒体数据库作为数据源的不多。这其中很重要的因素是受图像、视频等大数据流和如何面向内容检索等问题的制约。

8.5　多媒体数据模型

数据模型（Data Model）是数据库系统中的术语，它是数据库的描述机制，从不同的角度、不同的级别来描述数据库的内容及数据库间的联系方式，即数据库的数据结构和信息组织方式。对应数据库的不同形式的数据结构，有不同类型的数据库数据的操作集合，以及保证完整性的完整性规则集合。数据库数据结构、数据库操作集合和完整性规则组成数据库数据模型。其中数据结构是最重要的组成部分，它反映了数据库的逻辑结构，描述了数据库所包括的实体及实体之间的联系。出于不同结构的考虑，人们形成多种不同的数据模型，如最常用的网络模型、层次模型和关系模型等。

多媒体数据模型的基本任务应该是能够表示各种不同媒体数据的构造及其属性特征，同时能够指出不同媒体数据之间的相互关系，包括相互之间的信息语义关系，以及媒体特性之间的关系（主要是时空特性关系）。

传统信息系统中的数据模型由 3 种基本要素组成，即数据对象类型的集合、操作的集合、通用完整性规则的集合。数据对象类型的集合描述了数据库的构造，如关系数据库的关系和域；操作的集合给出了对数据库的运算体系，如关系数据库中的对关系的查询、修改、定义视图和权限等；通用完整性规则给出了一般性的语义约束。传统数据模型只是对数据本身的内容建模，以表达语义。在多媒体数据模型中，由于多媒体对象是由各种媒体的数据元素组成的聚合（Aggregation），因此在模拟多媒体对象的表现时，必须考虑各种媒体单元的时态关系和空间结构，进行多媒体元素的合成，即统一表达来自多个数据流的数据。因此建模是多媒体数据模型中的重要组成部分，是多媒体系统区别于以往信息系统的特殊问题之一。我们在此将结合多媒体数据的特点，介绍常用的多媒体数据模型，包括 3 种多媒体数据库的数据模型（NF^2 数据模型、面向对象的数据模型、对象-关系模型）、基于媒体内容的数据模型、超媒体模型等。有关多媒体表现与同步模型将放在有关章节介绍。

需要注意的是，对多媒体数据时空关系的建模是多媒体数据模型的一个重要组成部分，是传统数据模型所不具有的。传统数据模型只是对数据本身的信息内容进行建模，以表达语义。而在多媒体信息系统中，还存在另外一个重要方面——表现。可以说表现（Presentation）是多媒体信息系统所特有的，它不同于一般系统的显示，是多种媒体的合成再现，加工再现，有交互性参与的创作再现。所以关于表现的模型是多媒体数据模型的一个重要组成方面。

8.5.1　多媒体数据模型的种类

多媒体数据模型的分类没有定则：按结构、层次的不同分为超文本模型、时基媒体模型、基于媒体内容的模型、文献模型和信息元模型等；按性质的不同，可以把关于多媒体表现方面的模型称为表现模型，把关于表现中同步问题的模型称为同步模型；按方法的不同分为 NF^2 数据模型、面向对象的数据模型、对象-关系模型等。

实际上，多媒体数据模型可以被归纳为两大类——概念模型和表现模型。概念模型提供的是多媒体信息之间的相互关系，也即内容与结构的建模，如上面所述的超文本模型、文献模型及面向对象的数据模型等，更多地强调的是这一点。表现模型提供的是关于多媒体信息独有的表现建模方法，包括时空安排、同步等均属此类，强调的是表现的描述。但正如超文本中也有表现一样，概念模型与表现模型总是结合在一起的。

多媒体数据库的数据模型是很复杂的，不同的媒体有不同的要求，不同的结构有不同的建模方法。现有的图像数据库、全文数据库等的建模方法都是以专有媒体的特性为出发点，超媒体数据库等又与其具体的信息结构有关。

图像最基本的表示格式是图像像素级的物理表示或被称为物理层表示。在物理层表示中，图像一般用像素来表示。我们称这种表示方法为图像基表示。但为了适合多媒体信息系统的要求，仅有物理层显然是不够的，只有采用层次化表示方法，才能有效地存储和表示图像。对图像进行抽象表示是建立层次模型的基础，但在图像的抽象表示与图像的操作之间存在着矛盾。即如果图像的表示层次很低，那么不对图像做额外处理是不可能进行查询的；相反，如果从物理层表示中引出一些抽象的表示，则能较好地进行某些类型的查询。因此，只能采取折中的策略，即在图像基表示层，抽取一些图像物理特性，以进行基于物理特征的检索；同时从物理层表示中抽象出逻辑表示（或被称为逻辑层表示）。逻辑表示又分为两个子类，即逻辑属性和逻辑结构。逻辑属性可被看成简单属性，而逻辑结构可被看成复杂属性。如果不需要区分这两者，就统称为逻辑表示。

一幅图像只有一个物理层表示，但可以有几个逻辑层表示。逻辑层表示之间的关系并不是完全层次化的，有些高抽象的逻辑表示可能直接从物理层表示中得到，而其他的可能从适当的层次化的抽象逻辑表示中得到。

图像可模型化为图像和图像对象，图像可以包含许多图像对象，且对图像对象的解释是领域相关的。相关的图像对象可以在图像插入数据库时由用户决定。图像基表示和图像对象基表示是图像的物理存储格式，从中抽出图像的物理特性。图像必须具有图像基表示。

视频媒体包括电影、电视节目、录像等，是一组图像按时间的顺序连续表现。视频信息的组织是一个复杂、有挑战性的问题。问题复杂性起因于视频是带有时空结构的非结构化数据。此外，视频需要大量存储容量和快速处理能力。视频媒体的数据模型就是对视频的分割合并进行结构化描述。以传统的帧或像素为描述单元，很难实现基于内容的管理和检索，由此需要新的视频结构表示视频信息的内容和语义结构。这种层次化结构将视频分为3级，最高级为"故事单元"，中间为"镜头"，最低一级是"帧"，对最后一层的描述可以采用图像描述方法。

音频信号携带各种信息。在不同的应用场合下，人们感兴趣的信息也不同。如对于语音来说，判断其是否为语音，只需提取人类语音信号的一般特征就足够了；而为了区分是清音还是浊音，就应该了解其能量谱分布和基音频率。为了满足音频管理和检索的需要，基于内容的音频数据模型需要提取音频的低层特征，以表现音频的低层内容。音频有心理属性和物理属性两种属性。

8.5.2　多媒体数据库实例——Oracle 中的多媒体扩展

从 Oracle 11g 开始，原来的 Inter Media 组件被改名为 Oracle Multimedia，负责结合其他

Oracle 工具或者第三方软件来实现对于声音、图像、视频及其他媒体在数据库中的管理和集成。这一组件使 Oracle 数据库可以用一种集成方式来存储、管理、检索图像、DICOM 医学图像、声音、视频等媒体数据。

Oracle Multimedia 提供的主要功能如下。

（1）图像服务可以存储、检索、元数据抽取和处理二维静态位图。图片的存储将使用桌面印刷工业标准来实现压缩和解压。

（2）支持医学图像标准 DICOM（Digital Imaging and Communications in Medicine）的存储、检索、元数据抽取、处理、写入、一致性验证、匿名化等其他操作。

（3）音频和视频服务可以覆盖存储、检索、元数据抽取等操作。

Oracle Multimedia 的架构图（见图 8.5）定义了多媒体内容如何配合传统数据在数据库内部得到支持的框架。在这一框架下，这部分内容可以在多个应用间被安全地共享，可以用关系数据库系统的管理技术来共享和在数千名用户间共享。如图 8.5 所示，丰富的媒体内容如声音、图像、视频和 DICOM 医学图像（如 X 光图像），通过数据库内置的 Java 虚拟机（Java Virtual Machine，JVM），可以支持服务端的媒体解析器和一个图像处理器。其中媒体解析器支持对于数据格式和应用元数据的解析，也可以扩展来支持更丰富的格式。图像处理器提供对于图像的处理操作，如预览图生成、转换格式或者加水印等。

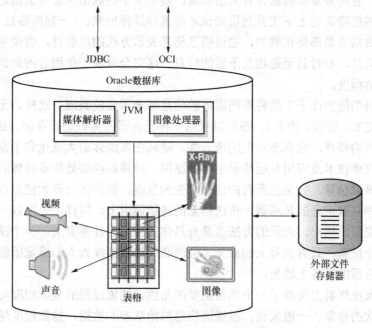

图 8.5 Oracle Multimedia 的架构图

使用 Oracle Multimedia 也可以在数据库和外部文件存储系统间进行导入和导出的操作。图 8.5 中的双向箭头显示了 Oracle 数据库和外部文件系统之间的数据流动。

Oracle 数据库本身是一个面向对象关系的数据库，支持存储在 BLOBs 和 BFILES 类型存储的多媒体数据，也支持连接对象类型的数据。Oracle Multimedia 提供了 4 个 PL/SQL 包，其中包含了过程和函数来处理存储在 BLOBs（Binary Large Objects）和 BFILES（external Large objects）中的多媒体数据：ORD_AUDIO，处理音频数据；ORD_DOC，处理异种数据；ORD_IMAGE，处理图像数据；ORD_VIDEO，处理媒体数据。

开发者也能使用这些 PL/SQL 开发包在应用中实现如下操作：建立缩略图；剪切图片；将图片转换为网路常用格式；从多媒体数据中抽取特征，可存储为 XML 等格式；从操作系统中装载多媒体数据进入 Oracle 数据库；将多媒体数据导出为操作系统文件。

Oracle Multimedia 也提供了提供了 4 种对象关系类型，来存储对象关系源数据信息：ORDAudio，存储声音特征信息；ORDDoc，存储异种特征信息；ORDImage，存储图像特征信息；ORDVideo，存储视频特征信息。

Oracle Multimedia 组件可以帮助用户建立各个多媒体应用。可以实现的一些应用为：数字图像检查，电子健康记录（包含 DICOM 等医学图像），呼叫中心，存货资产盘查，远程学习和在线学习，不动产市场，图片仓库（如数字画廊或者专业照片库），文字档案、图片档案，网络发布，音频和视频网络商店。

8.6　基于内容的检索技术

多媒体数据可以有多种形式或类型。这些形式取决于其来源，例如图像、视频、声音或其他媒体类型。各种多媒体数据含有大量信息，需要从中提取出来需要的信息。信息与任务有关，它需要根据特定的上下文并利用知识才能推导解释出来。"一幅画胜过千言万语"，这句话对所有的数据类型都是正确的，它说明了信息表示方法的重要性，也说明同样的数据可以提供不同的信息，有时甚至是相互矛盾的信息，这完全取决于使用者的知识、解释，以及对上下文的了解程度。

多媒体系统的能力在于它能将不同媒体的信息都表示成位数流。这样，无论哪一种信息的表示形式（文本、视频、声音），都可以只用一种设备即计算机进行存储、处理和交互。这是一个非常有用的特性，它在表示上的统一性，隐藏在多媒体的大众化和丰富多彩的表现之后，是促进多媒体技术及应用发展的最主要的原因。计算机能够处理多媒体的各种信息，其所具有的潜力难以估量。如果把所有的信息都变为位流，就能在一开始把焦点放在信息上，而不是放在那些获取信息的传感器、传送信息的通信通道上。同样，也能以一个适当的方式来表示信息并交付给用户，表示的方法总是与具体的应用、任务有关，一个没有任何结构的位流只能是一个位流，只有信号上的意义。位流必须被转换成为人们感觉所能理解的某种形式，并且能在合适的设备上输出。

信息的抽象在理解上扮演了一个非常重要的角色。抽象过程的复杂程度与任务有关，会有多种不同层次的抽象。一般来说，越接近信息原始状态的数据，抽象程度越低，而符号化后的数据抽象程度就越高，数据量也随着抽象程度的增加而逐步减少。抽象的过程实际上就是引入语义的过程，也与任务或领域密切相关。如果计算机只是一个通信的通道，它就可以少管甚至不管数据的任何语义，将理解语义的任务直接交给用户；但如果要把两种媒体的信息相互比较或者把它们放在一起，就必须理解这些不同媒体的信息，而不管其媒体是什么。如果位流的层次太低以至于令人无法理解，就必须将语义信息与之相辅，以便被解释。

目前，大多数多媒体的应用还很少用到不同媒体间的语义信息，相当多的人只把多媒体看成一种界面工具，而没有在各种媒体的内容上建立起联系，并且依据这些联系组织、处理和使用这些信息。从另一方面来看，多媒体的语义复杂性也是带来其语义瓶颈的重要原因。由于人们现在把注意力放在了多媒体的存储、表现上，在面对更多的数据时，人们更难从中获取信息，因此，必须有相应的方法和工具，对多媒体的数据按不同的形式和来源获取、增加与任务相关的语义，以便对多媒体信息内容的检索。如何使系统直接从各种媒体中获取信息线索，并将这些线索用于数据库中的检索操作，帮助用户从数据库中检索出合适的多媒体信息对象，就是基于内容检索的主要研究内容。要实现对媒体基于内容的检索，多媒体系统必须能够从媒体数据中分析、提取出可供检索的内容特征，并将这些内容特征进行结构化的表示。相对于媒体数据层次的处理，人们将对媒体语义层次的处理称为媒体的内容处理。

8.6.1 系统的一般结构

基于内容检索技术一般用于多媒体数据库系统之中，也可以单独建立应用系统，例如指纹系统、头像系统或其他的应用系统。从基于内容检索的角度出发，系统由组织媒体输入的插入子系统、对媒体做特征提取的媒体处理子系统、储存插入时获得的特征和相应媒体数据的数据库，以及支持对该媒体的查询子系统等组成，同时需要相应的知识支持特定领域的内容处理。多媒体数据库中基于内容检索系统的结构如图 8.6 所示，查询的方法如图 8.7 所示。

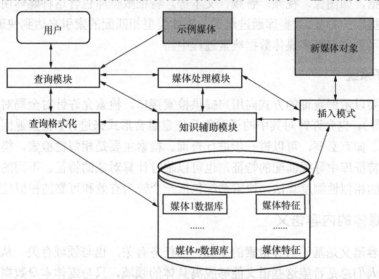

图 8.6 多媒体数据库中基于内容检索系统的结构

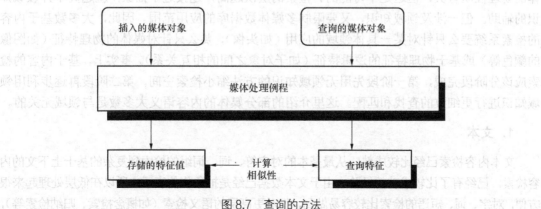

图 8.7 查询的方法

1．插入子系统

该子系统负责将媒体输入系统之中，同时根据需要为用户提供一种工具，以全自动或半自动（即需用户部分干预）的方式对媒体进行分割，标识出需要的对象或内容关键点，以便有针对性地对目标进行特征提取。

2．特征提取子系统

对用户或系统标明的媒体对象进行特征提取处理。特征提取可以由人完成（如给出一些描述特征的关键字），也可以通过对应的媒体处理例程完成，提取那些所关心的媒体特征。提取的特征可以是全局性的（如整幅图像或视频镜头的颜色分布），也可以是针对某个内部的对象（如图像中的子区域、视频中的运动对象等）。在提取特征时，系统往往需要知识处理模块的辅助，由知识库提供有关的领域知识。

3．数据库

媒体数据和插入时得到的特征数据被分别存入媒体数据库和特征数据库。媒体数据库包含各种媒体数据，如图像、视频、音频、文本等。特征数据库包含这种媒体用户输入的特征和预处理自动提取的特征。数据库通过组织与媒体类型相匹配的索引来达到快速搜索的目的，从而可以被应用到大规模多媒体数据检索过程中。

4．查询子系统

该系统主要以示例查询的方式向用户提供检索接口。检索允许针对全局对象（如整幅图像、视频镜头等），也允许针对其中的子对象及任意组合形式来进行。检索返回的结果按相似程度进行排列，如有必要，可以进一步进行查询。检索主要是相似性检索，模仿人类的认知过程，可以从特征库中寻找匹配的特征，也可以临时计算对象的特征。不同的媒体数据类型具有各自不同的相似性测度算法，检索系统包括一个较为有效和可靠的相似性测度函数集。

8.6.2　媒体的内容语义

媒体的内容语义是基于内容检索的基础，与任务有关，也与领域有关。从基于内容检索的角度出发，人们总是希望这些语义能够脱离具体的领域，只与媒体本身数据的相关性或媒体的物理性质有关，但这是不可能的。检索的层次越高，越接近于抽象，就越离不开领域知识的辅助。但一涉及领域知识，又要限制多媒体数据库的应用范围。因此，大多数基于内容的检索系统要么只针对某一具体领域的应用（如头像），要么只针对媒体的物理特征（如图像的颜色等）或基于物理特征的逻辑特征（如子对象之间的相互关系）。事实上，基于内容的检索应该分阶段完成，第一阶段先用无领域知识的方法缩小检索空间，第二阶段再逐步利用领域知识进行更细致的查找和匹配。这里介绍的部分媒体的内容语义大多数是与领域无关的。

1．文本

文本内容检索已经比较成熟，从最基本的对字符、词、词组的检索到复杂的基于上下文的内容检索，已经有了比较成功的经验。由于文本数据已经是抽象化的表示，所以在低层处理起来很方便，对字、词、短语的检索比较容易做到，但对更高层的语义检索（如概念检索、归纳检索等），同样需要上下文和领域知识的辅助，也比较复杂。值得注意的是，对文本、符号的检索方法也要用于其他媒体的检索过程中，因为许多系统采用的是人工抽取关键词的媒体内容表示方法。

2．图像

图像媒体的常用检索内容主要包括颜色、纹理、轮廓、对象及领域内容等。

3．视频

视频建立在图像的基础上，先有图像的内容才可以得到视频的内容。常用的检索主要包括镜头、摄像动作、运动对象及场景等。

4．声音

声音的内容检索包括特定模式的查找，特定词、短语、音乐旋律和特定声音的查找等。早期的研究更多地致力于语音内容的识别，但对数据库来说，查找非语音信号可能会更有效，例如讲话人的性别、声音的间隔、特殊的背景声与前景声的组合等。由于声音常常伴随其他媒体存在，因此，寻找这些特征有利于对其他媒体的检索。例如，在足球比赛时，一阵大声的喧哗可能意味着进了球，只要能够检索出这段声音，就可以基本确定对视频的索引。

还有其他媒体的内容语义，此处不再介绍。上面介绍的语义大多数都无领域限制，主要是从大规模数据库检索的特点考虑的，但这并不是说不要领域知识，在数据库限定空间之后，就需要借助领域知识进行更仔细的查找。

8.6.3　检索过程

基于内容检索是一个逐步求精的过程，主要过程如图 8.8 所示。

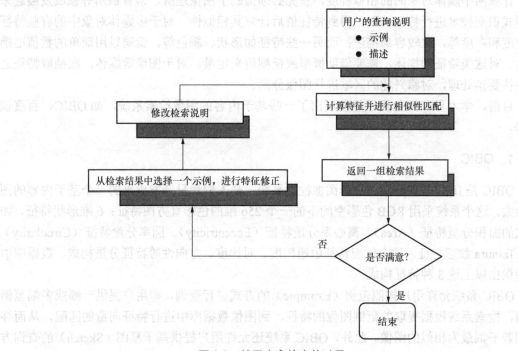

图 8.8　基于内容检索的过程

初始检索说明：用户开始检索时，要形成一个检索的格式，最初可以用 QBE 或特定的查询语言来形成。系统对示例的特征进行提取，或是把用户描述的特征映射为对应的查询参数。

相似性匹配：将特征与特征库中的特征按照一定的匹配算法进行匹配。满足一定相似性的一组候选结果按相似度大小排列，返回给用户。

特征调整：用户对系统返回的一组满足初始特征的检索结果进行浏览，挑选出满意的结果，检索过程完成；或者从候选结果中选择一个最接近的示例，进行特征调整，然后形成一个新的查询。

重新检索：逐步缩小查询范围，重新开始。该过程直到用户放弃或者得到满意的查询结果时为止。

8.6.4 图像检索系统实例

实现基于内容的检索系统主要有两种途径：一是基于传统的数据库检索方法，即采用人工方法将多媒体信息内容表达为属性（关键字）集合，再在传统的数据库管理系统内处理，这种方法对信息进行了高度抽象，留给用户的选择余地较小，查询方法和范围有所限制；二是基于信号处理理论，即采用特征抽取和模式识别，结合人工智能等手段来克服数据库方法的局限性，但这种特征提取和识别对计算机来说难度很大，近年来随着深度学习技术的发展，这一高维特征抽取成为了可能。

有时人们很难对一个对象进行描述，如人的面部、人的声音等。这时常见的做法是给定一个实例，使系统自动（或在人工干预下）获取其特征，然后进行模式匹配识别。例如"找出与相片 A 面貌相似的人"。很显然，这类查询不可能是完全匹配的，只能是相似性查询。

计算两个媒体对象间的相似程度，首先必须借助于图像理解、语音识别等领域发展起来的模式识别技术进行特征抽取，得到特征值后计算其相似性。对于多媒体对象中的有些特征如宽度和高度等，比较容易描述；而另一些特征如形状、颜色等，就难以用简单的数值准确表达。对这类特征的描述，需要借助概率或模糊值来定量。对于图像等媒体，在抽取特征之前往往要预处理，对感兴趣的区域进行图像分割。

目前，学术界和商业界已经发展出了一些基于内容的图像检索系统，如 QBIC、百度识图等。

1. QBIC

QBIC 是 IBM 公司开发的一套图像检索系统，是人们最早开发出来的一个基于内容的图像检索。这个系统采用 RGB 色彩空间下的一个 256 维的色彩直方图特征；6 维形状特征，如形状的面积分量特征（Area）、离心率分量特征（Eccentricity）、圆率分量特征（Circularity）等；Tamura 纹理特征，这个纹理特征由粗糙度、对比度、方向性等特征分量构成。数据库中的图像由以上这 3 种特征构成。

QBIC 系统允许用户按照范例（Example）的方式进行查询，即用户提供一幅或多幅范例图像，检索系统根据提取的范例图像的特征，到图像数据库中进行特征向量的匹配，从而寻找到若干幅最为相似的图像。此外，QBIC 系统还允许用户提供基于草图（Sketch）的查询方式，即根据用户勾画出的草图，进行相似图像的查询。

在图像的相似性表达上，QBIC 系统采用欧式距离（Euclidean Distance）来比较不同图像的特征向量的相似距离。式（8-1）是两个特征向量 c_i 和 c_j 的欧式距离表达，其中，两个特征向量的维数为 n。距离 D 越小，说明两幅图像越相似。

$$D(c_i, c_j) = \sum_{m=1}^{n} ((c_i^m - c_j^m)^2)^{1/2} \tag{8-1}$$

在检索界面上，系统以欧式距离最小的若干幅相似图像作为最终查询得到的相似图像，进行显示；用户还能根据喜好，选择色彩直方图特征、图像的布局或是纹理特征等一种或多种特征进行有选择的查询。

QBIC 系统是 20 世纪 90 年代早期非常有名的一个图像检索系统，实现了多样化的查询，以及基于底层特征的图像检索。但是这个系统需要用户的参与比较多，例如需要用户选择检索的特征及其权重，有的情况下还需要用户画出草图；需要用户具有较多的领域知识，这极大地增加了用户的负担。更为关键的是，这套系统缺乏分析图像中对象内容的能力。目前，QBIC 系统已不再被 IBM 公司继续发展。

2．百度识图

百度识图是一款基于内容的图像搜索引擎。不同于传统图像搜索引擎依靠用户输入关键字匹配图片周边文本进行搜索，百度识图允许用户上传本地图片或输入网络图片的 URL 地址，通过对相应图片进行图像特征抽取并进行检索，找到互联网上与这张图片相同或相似的其他图片资源，同时为用户找到这张图片背后的相关的信息。其功能有如下几个：

相同图像搜索（见图 8.9）：通过图像底层局部特征的比对，百度识图具备寻找相同或近似相同图像的能力，并能根据互联网上存在的相同图片资源猜测用户上传图片的对应文本内容，从而满足用户寻找图片来源、去伪存真、小图换大图、模糊图换清晰图、遮挡图换全貌图等需求。

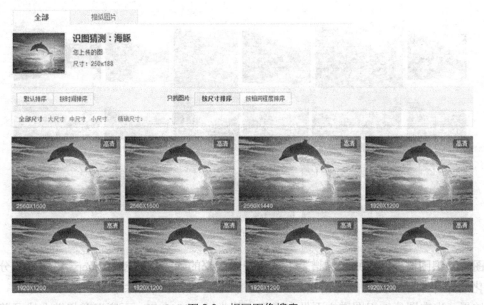

图 8.9　相同图像搜索

全网人脸搜索（见图 8.10）：据统计，互联网上约 15% 的图片包含人脸。为了优化人脸图片的搜索效果，百度识图引入自主研发的人脸识别技术，推出了全球第一个全网人脸搜索功能。该功能可以自动检测用户上传图片中出现的人脸，并将其与数据库中索引的全网数亿人脸比对并按照人脸相似度排序展现，帮用户找到更多相似的面孔，成为技术与产品结合的典范。

图 8.10　全网人脸搜索

相似图像搜索（见图 8.11）：基于深度学习算法，百度识图拥有超越传统底层特征的图像识别和高层语义特征表达能力。2013 年，百度识图推出了一般图像的相似搜索功能，能够对数十亿张图片进行准确识别和高效索引，从而在搜索结果的语义和视觉相似上都得到很好的统一。从相同图像搜索到相似图像搜索，百度识图首次突破了长期以来 CBIR 问题的困境，在解决图像的语义鸿沟这个学术界和工业界公认的难题上迈出了一大步。该技术极大优化了识图产品的用户体验。借由相似图像搜索，用户可以轻松找到风格相似的素材、同一场景的套图、类似意境的照片等，这些都是相同图像搜索无法完成的任务。

图 8.11　相似图像搜索

图片知识图谱返回：知识图谱是下一代搜索引擎的趋势，通过对 query 更精确的分析和结构化的结果展示，更智能地给出用户想要的结果。百度识图除了返回给用户相同、相似搜索结果，也在图片知识图谱方面做出了相应的尝试。2013 年，百度识图相继上线了美女和花卉两个垂直类图片搜索功能，通过细粒度分类技术在相应的垂直类别中进行更精准的子类别识别。例如告诉用户上传的美女是什么风格并推荐相似风格的美女写真，或识别花卉的具体种类、给出相应百科信息并把互联网上相似的花卉图片按类别排序展现。这些尝试都是为了帮助用户更直观了解图片背后蕴藏的知识和含义。细粒度图片识别示例如图 8.12 所示。

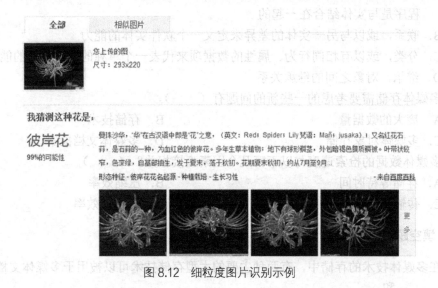

图 8.12　细粒度图片识别示例

8.7　本章小结

多媒体数据库系统着重于多媒体数据的管理与检索，解决多媒体数据在被引入数据库系统后对系统体系结构、用户接口和数据模型等方面的影响问题。目前广泛使用的关系数据库系统，其特点是数据独立，数据按一定格式统一存放在数据库中，用户通过数据库管理系统实现对数据库的操作。多媒体技术的发展对数据管理技术提出了新的要求。由于多媒体数据的特殊性，传统的数据管理技术难以胜任，需要建立多媒体数据库和多媒体数据库管理系统。

思考与练习

一、判断题

1．多媒体数据模型的分类没有定则，按性质的不同分为超文本模型、时基媒体模型、基于媒体内容的模型、文献模型和信息元模型等。（　　）

2．图像最基本的表示格式是图像像素级的物理表示或称物理层表示。（　　）

3．关系数据库是当前占主流地位的数据库，它对多媒体数据库的支持非常广泛。（　　）

4．尽管有扩展的关系数据库，对象数据库仍是对多媒体的支持的最为快捷的途径。（　　）

5．传统的数据库系统分为 3 个层次，按 ANSI 的定义分别为物理模式、概念模式和外部模式。（　　）

6．文本、图像、视频等媒体内容与领域知识有着密切的关系。（　　）

二、选择题

1. 面向对象的软件技术基于（　　　）几个概念，对多媒体系统是十分重要的。
   A. 封装性，或者说以预定义、可控制的方式把软件实体作为单元来处理，其中控制程序是与实体结合在一起的
   B. 联系，或以与另一实体的差异来定义一个软件实体的能力
   C. 分类，或以有相同行为、属性的数据项来代表一个单独的软件实体的能力
   D. 继承，对象之间的继承关系

2. 多媒体存储需要考虑的一些新的问题有（　　　）。
   A. 庞大的数据量
   B. 存储技术
   C. 多媒体对象存储
   D. 多媒体文档检索

3. 多媒体数据的检索速度与以下哪几个因素直接相关？（　　　）
   A. 存储等待时间
   B. 压缩效率
   C. 传输等待时间
   D. 解压缩效率

三、填空题

1. 在多媒体技术的存储中，有两种主要的大型存储技术可以被用于多媒体文档的存储，即＿＿＿＿＿＿和＿＿＿＿＿＿。

2. 多媒体数据库管理中，现在大多数解决办法是采用扩展现有的关系数据库，一是＿＿＿＿＿＿，二是＿＿＿＿＿＿＿＿＿＿＿＿。

3. 传统信息系统中的数据模型由3种基本要素组成，即＿＿＿＿＿＿＿＿、＿＿＿＿＿＿、＿＿＿＿＿＿＿＿＿。

4. 图像最基本的表示格式是＿＿＿＿。

5. 实现基于内容的检索系统主要有两种途径：一是＿＿＿＿＿＿＿＿＿＿＿，二是＿＿＿＿＿＿。

四、简答题

1. 试述多媒体数据库与传统数据库的异同。
2. 多媒体数据模型有何特点？
3. 多媒体数据库主要涉及哪些技术？
4. 基于内容的检索技术涉及哪些数据库技术？
5. 基于内容的检索技术的应用会拓展到哪些领域？
6. 多媒体数据库技术的进步会影响哪些领域？
7. 多媒体数据库技术和基于内容的检索技术本身还会有哪些进步？
8. 多媒体数据对传统的数据库有哪些影响？根据多媒体数据管理的特点，多媒体数据库系统应具备哪些基本功能？

第 **9** 章 **虚拟现实技术**

虚拟现实技术是 20 世纪 80 年代末、90 年代初崛起的一种实用技术,是多媒体技术的一种应用。它通过创建虚拟世界的计算机系统,逼真地模拟人在自然环境中的视觉、听觉、运动等。本章在介绍虚拟现实的发展及研究现状的基础上,详细介绍了虚拟现实的主要研究内容、虚拟现实系统的基本组成及实现虚拟现实系统的特征,最后结合实例,对虚拟现实的实现技术进行了介绍。

9.1 虚拟现实的基本概念

虚拟现实(Virtual Reality,VR)就是采用计算机技术生成一个逼真的视觉、听觉、触觉、嗅觉及味觉等虚拟的感观世界,用户可以直接用人的技能和智慧对这个生成的虚拟实体进行考察和操作。这个概念包含 3 层含义:首先,虚拟现实是用计算机生成的一个逼真的实体,逼真就是要达到三维视觉、听觉和触觉等效果;其次,用户可以通过人的自然技能(五官与四肢)与这个环境进行交互;最后,虚拟现实往往要借助一些三维传感技术为用户提供一个逼真的操作环境。由此可见,虚拟现实是多媒体发展的更高境界,具有更高层次的集成性和交互性,现在已成为多媒体技术研究中的一个十分活跃的领域。

从狭义的观点看,虚拟现实即一种人机界面(人机交互方式)。在这种情况下,可以称之为"自然人机界面"。在此环境中,用户看到的是全彩色主体景象,听到的是虚拟环境中的音响,手(或)脚可以感受到虚拟环境反馈的作用力,因此用户产生一种身临其境的感觉。亦即人以与感受真实世界一样的(自然的)方式来感受计算机生成的虚拟世界,具有和在相应真实世界里一样的感觉。这里,计算机世界既可以是超越我们所处时空之外的虚构环境,也可以是一种对现实世界的仿真(强调是由计算机生成的,能让人有身临其境感觉的虚拟图形界面)。为此,我们必须创造出人可感受的各种感觉(视觉、听觉、触觉、嗅觉、味觉等),并让人以自然的方式(与真实世界类似的方式)感知到,同时必须提供手段让人以"自然"的方式来操作。例如,使操作者在虚拟环境下产生与现实中相一致的身临其境的视觉、触觉和听觉效果,同时通过视、听、手的动作参与虚拟环境中事物的运动过程。

从广义的观点看,虚拟现实即对虚拟想象(可三维及可视化的)或真实三维世界的模拟(Simulation)。这就不仅仅是一种界面了,主要的部分是内部的模拟,而界面可采用虚拟现实形式的界面。对某个特定环境真实再现后，用户通过接受和响应模拟环境的各种感观刺激，与其中虚拟的人和事物等方面进行行为和思想等的交流，这样用户就会有身临其境的感觉。值得注意的是，其中的那些虚拟的人可能是由其他真实的人控制的，是他们的代表。

近几年来，虚拟现实技术的飞速发展，引起了世界各国学者的密切关注，成为十分活跃的研究领域。它汇集了一系列高新技术，包括计算机图形学、多媒体技术、人工智能、人机接口技术、传感器技术、高度并行实时计算技术和人类行为学研究等多项关键技术，是这些技术的更高层次的集成和渗透，是多媒体技术发展的更高境界。它能够提供给用户以更逼真的体验，为人们探索宏观世界和微观世界，以及直接观察事物的运动变化规律，提供了极大的便利。

虚拟现实技术的应用前景非常广阔。它开始于军事领域，在军事和航空航天的模拟，训练中起到非常重要的作用。另外，虚拟现实技术在医疗、制造业、娱乐和教育等方面的应用也具有很大的潜力。不久的将来，它会得到广泛应用。

9.2 虚拟现实的主要研究内容

虚拟现实的研究内容主要分为以下几个方面。

1. 人与环境融合技术

（1）高分辨率立体显示器：应具有较高的图像显示质量，且具有宽阔视场的立体显示技术，为用户提供有较大自由度的视角，使使用户能在飞行仿真这样的技术中，方便地观看座舱外的视景。

（2）方位跟踪系统：能动态地确定观察者视点的位置与方向，进一步确定场景的显示状态。

（3）手势跟踪系统：可以确定场景中的操作对象及使用者对虚拟世界的交互方式，如数据手套（Data Glove）。

（4）触觉反馈系统：柔性触觉传感器应该在总结生物传感器的经验的基础上进一步进行开发。

（5）声音定位与跟踪系统：可以根据声音确定空间方位。虚拟系统需要真实的声音环境，声像一体化技术也有待研究。

（6）本体反馈：其轻便的定位定向装置为 VR 系统提供丰富实用的交互手段。

2. 物体对象的仿真技术

物体对象的仿真技术包括几何仿真、物理仿真和行为仿真。

（1）几何仿真：研究如何快速建立不同层次的显示模型。由于 VR 系统与 CAD 模型工业标准 NURBS 共享数据的重要性，所以，对复杂 NURBS 几何形状进行简化是研究的重点。人们将来会研发出三维激光扫描仪，配备相应的处理软件后，它能自动生成适当的 VR 模型，改善目前手工建模对于复杂人体模型建模缺乏真实感的情况。

（2）物理仿真：场景造型应采用物理模型，不仅要考虑对象的几何形状，而且要考虑对象的质量、运动规律、受力情况和立体声音等，使物体在虚拟场景中的表示更为真实可信。

人体仿真是另一种类型的物理仿真，包括动画形式和人类工程学应用形式。20 世纪 60 年代，波音公司使用三维计算机人物来设计飞行器驾驶舱。目前，比较复杂的商用系统 Jack 由宾夕法尼亚大学人体建模与仿真中心研制开发。Jack 是操作带关节的几何图形的通用交互环境。由于 Jack 包含直指目标的动画过程，因此人们可向它直接发送如"移动胳膊""弯腰""双手叉腰"等交互式命令，使之产生类人行为。Jack 的关键特征包括关节手、伸手抓东西的能力、碰撞检测、碰撞避免、人体度量调配、行走、平衡控制、连接点矩和传感器通道等。

（3）行为仿真：研究在用户操作下或在其他景物的作用下场景状态的变化规律和变化过程，如对象互相撞击变形。碰撞检测是虚拟环境中对象行为仿真的重要研究内容，开发快速高效的碰撞检测算法是虚拟环境中模拟真实世界的重要手段。

3. VR 图像生成及高效快速生成体系图的技术

由于实时显示的刷新频率大于 15 帧/秒，复杂场景显示的计算量十分巨大，必须采用层次信息模型与逐步求精技术。双屏显示的同步问题是立体显示的一个关键。图形图像的合成设计及其合理叠加显示、虚拟世界坐标系与对象坐标系之间的转换，都是需要进一步研究的问题。坐标变换和碰撞检测需要大量的计算，并行处理是较好的方法。

当人们观看物体的时候，在同一时刻，两个不同图像通过不同的角度进入人的左右眼，人脑通过分析并合成这两幅图像，得到距离和深度上的感觉。关于人脑如何理解三维显示的研究工作还在进行之中，它是一个非常活跃的研究领域。如何在计算机的屏幕上显示两幅不同的图像，从而实现观察者的三维视觉效果，不仅仅是硬件的问题，还要求软件能生成用于显示的体视图像对。

类似技术会在建筑规划、水利工程中的地理信息系统与三维数字地形等领域得到具体应用。

4. 实时处理及并发处理的多维信息表示技术

使用这个技术的根本目的是使参与者沉浸于多维信息空间仿真建模，从中获取知识和形成新的概念。应克服的主要技术瓶颈是能对人类感知和肌肉活动起交互作用的基于计算机系统的接口系统，支撑技术（软硬件环境和工具）包括各类传感器、三维显示和音响器、虚拟环境产生器、程序设计工具集、计算机网络和高性能计算平台等。

5. 高性能的计算机图形处理硬件

重点研究图形处理专用硬件、图形的并行处理、大规模集成电路技术及其在图形发生器设计中的应用。

6. 分布式虚拟环境和基于网络环境的虚拟现实

建议对基于网络的虚拟现实研究给予特别的关注，因为 Internet 技术与 VR 技术的结合为虚拟现实提供了光明的前景。

9.3 虚拟现实系统的基本组成

虚拟现实系统由五大部分组成，即虚拟世界、虚拟现实软件、计算机、输入设备和输出设备。参与者与虚拟世界交互的过程大致如下：参与者首先激活输入设备，将头、手的位置和方向等信号输入计算机，虚拟现实软件接收并解释输入，更新虚拟世界及其中的物体，然后，重新计算虚拟世界的三维视图，并将这一新视图及其他信息（如声音信号和触觉信号等）立即送给输出设备，以便参与者看到效果。用来支持虚拟现实的计算机应有一定的运算速度和存储容量，应配有适当的图形加速器或专用的实时图像发生器或有多个并行处理器，应能协调用户提供的各种输入信号，并向用户输出必要的图形、声音及触觉数据。

1. 虚拟世界

虚拟世界是可交互的虚拟环境，是虚拟环境（Virtual Environment）或给定仿真对象的全体。它一般是一个包含三维模型或环境定义的数据库。虚拟环境是由计算机生成的，通过视、听、触觉等作用于用户，使之产生身临其境感觉的交互式视景仿真。虚拟环境有多种形式，它可能是某些物理环境（如建筑物、汽车、潜艇甚至太空仓这样的物体内部）的伪真实反映，也可能是根本没有任何物理基础的某一跨国公司的地理、层次网的三维数据库，甚至可以是与股票交易有关的多维数据集。虚拟环境还可用来评价一些物理仿真。在对电场中的分子行为进行模拟时，原子结构的行为动态可用简化的模型进行模拟。不管应用在何处，系统都要建立一个反映环境的几何数据库并将其存储起来，在需要时可进行实时调度和渲染。

2. 虚拟现实软件

虚拟现实软件提供实时观察和参与虚拟世界的能力，包括虚拟环境建模、动画制作、物理仿真、碰撞检测和交互模式等。

（1）虚拟环境建模：CAD 技术为虚拟现实提供了有效的建模手段。模型工具包括AutoCAD、3DS、Wavefront、Multigen、Modelgen 2 和 Computer Vision 等。这些模型可为多数虚拟现实系统利用，节省了大量的再建时间。建模工具一般提供了广泛的图形库支持。

（2）动画制作：一些动画可用矩阵操作来支持移动及旋转，而摆动及弹跳运动则需要专门程序。实时计算这些物理过程会带来诸如系统延时等问题，在某些动画序列中，复杂的动作可用简单的模拟方法而不需要复杂的数学过程。这项技术要求将这些动作分解为一系列离散的关键模型并放到数据库中。

（3）物理仿真：在进行物理仿真时，人们必须为物体设计一些支持其某些物理行为的程序。这一方面要求很强的计算能力，同时也使系统增加了一些延时。例如，下落的物体必须赋予质量属性，必须用运动方程来计算其加速度；物体在降落过程中容易旋转，这就要增加以角动量形式表现的动能，这种动能在物体与地板碰撞时转化为声音及热能，甚至可能导致物体破碎，碎片的运动受其尺寸、形状、旋转及地板弹性影响。人们从电视中见到的一些制作精美的动画广告，虽然精确度很高，但是，这些动态仿真不是实时交互的直接结果，实时进行这些仿真是虚拟现实系统面临的挑战。

（4）碰撞检测：虚拟现实常用碰撞来模拟现实生活中的接触、抓、移动和打击等情形。虚拟现实系统的一个重要功能，就是能快速进行虚拟世界中物体间的碰撞检测。虚拟世界中的物体，是以计算机产生的几何模型形式而存在的。这样，物体就可能占有一定的空间并具有穿透性，或者以一种非现实的途径相互穿插。这些现象在现实世界中是永远不可能发生的，因为物体间总会先发生碰撞。目前有多种碰撞测试方法，其中，基于快速计算的包围球碰撞测试方法和较为精确的包围盒碰撞测试方法，尤为人们所重视。

（5）交互模式：为简化人机界面，人们提出了许多新方法，发明了许多新设备，以及与虚拟现实有关的新技术，而且交互模式越来越多。例如，特征识别单元、视觉显示单元、触摸屏、光笔、游戏杆、拇指轮、压感笔、便笺簿等都是与虚拟现实有关的设备和技术。

3. 输入设备和输出设备

输入设备可用于观察和构造虚拟世界，将用户信号输入给计算机，包括三维跟踪器、数据手套、三维鼠标等。

输出设备可用于输出有关虚拟环境的视觉信号、声音信号和触觉信号，包括头盔显示器、耳机和各种触觉设备。

9.4 虚拟现实系统的特征

无论是哪一种虚拟现实系统，都有浸入性、交互性和构想性这 3 个基本特征。

1. 浸入性

浸入性是指让参与者有身临其境的真实感觉，可分为视觉浸入、触觉浸入、听觉浸入、嗅觉浸入和味觉浸入等。

（1）视觉浸入：是使使用者亲身体验虚拟环境真实直观的视图，显示系统应直接受使用者的控制，获得浸入虚拟环境的感觉。尽管飞行模拟器的全景显示系统不包括立体的信息，然而图像经校准及使用者周边视图被刺激的事实，都让使用者产生了浸入三维世界的强烈感觉。另一方面，头盔可为左、右眼提供两个包含平行视差的独立图像，产生真实的立体感。

（2）触觉浸入：允许使用者接触并感觉虚拟物体。然而，目前的技术还不可能提供人们在真实世界的触觉反馈水平，除非技术发展到同人脑直接交流。但是，可以配备相应的硬件，使用户能够抓握或佩戴。例如，飞行模拟器中的飞行控制装置就使用了力反馈，以便驾驶员能体验到在真正的飞机上会感受到的力。然而，如果要模拟物体的物理质量，就要使用带关节的操作器来产生力。

（3）听觉浸入：在虚拟现头系统中，声音成为补充交互性视觉与触觉领域的自然属性。例如，人们可以模拟大范围的声音效应，如碰撞、擦刮、雷鸣、波涛拍岸及泼水等自然现象发出的声音。在浸入式三维虚拟世界中，两个虚拟物体碰撞时，相应的声音自然地应从同一地点发出。现在的硬件已能够提供两路立体信号，用它们能模拟进入使用者耳道压力波的衰减，从而模拟人耳感受声音的方式，这为大脑提供了有价值的声音信号，使其能给声源定位。

人们刚刚开始研究嗅觉浸入，目前还没有大的进展。味觉浸入的研究工作尚未开始。

2. 交互性

交互性是指用户对虚拟环境内物体的可操作程度和从环境得到反馈的自然程度（包括实

时性）。例如，虚拟环境包含一只"虚拟手"，使用者可以在头盔中看到包含有三维虚拟手的立体景象。使用者可以戴交互手套或类似装置，手的任何运动都可被跟踪并用于控制虚拟手的状态。如果使用者的手伸向虚拟椅子，则能看到虚拟手也在移动。虚拟手可抓住椅子，不管使用者怎样移动自己的手，椅子都会随之移动。

3．构想性

构想性是指虚拟现实系统能帮助人们获取知识和形成新的概念。

9.5　虚拟现实系统的分类

虚拟现实系统按其功能的不同分成 3 种类型。

1．简易型虚拟现实系统

简易型虚拟现实系统可以仅由一台普通的计算机组成，使用者通过键盘、鼠标与虚拟环境进行交互。使用者主要是从视觉上感觉到真实世界，通过某种显示装置如图形工作站，可对虚拟世界进行观察。用户可以利用空间鼠标这样的装置在虚拟环境内漫游，这种装置使用户可对视点作 6 个自由度的平移及旋转。例如苹果公司推出的快速虚拟系统（QuickTime VR），就是采用 360°全景拍摄来生成逼真的虚拟情景，用户在普通的计算机上，利用鼠标和键盘，能够真实地感受到虚拟的情景。这种系统的特点是结构简单、价格低廉，易于普及推广，是一套比较经济实用的系统解决方案。

2．沉浸型虚拟现实系统

沉浸型虚拟现实系统是比较复杂的系统。使用者只有头戴头盔、手戴数据手套等传感跟踪装置，才能与虚拟世界进行交互。这种系统以对使用者头部位置、方向做出反映的计算机生成的图像代替真实世界的景观。由于这种系统可以将使用者的视觉、听觉与外界隔离，因此，用户可排除外界干扰，全身心地投入虚拟现实中去。目前市场上出现了三大头盔显示器，即谷歌收购的 Oculus Rift、HTC Vive 和 SONY 的 PS VR，如图 9.1 所示。其中 Oculus 的延迟率非常低，当画面视角随着佩戴者头部转动而转动时，体验会非常自然、流畅，虽然双眼分辨率加起来能达到 1080P，但是人眼依然能感到略有晶格感，影响了沉浸感。索尼 PS VR 的屏幕分辨率是主流的 1080P，但是索尼的屏幕与其他头显屏幕不同之处是屏幕上的每一个像素都是由完整的 RGB 颜色标准构成，这是其他做不到的。PS VR 的第二个优势是索尼通过软件提高了画面刷新率，使画面更加流畅，人在观看屏幕时获得的眩晕感大大减少，改善了 VR 游戏带来的晕动症，玩家也就可以进行更长时间的使用。HTC Vive 的分辨率是三大头显中最高的，佩戴者置身于一个 15 英尺（1 英尺≈30.4 厘米）长、宽的房间，配合体感控制器，玩家在房间里的活动可以真实地反映到虚拟现实中去，相当于现实中的房间的空间变成了一个虚拟的空间，这会让人感觉进入了另一个世界。

3．共享型虚拟现实系统

共享型虚拟现实系统是利用远程网络，将异地的不同用户联结起来，共享一个虚拟空间，多个用户通过网络对同一虚拟世界进行观察和操作，达到协同工作的目的。例如，身处异地的医生，可以通过网络，对虚拟手术室中的病人进行外科手术。

(a) Oculus Rift CV1

(b) HTC Vive

(c) Sony PS VR

图 9.1　虚拟现实的三大头盔显示器

9.6　增强现实系统与设备

现实增强（Augmented Reality，AR）技术这一概念是在 1997 年由北卡大学的罗纳德 Ronald 教授在他的论文《A Survey of Augmented Reality》中所提出的。通常情况下，物体都是被实在地放在真实环境中，例如一只摆放在桌子上的花瓶，现实增强世界中虽然也同样是一只在桌子上的花瓶，但有些时候这只花瓶并不是真实存在的，而是经由某种算法计算出桌子的位置后，由计算机摆放在桌子上的"假"花瓶。这就是现实增强技术所要实现的目标，它的实质就是将虚拟的物体与现实世界结合与叠加，从而实现某种现实不易实现或不可能完成的场景或任务，达到超越现实的感官体验。

早年间现实增强技术的应用基本上采用了标识识别方法，即在一张特殊的 AR 卡面上描绘一些特殊的图案，有些是类似于二维码的几何图案，经过改进后，AR 卡的卡面已经可以换成一些具体的图画，例如人物、字符之类；而近年现实增强技术已经成功进步到可以脱离标识成为无标识识别方法，2016 年大热的手机游戏《Pokémon go》就正是运用了无标识的现实增强技术，它使应用可以被随时随地地使用，增加了应用的快捷与便利性。

2016 年被誉为"VR 元年"，一大批虚拟现实设备不断涌现，各大厂商也在积极得为 VR 开发各种软件、游戏。现实增强也有着不可小视的前景，甚至比虚拟现实有着更加广泛的应用与更强大的优势。根据国外 Digi-Capital 网站的统计与预测，尽管前几年 AR 技术的营业收入只有 1.8 亿美元，但随着近几年的发展，市场对于 AR 的投入与 VR 相比较所占的比例正在逐年升高，预计到 2020 年，AR 市场的总规模可能会达到 900 亿美元。

过去相当长的一部分时间里，现实增强系统所使用的识别算法都是采用了标识识别的方法，虽然说标识识别非常简单易用，但它的局限性让先进的学者们都将识别方法转向了无标识识别。不可能随时带着标识识别中所使用的标识，同时用户在每次使用时都要将摄像头对准标识也给用户增添了一个麻烦的步骤，这些因素很可能削弱用户对应用的使用热情。为此，多种视觉捕捉方法被设计出来，在这些方法的帮助下，现实增强技术得以在虚拟环境、动作捕捉之类的领域内大显身手。

混合现实（Mixed Reality，MR）是和虚拟现实相近的一个概念。其将真实世界和虚拟世界混合在一起，来产生新的可视化环境，环境中同时包含了实时的物理实体与虚拟信息。其中的代表设备就是 2015 年发布的 Microsoft HoloLens 无线全息计算机设备，它能够让用户与数字内容交互，并与周围真实环境中的全息影像互动。Microsoft HoloLens 由协同实现全息计算的特殊组件构成，包含惯性测量装置、环镜光传感器、1 个深度测量摄像头、4 个环境感知摄像头（见图 9.2），通过高级传感器以锁步方式运行的光学系统，以及让每秒处理大量数据的工作变得轻松的 HPU（全息处理单元）。所有这些组件以及其他硬件，让用户实现自由移动并与全息影像互动。

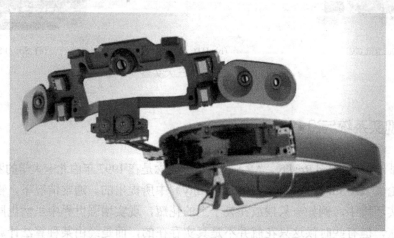

图 9.2　微软混合现实设备 HoloLens

9.7　虚拟现实的应用实例与开发技术

虚拟现实是多媒体技术的一种应用和发展方向。虚拟现实系统除了普通多媒体系统的交互设备（如键盘、鼠标、显示器和音箱等）外，还需要一些特殊的设备如数字手套、追踪器、数字头盔等。追踪器有机械的、超声的、磁感应的、光学的和无源的几种，其灵巧程度远比一般交互设备优越得多。"头盔"则由显示器、光学系统、立体声音箱和追踪系统构成。

虚拟现实建模语言（Virtual Reality Modeling Language，VRML）通过创建一个虚拟场景以达到现实中的效果。VRML 被广泛应用于 Internet 上创建虚拟三维空间，利用 VRML 可以随意创建任何虚拟的物体，如建筑物、城市、山脉、星体等对象。当然也可以在虚拟空间中添加声音、动画，使之更加生动，更接近现实，还可以具有与浏览者的交互性，从而实现更加接近现实生活中的网上虚拟空间。

VRML 为虚拟环境的建立提供了规范，综合了现有三维软件的景象描述语言的优点。它有基本元素——顶点、线和面的定义、坐标变换有缩放、旋转和平移，并有优化的数据结构。用 VRML 编写的程序需要 VRML 浏览器才能播放。VRML 浏览器可以是独立的软件，也可以是插件，内插于其他软件之中。目前，VRML 浏览器软件种类很多，如 Netscape 公司的 Live3D，Paper Software 公司的 WebFX，SGI 和 Template Graphics Software 公司的 WebSpace，InterVista 软件公司的 World View，以及 Microsoft 公司的 Virtual Explorer 等。它们基本上实现了物体的变换效果，如灯光、视角变换、模糊、裁剪、阴影、投影、碰撞等。

9.7.1　VRML

VRML 同 HTML 语言一样，是一种 ASCII 的描述性语言，可以用文本编辑器 VRML 编辑。用户可选用自己喜爱的文本编辑器（如 Windows 下的 NotePad 等）进行编辑。现在 VRML 的编辑器除这些操作系统自带的外，还有许多功能强大的编辑器。如 Internet 3D Space Builder，Cosmo World（可视化编辑器），VrmlPad 1.2（文本编辑器）等。正是有这些功能强大且简单好用的编辑器，VRML 的开发更简单、更完美。

由于 VRML 将要在网络上跨平台传输，所以需要为它定义一种文件格式，在经过一番选择后，Silicon Graphics 公司（SGI）所开发的 Open Inventor 软件的开放式三维文件格式被选定作为 VRML 的文件格式。1995 年，人们正式推出 VRML1.0 版本。1996 年，人们在对 1.0 版本进行重大改进的基础上推出了 2.0 版本，其中添加了场景交互、多媒体支持、碰撞检测等功能。1997 年 12 月，VRML 作为国际标准正式发布，并于 1998 年 1 月获得 ISO 批准，通常被称为 VRML 97，它是 VRML2.0 经编辑性修订和少量功能性调整后的结果。

当前，研究人员已经开发出许多基于 VRML 的实验或实用系统，如远程教育、建筑物的漫游、医学实验演示和虚拟剧场等。也有人将 VRML 引入一些传统的协同设计领域，协同工作中非常重要的各开发者之间的交流联系，借助于 VRML 提供的良好的交互性和真实性，变得很直观、自然。

1. VRML 简介

VRML 文件以.wrl 为后缀，它是一种文本格式的文件。解释 VRML 文件并构造三维模型的软件被称为 VRML 浏览器。VRML 浏览器通常是以插件的形式附着在 Web 浏览器中，如 IE、NetScape 等 Web 浏览器都有自带的 VRML 浏览器，但这些浏览器的功能有限，对 VRML 的支持不很充分，一些公司开发的 VRML 浏览器则功能强大，如 SGI 公司的 Cosmo Player，SONY 的 Community Place Brower 等。下面是一个 VRML 的简单例子，程序构造了一个半径为 1 个单位的被照亮的三维球体（见图 9.3）。

图 9.3　sphere.wrl

【例 9.1】sphere.wrl

```
#VRML V2.0 utf8
Shape{
        appearance Appearance{
                material Material{
                emissiveColor 1 0 0
                }
        }
        geometry Sphere {
                radius 1
        }
}
```

程序说明如下：

每个 VRML2.0 文件必须以语句#VRML V2.0 utf8 作为开始。

"utf8" 是国际标准组织确认的一个标准，在 VRML 文本节点中引导语言字符。以£或#开头的文本行是注释行，直到下一个回车符为止，它将被浏览器解释所忽略。

Shape 是 VRML 的一个节点（Node）类型，它有 appearance 和 geometry 两个字段，分别用于定义物体的外观属性（如材质、纹理）和几何属性。

appearance 字段后紧跟的 Appearance 也是 VRML 的一个节点，它的内容就是该物体的外观属性。

Appearance 可以定义 Material（材质）、Texture（纹理）和 Texture Transform（纹理变换）3 种属性。Material 节点紧跟在 material 字段后面，其内容就是物体的材质属性。EmissiveColor 100 表示球的表面材质反射 100%的红光、0%的绿光和 0%的蓝光。

geometry 字段后的 Sphere 节点表示物体是一个球体。radius 1 表示球体的半径是 1 个单位。

VRML 是一个基于对象的语言，它提供的 3D 空间中描述对象的格式被称为节点（Node）。节点可以与 C++或 Java 中的对象相对应，可以把节点视为派生类型 Box、Sphere、Sound、Spotlight 等定义的基类。每个对象节点都有共同的属性，如类型名称、默认字段值和收发设置字段信息的能力（VRML2.0 中的事件）。当定义一个派生的类时，就像在 C++中一样，可以仅用默认值。VRML 的一个好处就是当定义一个节点时，总是包含一个可视的有形的结果。

VRML 提供了许多预定义的节点，例如从场景元素继承特性生成的对象库；它还可以使用户通过原型派生和使用自身的节点。

在 VRML 场景中，可以通过把节点分组生成场景图来组织虚拟世界的布局和功能。场景图有点像树根，树干是最高结构层，子群组成树枝，节点在下面。在场景图分层结构中，子节点从它的每个父节点继承位置、方向等特性。

为了说明问题，程序例 9.2 的结构如图 9.4 所示，显示了 VRML 场景图中节点的层次结构。在程序例中，DEF 是增加节点名称的关键词。

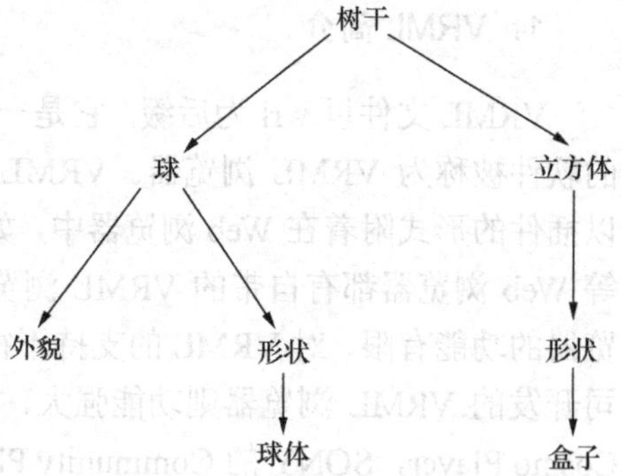

【例 9.2】scene.wrl

图 9.4　scene.wrl 的场景等级结构

```
#VRML V2.0 utf8
DEF TRUNK Transform {
        translation 0.0 1.0 0.0
        rotation 0.0 1.0 0.0 0.39
        children [
        DEF BALL Transform {
                translation 3.0 0.0 0.0
                children [
                        Shape{
                        appearance
                            Appearance{
                                material Material {
                                    emissiveColor 1 0 0
                                }
                        }
```

```
                                    geometry Sphere { radius 1 }
                        }
                ]
        }
DEF CUBE Anchor {
        url ["http://spiw.com"]
        children [
        Shape{
        geometry Box { size 1 2 2 }
                }
            ]
        }
    ]
}
```

下面给出一个在三维空间场景中添加圆锥体的实例。

【例 9.3】添加圆锥体

```
#VRML V2.0 utf8
Shape {
    appearance Appearance {
        material Material {
        }
    }
    geometry Cone {
    }
}
```

其运行结果如图 9.5 所示。

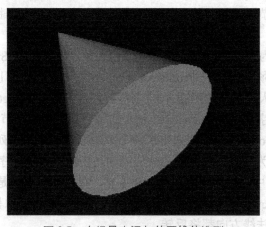

图 9.5 在场景中添加的圆锥体造型

从上例可以看出，在场景中添加圆锥体造型要用到 Cone 节点。Cone 节点创建的是一个以空间坐标系 Y 轴为对称轴，原点为中心的圆锥体。该圆锥体由两部分组成——底面和锥面。该节点有 4 个域，即 bottomRadius 域、height 域、side 域和 bottom 域，其中 bottomRadius 域和 height 域的域值类型都是 SFFloat 类型，side 域和 bottom 域的域值类型都是 SFBool 类型。bottomRadius 域用于指定创建的圆锥体的底面半径长度，height 域用于指定创建的圆锥体的高，side 域用于指定创建的圆锥体是否有锥面，bottom 域用于指定创建的圆锥体是否有底面。bottomRadius 域和 height 域的默认域值分别是 1.0 和 2.0 个单位；side 域和 bottom 域的默认域值都是 TRUE，即创建的圆锥体造型有锥面和底面。

节点的字段（field）是参数或者关键字，它们的值描述了节点对象的属性。字段可以分为两类："属性"字段，它用于对所要定义的节点定义属性，如 Spotlight 节点的 Ambient Intensity 或 Sphere Radius；"连接"字段，它用于把属性值传递给另外的节点。在程序例 9.1 中的 Shape 节点包括两个连接字段的例子：geometry 字段，它接受一个 Geometry 节点的参数和 Sphere、Box 或 Cone 节点的参数；appearance 字段，它接受 Appearance 节点的描述。使用连接字段的节点可以使用户在运行时使用事件触发器选择它的位置，如传感器和脚本。其他的字段是私有的，其值只能在开始时设定。

（1）VRML 的度量单位

VRML 的度量单位是标准化了的，角度以弧度表示，长度单位是米。例如，定义一个长、宽、高均为一个单位的盒子，它代表了一个边长 1 米的立方体。如果立方体被放在地板上，把它旋转 45° 角，从一个顶点观察它，那么在 Y 轴上它转动了 $\pi/4$ 或 0.785 弧度。

为了在 VRML 场景中定位对象，在 Transform 群组节点中使用 Rotation 字段，定义它的角度，然后使用 Translation 字段定义希望物体所处位置的 X-Y-Z 轴起始位置。

（2）坐标系统和显示

在 VRML 的场景中设置物体需要有明确的坐标，同一个场景有一个统一的坐标系。这个坐标系是一个右手坐标系，在初始（即观察者没有移动位置和改变视角）时，该坐标系的 X 轴为沿屏幕水平向右，Y 轴为沿屏幕垂直向上，Z 轴为从屏幕指向用户。

VRML 的 geometry 节点对象参照这个坐标系，使用三维坐标系统描述点的位置。在初始状态下，VRML 的 geometry 节点（除了文本）都被定位在空间坐标（0,0,0）点上，且高度以 Y 轴正方向表示（Text 节点开始从缺省位置左端开始文本串，沿 X 轴正方向放置每个连续的文字）。

VRML 提供了被称为 Primitives 的许多种基节点对象，包括 Box、Sphere、Cone 和 Cylinder，可以使用它们构造三维场景。这些 Primitives 只能提供一些基本的几何体，如果想构造更复杂的三维模型（如一个人脸的多边形面片），则需要利用 IndexFaceSet 节点，用多边形的数据去填充该节点内的相应字段。IndexFaceSet 包含的每个顶点都由子节点 Coordinate 中的三维点列描述，而子节点 CoordIndex 中则列出了每个多边形的顶点在点列中的索引值，各个多边形的索引集之间用-1 作为间隔。多边形的法线方向与所给的顶点顺序符合右手法则，即按照该多边形在 CoordIndex 中列出的顺序弯曲右手手指，拇指的方向就是多边形的法线方向。如果将 IndexdFaceSet 的 ccw（counterclock wise）字段设置为 FALSE（默认值为 TRUE），则该节点内的所有多边形的法线方向都将反转。

【例 9.4】Paperplane.wrl

```
#VRML V2.0 utf8
    Shape{
        appearance Appearance {
            material Material {
                diffuseColor 1.0 1.0 1.0
                emissiveColor 0.5 0.5 0.5
```

```
                         shininess 5
             }
        }
    geometry IndexedFaceSet {
             coord Coordinate {
                              point [
                                       0.0 0.0 2.5
-2.5 0.0 -2.5
-0.5 0.5 -2.5
                                       0.0 -1.5 -2.5
                                       0.5 0.5 -2.5
                                       2.5 0.0 -2.5
                                       ]
                    }
          coordIndex [
                    0,  1,  2,  -1,
                    3,  2,  0,  -1,
                    3,  4,  0,  -1,
                    4,  5,  0,  -1
                    ]
  normalPerVertex FALSE # 不为每个顶点指定法向量ccw FALSE
  # 反转多边形的法线方向
                         solid FALSE
             }
      }
```

例 9.4 的运行结果如图 9.6 所示。

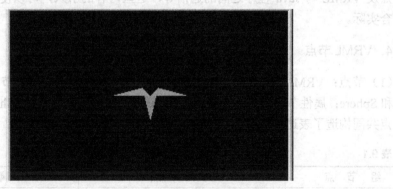

图 9.6　例 9.4 的运行结果

2. 线性变换

在 VRML 中，Transform 节点是一个基本结构，它是一个常见的群组节点（Grouping Node），可以作许多物体的容器。Transform 还提供了更强大的功能，在计算机图形中，无论是缩放比例、旋转或是平移，"运动"总是和变换（Transformation）紧密相连的。VRML2.0 中，Transform 节点将其定义的变换施加于物体。它的各字段的缺省值定义如下：

```
Transform {
      center 0 0 0
```

```
        translation 0 0 0
        rotation 0 0 1 0
        scale 1 1 1
        scaleOrientation 0 0 1 0
        children [ ]
    }
```

VRML 场景图包含许多群组节点，以便定义一个方便的等级来操作场景。当然，也可以把 Transform 和其他节点组成群组节点（例如，在一个物体等级的内部某一层放置一个传感器，用一个事件触发它，但同时又保留着操作整个组活动的能力）。

Transform 字段的值（如转变或旋转），可以由任何 Shape 节点或它的子节点所继承。

3. 场景交互

VRML2.0 能够支持动态的、交互式的 3D 场景。利用 VRML2.0 建立的场景，不仅可以展示其中运动的物体，而且可以使用户跟这些物体进行交互。例如，在某个场景中，门开着，电梯在运行，出租车行驶着。更奇妙的是，用户可以将门打开或关上，选择电梯的上下按钮，或者招手叫出租车停下来。

VRML2.0 采用事件机制来支持动态交互的场景。事件是包含一些数据的信息，它被用来作为事件的探测器。在 VRML2.0 中，每个事件包括两个部分——来源和目标，它们都是由某个节点的字段表示的。VRML2.0 提供了一组描述事件探测器的节点。如 TouchSensor 用于描述用户输入的消息；TimeSensor 用于产生定时器消息；ProximitySensor 用于相应用户进入某个区域的消息；VisibilitySensor 用于判断某个包围盒区域的可见性等。探测器节点、插入器节点及 VRML 与 Java 程序之间的通信等，这些内容的引入，可以使场景交互变得很复杂和符合实际。

4. VRML 节点

（1）节点：VRML2.0 节点可分成图形和非图形两类节点。图形节点包括几何类型，如 Box 和 Sphere；属性节点，如 Appearance 和 Material；组节点，包括 Shape 和 Transform。这些节点共同构造了表述的场景。VRML2.0 图形节点见表 9.1。

表 9.1　　　　　　　　　　VRML2.0 图形节点

组 节 点	几 何 节 点	属 性 节 点
Shape	Box	Appearance
Anchor	Cone	Color
Billboard	Cylinder	Coordinate
Collsion	ElevationGrid	FontStyle
Group	Extrusion	ImageTexture
Transform	IndexedFaceSet	Material
Inline	IndexedLineSet	MovieTexture
LOD	PointSet	Normal
Switch	Sphere	PixelTexture
Text	TextureCoordinate	TextureTransform

非图形节点通过给 3D 世界增加声音、触发事件和动画数据给 VRML2.0 增添动态效果，这些节点见表 9.2。

表 9.2   VRML2.0 非图形节点

声 音	触 发 事 件	动 画 数 据
AudioClip	CylinderSensor	ColorInterpolator
Sound	PlaneSensor	CoordinateInterpolator
	ProximitySensor	NormalInterpolator
	SphereSensor	OrientationInterpolator
	TimeSensor	PositionInterpolator
	TouchSensor	ScalarInterpolator
	VisibilitySensor	
	Script	

（2）节点字段：VRML2.0 的节点字段可以给节点分配属性，以区别同一类型的节点。

最常见的节点字段是接受单一值的（以 SF 打头）字段和接受多个参数的（MF 打头）字段。对 MF 字段，在方括号里输入参数时，以逗号、空格分开几个参数值。例如，群组节点 Transform 或 Anchor 的子字段可作为一个或多个节点目标的容器。与此相似，ImageTexture 节点的 url 字段接受多个材料结构图的位置列，这样 VRML 的用户在试图从网络服务器上下载结构图之前，先下载到本地，并找到结构图，若找到就停止，没找到就继续找下一个 url 位置，而 url 位置可以是网络服务器。所有节点都包括一个到多个表 9.3 所示类型的字段。

表 9.3   字段类型与值约束

字 段 的 类	接 受 值
SFNode/MFNode	VRML 节点
SFBool	True 或 False
SFColor/MFColor	与红、绿、蓝相应的 3 个浮点数值，取值范围为 0.0~1.0
SFFloat/MFFloat	单精度浮点数
SFImage	image 图的像素描述
SFInt32/MFInt32	32 位整数
SFRotation/MFRotation	4 个值：前 3 个描述旋转矢量，最后 1 个是旋转角度值
SFString/MFString	字符串（utf8）
SFTime/MFTime	从起点开始的秒数（以 32 位双精度浮点数表示）
SFVec2f/MFVec2f	SFFloat 的二维矢量
SFVec3f/MFVec3f	SFFloat 的三维矢量

字段分为描述节点特性的字段或连接节点的字段。Glue 字段决定哪个 VRML2.0 的节点可以作为这类节点类型的值。

SFNode/MFNode 类型的字段是 VRML2.0 中唯一的预先定义的连接类型的字段。每个 SFNode/MFNode 字段都规定了哪种类型的节点与它相连，依赖的目标节点属于哪个字段。在前面的例子中，有 SFNode 类型的连接字段，如 Shape 节点的 appearance 字段，它接受

Appearance 节点的值；又如 Appearance 节点的 appearance 字段，它接受 Material 节点的值。MFNode 类型的连接字段包括 Transform 群组节点的子字段、LOD 节点的 Level 字段和 switch 节点的 choice 字段。

9.7.2 一个 VRML 虚拟漫游系统的设计

本节将结合前面的知识设计一个虚拟漫游场景。这个例子设计一个工作室，工作室中有办公桌和计算机，虚拟人可以在工作室中漫游。

一个虚拟漫游场景包含很多东西，如果只是通过一个文件来设计整个场景，效率低下，很容易出错，修改也很麻烦，而且代码过于冗长，阅读不方便。所以，设计系统的第一步是分离出场景中各个独立的物体造型，并编写代码来实现。等设计好各个模型之后，根据需要将各个模型组装成所需要的场景。下面开始整个设计过程。

可以从一个办公环境中分离出以下 4 个独立的物体模型——桌子、椅子、计算机显示器和计算机主机。在虚拟场景中漫游时，如果不加控制，虚拟人将可以穿过物体，这与现实情况不符。所以在设计物体模型时，需要给物体模型加上碰撞检测功能，这样，当虚拟人碰到物体时就无法继续向前走动，和现实情况吻合。

1．Collision 节点

这组节点的结构用来观测虚拟人是否和其他物体发生碰撞。语法如下。

```
Collision{
     #exposedField      MFNode      children
     #exposedField      SFVec3f     bboxCenter
     #exposedField      SFVec3f     bboxSize
     #exposedField      SFBool      collide
     #exposedField      SFNode      proxy
     #eventOut          SFTime      collideTime
     #evnetIn           MFNode      addChildren
     #eventOut          MFNode      removeChildren
}
```

children 域的值指定了一个包含在组中的子节点列表。

bboxSize 域的值指定了一个约束长方体的尺寸。

bboxCenter 域的值指定了约束长方体的中心。

Collide 域的值指定一个 TRUE 或 FALSE 值，它使对于组中子节点的碰撞检测变为有效或无效。接下来使用 Collision 节点来辅助创建相关的物体模型。

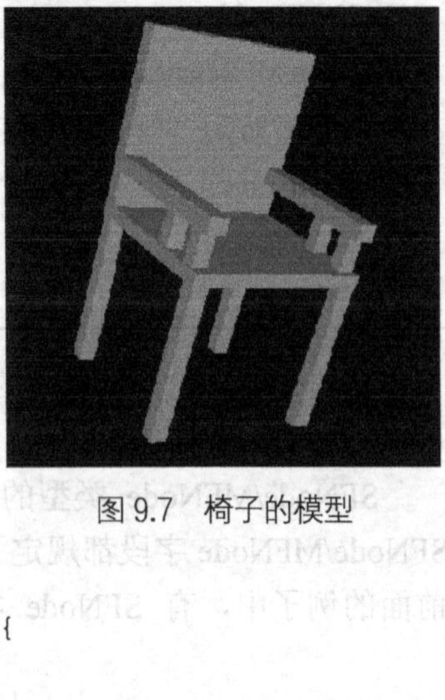

2．椅子

椅子的模型如图 9.7 所示。

设计如下。

（1）设计座位部分。采用 Box 节点，代码如下。

图 9.7　椅子的模型

```
Shape {
        appearance DEF chair_appearance Appearance {
```

```
        material Material  {
                diffuseColor 0.97 0.69 0.49
            }
        }
    geometry Box {
        size 2.0 0.16 2.0
        }
    }
}
```

（2）设计椅子的腿和靠背。它们都是长方体，代码和座位部分类似，此处不再详细列出。

（3）设计椅子的两个扶手。扶手由 3 个长方体组合而成，所采用的节点为 **Box**。下面的给出其中一个扶手的代码。

```
Transform {
    translation  -0.9 2.5 0.1
    children [
        Shape {
            appearance USE chair_appearance
            geometry DEF handle Box {
                size 0.2 0.2 1.8
            }
        }
    ]
}
Transform {
    translation  0.9 2.5 0.1
    children [
        Shape {
            appearance USE chair_appearance
            geometry USE handle
        }
    ]
}
Transform {
    translation  -0.9 2.2 0.8
    children [
        Shape {
            appearance USE chair_appearance
            geometry Box {
                size 0.17 0.4 0.17
            }
        }
    ]
}
```

有了以上的设计，就可以构造出一个椅子的模型。完整的代码详见附带的光盘。

3．桌子

桌子的模型如图 9.8 所示。

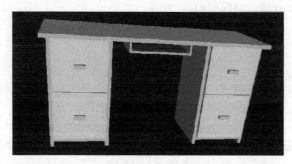

图 9.8　桌子的模型

（1）设计桌面。桌面为一个长方体，采用 Box 节点，代码如下。

```
Shape {
        appearance DEF desk_appearance Appearance {
          material Material {
          diffuseColor   0.97 0.69 0.49
          }
        }
        geometry Box {
          size 6 0.1 2.25
          }
      }
```

（2）设计桌腿。由图 9.6 可看出，桌腿包括上下两个柜子。由于对称性，我们只看左边的桌腿构造。

首先是外侧的挡板，为一长方体，代码如下。其中 desk_appearance 为上面已定义的节点。内侧挡板和只要将坐标平移即可。

```
Shape   {
        appearance USE desk_appearance
         geometry Box {
             size  0.1 3 1.9
             }
         }
```

柜子的挡板和手柄都是简单的长方体，代码和外侧挡板类似，这里就不给出详细代码了。

设计好以上部分之后，就可以通过坐标的变换把右腿也构造出来，从而构造出桌子。桌子的具体代码详见附带的光盘。

4．计算机显示器

计算机显示器的模型如图 9.9 所示。

显示器设计比较简单，底座为一个长方体加一个锥体，代码如下。

图 9.9　计算机显示器的模型

```
        Shape {   #长方体
```

```
            appearance Appearance {
                material Material {
                    diffuseColor  0.2 0.3 0.3
                }
            }
            geometry Box {
                size 1.2 0.1 1.0
            }
        }
    ]
}
Transform {
    Translation  0 0.25 0
    children [
        Shape {    #圆锥体
            appearance Appearance   {
                material Material {
                    diffuseColor  0.2 0.3 0.3
                }
            }
            geometry Cone {
                bottomRadius 0.4
                height 0.4
            }
        }
    ]
}
```

　　显示屏幕是由几个长方体组合而成的,在此就不给出代码了。
显示器的完整代码详见附带的光盘。

5. 计算机主机

　　计算机主机的模型如图 9.10 所示。

图 9.10　计算机主机的模型

　　计算机主机的设计主要是一个长方体,为了看起来真实,这
里为主机的前面贴上纹理图片,此图片在项目文件的 picture 目录
下,代码如下。

```
Shape {
    appearance Appearance {
        texture  ImageTexture {
            url "..\picture\host.gif"
        }
    }
    geometry Box {
        size 0.3 1.4 0
    }
}
```

6. 漫游场景的最终生成

　　要将物体模型都组合起来,需要将模型的文件都包含到场景文件中,这需要用到 Inline

节点，语法如下。

```
Inline{
        #exposedField    MFString    url
        #exposedField    SFVec3f     bboxCenter
        #exposedField    SFVec3f     bboxSize
}
```

url 域的值用来指定一个 VRML 文件的 URL 地址列表。

bboxCenter 域值用来指定这个 Inline 节点内联框架的空间位置，即指定了引入的 VRML 文件所创建的空间造型的空间位置。

漫游场景的效果图如图 9.11 所示。

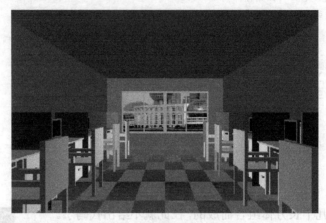

图 9.11　漫游场景的效果图

（1）设计浏览者的视角，使虚拟人出现在房间内，代码如下。

```
Viewpoint {
    position 0 0 17.5
}
```

（2）为了将整个场景都照亮，需要在房间中设置光源。这里采用点光源，代码如下。

```
PointLight {
        ambientIntensity   1.0
        attenuation    1 0 0
        location   0 0 0
        radius     100
        on TRUE
    }
```

（3）生成房子的地板。地板为一个长方体，还要为它贴上图片纹理，代码如下。

```
Shape {
    appearance  Appearance{
        texture ImageTexture {
        url "..picture\floor.jpg"
    }
}
```

```
geometry  floor Box {
    size  16  0.1  36
  }
}
```

（4）天花板为一个矩形，墙壁也为简单的矩形，不使用贴图，代码这里就不给出了。

（5）窗户主要由一些长方体组成框架，然后在墙壁的外面放上一张图片，模拟窗外的景色，因而不需要制造玻璃模型。长方体的框架之间主要是先计算好坐标，然后构成所需要的窗户模型。这里只给出窗外的风景画的代码。

```
Shape {
        appearance Appearance {
            texture  ImageTexture {
                url "picture\out.jpg"
            }
        }
        geometry Box {
            size 14 8 0.01
        }
}
```

（6）门主要由两个长方体组成，这里就不详细介绍了。要注意的是，两个长方体之间要留有一些空隙，从而产生门的观感。

设计完房间的构架，下面就是往房间中加入前面构造的桌子等模型，这里要使用 Inline 节点，主要是计算好坐标，把物体放在适当的位置。一个示例代码如下。

```
Transform {
Translation    5 -5 -2.5
rotation  0 1 0 1.571
children Inline {url "model\chair.wrl"}
}
```

9.8　本章小结

本章的重点是虚拟现实的基本概念、特点及应用，以及虚拟场景的生成。事实上，一个完整虚拟现实系统应该是视觉与听觉等多种感受上的集中表现，用户可以走进这个环境并操作系统中的对象。虚拟现实最重要也是最诱人之处是其实时性和交互性。通过计算机网络，多个用户可以参与同一虚拟世界，在视觉与听觉的感受上与现实世界一样，甚至更绚丽多彩。虚拟现实系统除了普通多媒体系统的交互设备外，还需要一些特殊的设施，如数字手套、追踪器、数字头盔等。

思考与练习

一、填空题

1. 虚拟现实技术的主要研究内容有_____、_____、

_____、_____、_____等。

2. 物体对象的仿真技术包括_____、_____和_____。

3. 虚拟现实系统由五大部分组成，即_____、_____、_____、_____和_____。

4. 无论是哪一种虚拟现实系统，都有_____、_____和_____这 3 个基本特征。

5. 虚拟现实系统按其功能的不同分成 3 种类型，即_____、_____、_____。

6. VRML 文件以_____为后缀。

二、简答题

1. 试述虚拟现实系统的分类及特征。

2. 虚拟现实系统有哪些主要的建模技术？

3. 虚拟现实系统的输入设备有哪几种类型？试收集有关输入设备的资料并分别归纳它们的功能。

4. 试将所在的学校的校徽用 VRML 它在计算机上表现出来。

5. 试述在一个多媒体应用软件的制作过程中，哪里可以应用到虚拟现实技术。

6. 结合学习及实践，谈谈在使用 VRML 中最易犯的错误，或者说最应该注意的方面。

第 **10** 章 流媒体技术

当多媒体被引入到分布式系统后，许多应用应运而生。同时多媒体应用系统也对通信提出了越来越高的要求。网络上的多媒体通信应用要求在客户端播放声音和图像时要流畅，声音和图像要同步，因此对网络的时延和带宽要求很高。流媒体技术就是把连续的影像和声音经过压缩处理后放在网站服务器上，让用户一边下载，一边观看和收听，而不需要等整个文件全部下载完毕。本章在介绍流媒体技术的一些基本概念的基础上，进一步介绍流媒体系统的基本构成和流媒体的应用，并给出了相关编程实例。

10.1 流媒体及其传输技术

计算机网络及其相关技术已经得到了广泛的应用。在 Internet 诞生以来相当长的一段时间内，网上的应用一直局限于下载使用的模式。流媒体技术的出现使在窄带互联网中传播多媒体信息成为可能。为适应 Internet 网上"边下载边观看，不必因为完全下载文件而等待"的要求而产生的流媒体，并非是一种新的媒体，实质上，是一种新的媒体传输方式，更进一步地说，是一种满足特定要求的数据格式。

10.1.1 流媒体的定义

在网络上传输音/视频（A/V）等多媒体信息，目前主要有下载和流式传输两种方式。如果采用下载方式下载一个音/视频文件，常常需要数分钟甚至数小时。这主要是由于音/视频文件一般都较大，所需的存储容量也较大；再加上网络带宽的限制，所以这种方法延迟很大。流式传输则把声音、影像或动画等时基媒体通过音/视频服务器向用户终端连续、实时地传送。采用这种方式时，用户不必等到整个文件全部下载完毕，而只需经过几秒或几十秒的启动延时即可进行播放和观看。当声音等时基媒体在客户端上播放时，文件的剩余部分将在后台从服务器上继续下载。流式传输不仅使启动延时成十倍、百倍地缩短，而且不需要太大的缓存容量。流式传输避免了用户必须等待整个文件全部从 Internet 上下载完毕后才能观看的缺陷。

流媒体（Streaming Media）是指在网络中使用流式传输技术的连续时基媒体，如音频、视频或多媒体文件。流媒体技术就是把连续的影像和声音经过压缩处理后放在网站服务器上，让用户边下载边观看和收听，而不需要等整个文件全部下载完毕后才观看。流媒体技术不是单一的技术，它是建立在很多基础技术之上的技术。它的基础技术包括网络通信、多媒体数据采集、多媒体数据压缩、多媒体数据存储、多媒体数据传输。流媒体实现的关键技术就是流式传输。

流式传输主要指的是通过网络传送媒体（如视频、音频）的技术总称，其特定含义为通过 Internet 将影视节目传送到 PC。实现流式传输有两种方法，即实时流式传输和渐进流式传输。一般来说，如视频为实时广播，或使用了流式传输媒体服务器，或应用了 RTSP（Real Time Streaming Protocol）等实时协议，即为实时流式传输；如使用 HTTP 服务器，文件即为通过渐进流式传输。采用哪种传输方法取决于用户的需求。当然，流式文件也支持在播放前完全下载到硬盘。

1．实时流式传输

实时流式传输保证媒体信号带宽与网络连接匹配，使媒体可被实时观看到。实时流式传输与 HTTP 流式传输不同，它需要专用的流媒体服务器与传输协议。

实时流式传输总是实时传送，特别适合现场事件，也支持随机访问，用户可快进或后退以观看前面或后面的内容。理论上，实时流一经播放就不再停止，但实际上可能发生周期暂停。

实时流式传输必须匹配连接带宽，这意味着在以调制解调器速度连接时图像质量较差。而且，由于出错丢失的信息被忽略掉，网络拥挤或出现问题时，视频质量很差。如欲保证视频质量，渐进流式传输也许更好。实时流式传输需要特定服务器，如 QuickTime Streaming Server、RealServer 与 Windows Media Server。这些服务器允许用户对媒体发送进行更多级别的控制，因而系统设置、管理比标准 HTTP 服务器更复杂。实时流式传输还需要特殊网络协议，如 RTSP 或 MMS（Microsoft Media Server）。这些协议在有防火墙时有时会出现问题，导致用户不能看到一些站点的实时内容。

2．渐进流式传输

渐进流式传输是顺序下载，在下载文件的同时用户可观看在线媒体，在给定时刻，用户只能观看已下载的那部分，而不能跳到还未下载的部分。渐进流式传输不能像实时流式传输那样在传输期间可根据用户连接的速度做调整。由于标准的 HTTP 服务器可发送这种形式的文件，也不需要其他特殊协议，它经常被称作 HTTP 流式传输。渐进流式传输比较适合高质量的短片段（如片头、片尾和广告），由于该文件在播放前显示的部分是无损下载的，所以这种方法保证了电影播放的最终质量。这意味着用户在观看前，必须经历延迟，对较慢的连接尤其如此。

对通过调制解调器发布短片段的情况，渐进流式传输显得很实用，它允许用比调制解调器更高的数据速率创建视频片段。尽管有延迟，毕竟可发布较高质量的视频片段。

渐进流式文件是放在标准 HTTP 或 FTP 服务器上的，这样易于管理，且基本上与防火墙无关。但渐进流式传输不适合长片段和有随机访问要求的视频，如讲座、演说与演示等。它也不支持现场广播，严格来说，它是一种点播技术。

10.1.2　流媒体技术原理

流式传输的实现需要缓存。因为 Internet 以包传输为基础进行断续的异步传输，一个实时音/视频源或存储的音/视频文件，在传输中要被分解为许多包，由于网络是动态变化的，各个包选择的路由可能不尽相同，故到达客户端的时间延迟也就不等，甚至先发的数据包还有可能后到。为此，人们使用缓存系统来弥补延迟和抖动的影响，并保证数据包的顺序正确，从而使媒体数据能连续输出，而不会因为网络暂时拥塞使播放出现停顿。通常高速缓存所需容量并不大，因为高速缓存使用环形链表结构来存储数据：通过丢弃已经播放的内容，流可以重新利用空出的高速缓存空间来缓存后续尚未播放的内容。

流式传输的实现需要合适的传输协议。由于 TCP 需要较多的开销，故不太适合传输实时数据。流式传输的实现方案一般采用 HTTP/TCP 来传输控制信息，而用 RTP/UDP 来传输实时音/视频数据。

流式传输的过程一般是这样的：用户选择某一流媒体服务后，Web 浏览器与 Web 服务器之间使用 HTTP/TCP 交换控制信息，以便把需要传输的实时数据从原始信息中检索出来；然后客户端上的 Web 浏览器启动音/视频 Helper 程序，使用 HTTP 从 Web 服务器中检索相关参数对 Helper 程序初始化。这些参数可能包括目录信息、音/视频数据的编码类型或与音/视频检索相关的服务器地址。

音/视频 Helper 程序及音/视频服务器运行实时流控制协议（RTSP），以交换音/视频传输所需的控制信息。与 CD 播放机或 VCR 所提供的功能相似，RTSP 提供了播放、快进、快倒、暂停及录制等命令。音/视频服务器使用 RTP/UDP 协议将音/视频数据传输给音/视频客户程序，一旦音/视频数据抵达客户端，音/视频客户程序即可播放。

需要说明的是，流式传输使用 RTP/UDP 和 RTSP/TCP 两种不同的通信协议与音/视频服务器建立联系，是为了能够把服务器的输出重定向到一个不同于运行音/视频 Helper 程序所在客户端的目的地址。实现流式传播一般都需要专用服务器和播放器，其基本原理如图 10.1 所示。

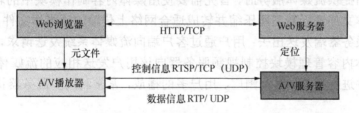

图 10.1　流式传输基本原理

10.1.3　流式文件格式

流式文件格式经过特殊编码，适合在网络上边下载、边播放，而不是等到下载完整个文件后才能播放。

可以在网上以流的方式播放标准媒体文件，但效率不高。将压缩媒体文件编码成流式文件，必须加入一些附加信息，如计时、压缩和版权信息。流式文件编码过程如图 10.2 所示。

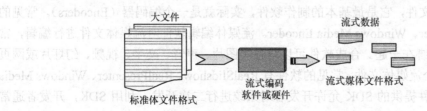

图 10.2　流式文件编码过程

表 10.1 列举了常用的流式文件类型。

表 10.1　　　　　　　　　　　　　　常用的流式文件类型

Video/Audio 文件扩展名	媒体类型与名称
.asf	Advanced Streaming Format（Microsoft）
.rm	Real Video/Audio 文件（Progressive Networks）
.ra	Real Audio 文件（Progressive Networks）
.rp	Real Pix 文件（Progressive Networks）
.rt	Real Text 文件（Progressive Networks）
.swf	Shock Wave Flash（Micromedia）
.viv	Video Movie 文件（Vivo Software）

10.2　流媒体系统的基本构成

一般而言，流媒体系统大致包括媒体内容制作模块、媒体内容管理模块、用户管理模块、视频服务器模块和客户端播放系统。媒体内容制作模块允许采集与编码媒体。媒体内容管理模块主要完成媒体存储、查询，以及节目管理、创建和发布。用户管理模块涉及用户的登记、授权、计费和认证。视频服务器模块管理媒体内容的播放。客户端播放系统主要负责在客户端的 PC 上呈现比特流的内容。

当一个网站提供流媒体服务时，首先需要使用媒体内容制作模块中的转档/转码工具，将一般的多媒体文件进行高品质压缩并转成适合网络上传输的流媒体文件，再将转好的文件传送到视频服务器端发送出去；用户通过客户端向流媒体系统发送请求，经用户管理模块认证后，媒体内容管理模块控制视频服务器向该用户发送相应的流媒体内容，最后由客户端播放软件进行播放。对范围广、用户多的播放，常常利用多服务器协作，协同完成播放。

10.2.1　媒体内容制作模块

媒体内容制作模块可进行 Stream 的制作与生成。它包括从独立的视频、声音、图片、文字组合到制作丰富的流媒体的一系列的工具，这些工具产生的 Stream 文件可以被存储为固定的格式，供发布服务器使用。它还可以利用视频采集设备，实时向媒体服务器提供各种视频流，提供实时的多媒体信息的发布服务。

转档/转码软件可将普通格式的音频、视频或动画媒体文件通过压缩转换为流服务器进行流式传输的流格式文件，它是最基本的制作软件，实际就是一个编码器（Encoders）。常见的软件有 Real Producer、Windows Media Encoder。流媒体编辑软件对流媒体文件进行编辑，常与转档/转码软件捆绑在一起。合成软件可以将各类图片、声音、文字、视频、幻灯片或网页同步，并合成为一个流媒体文件，常见的软件有 RealSlideshow、RealPresenter、Windows Media Author 等。编程软件提供的 SDK 允许开发者对系统进行二次开发。利用 SDK，开发者通常可以开发流式传输的新数据类型，创建客户端应用，自定义流媒体系统。

10.2.2　媒体内容管理模块

媒体内容管理模块提供流媒体文件的存储、查询，以及节目管理、创建、发布的功能。节目不多时可使用文件系统，当节目量大时，就必须使用数据库管理系统。它通常包括以下几个系统。

（1）视频业务管理媒体发布系统：提供广播和点播的管理，节目管理、创建、发布及计费认证服务，提供定时按需录制、直播、传送节目的解决方案，管理用户访问及多服务器系统负载均衡调度的服务。

（2）媒体存储系统：媒体存储系统主要存储大容量的影视资料，因此必须配备大容量的磁盘阵列，具有高性能的数据读写能力，访问共享数据，高速传输外界请求数据，并具有高度的可扩展性、兼容性，支持标准的接口。这种系统配置能满足上千小时的视频数据的存储，实现大量片源的海量存储。

（3）媒体内容自动索引检索系统：对媒体源进行标记，捕捉音频和视频文件并建立索引，建立高分辨率媒体的低分辨率代理文件，从而可以用于检索、视频节目的审查、基于媒体片段的自动发布，形成一套强大的数字媒体管理发布应用系统。

（4）索引和编码模块：允许同时索引和编码，使用先进的技术实时处理视频信号，而且可以根据内容自动地建立一个视频数据库（或索引）。

媒体分析软件：可以实时地根据屏幕的文本来识别内容。实时语音识别可以用来鉴别口述单词、说话者的名字和声音类型，而且还可以感知屏幕图像的变化，并把收到的信息归类成一个视频数据库。媒体分析软件还可以感知视觉内容的变化，可以智能化地把这些视频分解成片段并产生一系列可以浏览的关键帧图像，也可以从视频信号中识别出标题文字或是语音文本，同时可以识别出视频中的人像。通过声音识别，该软件可以将声音信号中的话语、说话者的姓名、声音类型转换成可编辑的文本。用户使用这些信息索引还可以搜索想要的视频片段。使用一个标准的 Web 浏览器可以检索视频片段。

10.2.3　用户管理模块

用户管理模块主要进行用户的登记、授权、计费和认证。对商业应用来说，用户管理功能至关重要。

用户身份验证：可以限制非法用户使用系统，只有合法用户才能访问系统。通常可根据不同的用户身份，提供对系统不同的访问控制功能。

计费系统：根据用户访问的内容或时间进行相应的费用统计。

媒体数字版权加密系统（DRM）：这是在互联网上以一种安全方式进行媒体内容加密的端到端的解决方案，它允许内容提供商在其发布的媒体或节目中对指定的时间段、观看次数及其内容进行加密和保护。

服务器能鉴别和保护需要保护的内容，DRM 认证服务器支持媒体灵活的访问权限（时间限制、区间限制、播放次数和各种组合），支持其他具有完整商业模型的 DRM 系统集成，包括订金、VOD、出租、所有权、BtoB 的多级内容分发版权管理领域等，是运营商保护内容和依靠内容赢利的关键技术保障。

10.2.4　视频服务器模块

视频服务器是网络视频的核心，直接决定着流媒体系统的总体性能。为了能同时响应多个用户的服务要求，视频服务器一般采用时间片调度算法。视频服务器为了能够适应实时、连续稳定的视频流，其存储量要大，数据传输速率要高，并应具备接纳控制、请求处理、数据检索、按流传送等多种功能，以确保用户请求在系统资源下的有效服务。存储设备多采用 SCSI 接口，以确保高速、并行、多重 I/O 总线的能力。基于 ATM 的 VOD 系统，采用的视频服务器是以 MPSR（Multi Path Self-Routing，多路径自选路由选择开关）为中心的宽带视频服务器。这种结构的服务器可提供即时交互式视频点播和延时交互式视频点播两种服务方式。

在大量用户同时点播时，服务器的传输速率很高，同时要求其他相关设备也能支持这种高传输速率是很难实现的。为此，可以在网络边缘设置视频缓冲池，把点播率高的节目复制到缓冲池中，使部分用户只需要访问缓冲池即可；若缓冲池中没有要点播的节目，可再去访问服务器，这减轻了服务器的负担，并可以随着用户增加而增加缓冲池。装载缓冲池可用 150Mbit/s 速率，而从缓冲池中向用户传送节目是用 2Mbit/s 速率，从而一个服务器可支持多个用户。目前 2Mbit/s 的速率是流畅播放流媒体的推荐带宽（如 Apple TV、Google TV 或者 SONY 蓝光播放器），而高清内容（HDTV）需要 5Mbit/s，对于超高清视频（UHDTV）则需要 9Mbit/s。流媒体存储则是从媒体流带宽和媒体时间来计算的。

在服务器端，如果这个文件由 1000 个用户由单播（Unicast）协议共享，则所需带宽为 135GB/h。用组播协议可以让用户共享单视频流传输，则 300kbit/s 就可以了。

目前主流音频流一般使用音频压缩格式 MP3、Vorbis、AAC 和 Opus，而视频流一般采用 H.264、HEVC、VP8 或 VP9 压缩格式，视频、音频组合格式一般使用 MP4、FLV、WebM、ASF 和 ISMA 等容器。从服务器到客户端的传输模式，经常使用如 Adobe 的 RTMP 或 RTP。2010 年以来，主流技术有苹果公司的 HLS，微软的 Smooth Streaming, Adobe 的 HDS 等。通常来说，一个流传输协议通常将视频内容传递给云转码和 CDN 服务，然后使用架设在 HTTP 上的协议传输到终端用户。

在实际应用中，用户数量通常较大，且分布不均匀。这样，一个服务器或多个服务器的简单叠加常常不能满足需求。流媒体系统通常支持多服务器协同工作，服务器之间能自动进行负载均衡，从而使系统能以较好的性能为更多的用户服务。目前常用的服务器软件有 RealServer、Windows Media Server 等。

10.2.5　客户端播放系统

流媒体客户端播放系统支持实时音频、视频直播和点播，可以嵌进流行的浏览器中，可播放多种流行的媒体格式，支持流媒体中的多种媒体形式，如文本、图片、Web 页面、音频和视频等集成表现形式。在带宽充裕时，流式媒体播放器可以自动侦测视频服务器的连接状态，选用更适合的视频，以获得更好的效果。目前应用最多的播放器有 RealNetworks 公司的 RealPlayer、Microsoft 公司的 Media Player 和 Apple 公司的 QuickTime 三种产品，使用的协议主要有 MMS 和 RSTP。

10.3 流媒体的应用

10.3.1 流媒体应用类型

流媒体应用可以粗略地根据传输模式、实时性、交互性分为多种类型。传输模式主要是指流媒体传输是点到点的方式还是点到多点的方式。点到点的模式一般用单播传输来实现。点到多点的模式一般采用组播传输来实现，在网络不支持组播的时候，也可以用多个单播传输来实现。实时性是指视频内容源是否实时产生、采集和播放，实时内容主要包括实况内容、视频会议节目内容等，而非实时内容指预先制作并存储好的媒体内容；交互性是指应用是否需要交互，即流媒体的传输是单向的还是双向的。

10.3.2 流媒体常见的应用

根据上述分类，流媒体常见的应用主要有以下几种。

1. 视频点播（VOD）

视频点播是最常见、最流行的流媒体应用类型。通常视频点播是对存储的非实时性内容以单播传输方式实现，除了控制信息外，视频点播通常不具有交互性。在具体实现上，视频点播可能具有更复杂的功能。例如，为了节约带宽，可以将多个相邻的点播要求合并成一个，并以组播方式传输。

2. 视频广播

视频广播可以被看作视频点播的扩展，它把节目源组织成频道，以广播的方式提供。用户通过加入频道收看预定好的节目。视频广播不具有交互性。

3. Internet TV

Internet TV 在提供方式上类似视频广播，也是以频道的方式提供，但是 Internet TV 的功能更类似于一般的电视，其节目一般也是直接来自电视节目，通过实时的编码、压缩制作而成。Internet TV 还可以实现实况转播，而且可以实现先进的多视角实况转播，特别是对于体育比赛，用户可以在不同的视角间切换，同时相关的评论、资料信息也可以同时传送到客户端上显示。

4. 视频监视

通过安装在不同地点并且与网络连接的摄像头，视频监视系统可以实现远程的监测。与传统的基于电视系统的监测不同，视频监测信息可以通过网络以流媒体的形式传输，因此，更为方便灵活。视频监视也可以应用在个人领域，例如可以远程地监控家中的情况。

5. 视频会议

视频会议可以是双方的，也可以是多方的。前者可以作为视频电话，视频流媒体信息可以点到点的方式传送。多方的视频会议需要多点控制单元，需要以广播的方式传输。视频会议是典型的具有交互性的流媒体应用。

6．远程教学

远程教学具有很好的市场应用前景。远程教学可以被看作前面多种应用类型的综合，可以采用多种模式，甚至混合的方式实现。例如，可以采用点播的方式传送教学节目，以广播的方式实况播放老师上课，以会议的方式进行课堂交流等。远程教学以应用对象明确、内容丰富实用、运营模式成熟为特征，成为目前商业上较为成功的流媒体应用。

7．电视上网

通过指尖按遥控器，消费者可以将互联网带到他们的电视中，进行订购食品、在家里存钱、搜寻信息、玩在线游戏等。消费者还可以在舒适的睡椅上使用电子邮件，通过聊天和即时消息与朋友、家人联系，甚至可以通过遥控举行电视会议。

8．音乐播放

用户可以通过音乐中心点播收听系统提供的各类音乐节目。

9．在线电台

在线电台将广播电台的实时节目转换为相应的各个网络电台，进行实时网络发布，供用户收听，这将大大提高广播电台的覆盖率。在节目播出后，系统还可以将直播内容保存为音频文件供用户点播。

总之，目前基于流媒体的应用非常多，发展非常快。丰富的流媒体应用对用户有很强的吸引力，在解决了制约流媒体的关键技术问题后，可以预料，流媒体应用必然成为未来网络的主流应用。

10.4　流媒体系统开发基础

在可视电话、视频会议等流媒体应用中，得到数字视频是需要做的第一步。本节以 VFW 和 DirectShow 为开发包，介绍数字视频的获取方法。

10.4.1　使用 VFW 开发

VFW（Video For Windows）是美国微软公司 1992 年推出的关于数字视频的一个软件包，它是一个功能齐全的集视频、图像和音频数据的采集、编辑、控制和处理为一体的工具软件组，用户可以通过它们很方便地实现视频捕获、视频编辑及视频播放等通用功能，还可利用回调函数开发更复杂的视频应用程序。它的出现使以往捕捉数字视频这一项复杂工作变得相当简单。

VFW 的特点是播放视频时不需要专用的硬件设备，而且应用灵活，可以满足视频应用程序开发的需要。Windows 操作系统自身就携带了 VFW，系统安装时，VFW 的相关组件会被自动安装。VC++自 4.0 以来就支持 VFW，大大简化了视频应用程序的开发。目前，PC 上多媒体应用程序的视频部分，很多是利用 VFW API 开发的。

VFW 是以消息驱动方式对视频设备进行存取，可以很方便地控制设备数据流的工作过程。目前，大多数的视频采集卡驱动程序都支持 VFW 接口，它主要包括多个动态链接库，通过这些组件间的协调合作，来完成视频捕获、视频压缩及播放功能。VFW 主要由以下 6 个模块组成。

（1）AVICAP.DLL：主要实现视频捕获功能，包含了用于视频捕获的函数，为音像交错 AVI（Audio video interleaved）格式文件和视频、音频设备程序提供一个高级接口。

（2）MSVIDEO.DLL：能够将视频捕获窗口与获驱动设备连接起来，支持 ICM 视频编码服务。

（3）MCIAVI.DRV：包含 MCI（Media Control Interface）命令解释器，实现回放功能。

（4）AVIFILE.DLL：提供对 AVI 文件的读写操作等文件管理功能。

（5）ICM（Installable Compression Manager）：即压缩管理器，提供对存储在 AVI 文件中的视频图像数据的压缩、解压缩服务。

（6）ACM（Audio Compression Manager）：即音频压缩管理器，提供实时音频压缩及解压缩功能。

AVICap 支持实时的视频流捕获和单帧捕获并提供对视频源的控制，它能直接访问视频缓冲区而不需要生成中间文件，实时性很强，同时它也能将数字视频捕获到文件。使用 AVICap 类函数，可以轻松地把视频捕捉和应用程序相结合。它给应用程序提供了一个非常简单的、基于消息从硬件访问视频和声音的接口，使应用程序可以控制视频从捕捉到储存的整个过程。

开发视频捕获程序主要有以下 3 个步骤。

（1）创建"捕获窗"

在进行视频捕获之前必须先创建一个"捕获窗"，并应以此为基础进行所有的捕获及设置操作。"捕获窗"可用 AVICap 窗口类的"CapCreateCaptureWindow"函数来创建，其窗口风格可设置为 WSCHILD 和 WS_VISIBLE 参数。"捕获窗"类似于标准控件，它能够将视频流和音频流捕获到一个 AVI 文件中，并且动态地同视频和音频输入器件连接或断开。

（2）关联捕获窗和驱动程序

单独定义的捕获窗是不能工作的，它必须与一个设备相关联才能取得视频信号。用函数 CapGetDriverDescription 可使"捕获窗"与其设备驱动程序相关联。

（3）打开预览

用 CapPreview 函数启动预览功能，这时就可以在屏幕上看到来自摄像机的图像了。

通过以上 3 步就可以建立一个基本的视频捕获程序，但如果想自己处理从设备捕获到的视频数据，则要使用"捕获窗"回调函数来处理，如一帧一帧地获得视频数据或以流的方式获得视频数据等。

使用 VFW 和 VC++ 6.0 开发视频实时播放程序的基本步骤如下：

（1）创建一个基于对话框的 MFC Exe 应用程序 Video。

（2）在程序中包含 VFW 的 LIB 库。在 Project Settings 对话框中打开 Link 选项卡，在 Object/library modules 输入框中输入 vfw32.lib（见图 10.3）。这样我们就在程序中包含了 vfw32.lib 的开发包。

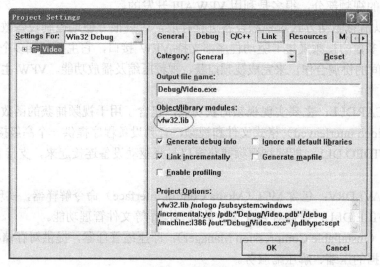

图 10.3　Link 选项卡

（3）在类 CVideoDlg（MFC 自动创建）中添加如下 public 变量（也可以作为 protected 或 private 变量）。

```
int sel;//用来表示当前所用视频驱动在驱动程序列表中的序号
CAPDRIVERCAPS CapDrvCaps;//当前视频捕捉驱动
HWND hwndVideo;//视频显示窗口
```

（4）在 VideoDlg.h（MFC 自动创建）文件中包含头文件<vfw.h>。

（5）创建视频驱动的列表对话框。

① 创建 New Dialog，将新对话框命名为视频驱动。

② 在上面添加一个 ListBox，ID 设置为 IDC_LIST_DRIVER。

③ 为新建对话框创建类 CDlgDriver。

④ 在新建类中为 ListBox 关联变量 m_ListDriver 设置变量类型为 CListBox。

⑤ 在类 CDlgDriver 中添加 public 变量：

```
int sel;//用来表示当前选择的驱动程序在所用视频驱动列表中的序号
```

⑥ 在类 CDlgDriver 的 cpp 文件中包含头文件<vfw.h>。

⑦ 响应 CDlgDriver::OnInitDialog()函数，在其中添加如下代码：

```
BOOL CDlgDriver::OnInitDialog()
{
    CDialog::OnInitDialog();
    // TODO: Add extra initialization here
    char szDeviceName[80];
    char szDeviceVersion[80];
    char item[161];
    int i= 0;
    while(capGetDriverDescription(i, szDeviceName, sizeof(szDeviceName),
            szDeviceVersion, sizeof(szDeviceVersion)) )//取得驱动程序
    {
```

```
            strcpy(item, szDeviceName);
            strcat(item, " ");
            strcat(item, szDeviceVersion);
            m_ListDriver.AddString(item);//将取得的驱动添加到列表中
            m_ListDriver.SetItemData(i,i);
            m_ListDriver.UpdateData();
            i++;
        }
    sel = -1;        //初始化当前选择
    return TRUE;  // return TRUE unless you set the focus to a control
                  // EXCEPTION: OCX Property Pages should return FALSE
}
```

这样在对话框初始化的时候，就取得系统中所有的视频驱动，并将其保存在 ListBox 列表中供用户选择。

⑧ 响应 CDlgDriver::OnOK()函数，在其中添加如下代码。

```
void CDlgDriver::OnOK()
{
    //TODO: Add extra validation here
    sel = m_ListDriver.GetCurSel();
    CDialog::OnOK();
}
```

这样在用户单击 OK 按钮退出后，变量 sel 将保存用户当前选择的视频驱动在视频驱动列表中的序号。

（6）在 Video 对话框中添加 4 个按钮，即视频源（ID: IDC_BUTTON_SOURCE）、视频驱动（ID: IDC_BUTTON_DRIVER）、显示选择（ID: IDC_BUTTON_DISPLAY）和停止（ID: IDC_BUTTON_STOP），将原来的按钮 OK 的 Caption 改为"播放"，Cancel 的 Caption 改为"退出"，完成后界面如图 10.4 所示。

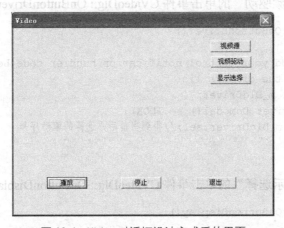

图 10.4　Video 对话框设计完成后的界面

（7）在 VideoDlg.cpp 中包含头文件"DlgDriver.h"，这样就可以在类 CvideoDlg 中使用类 CdlgDriver。

（8）响应类 CvideoDlg 中的各个按钮事件和 OnInitDialog()事件。

① 在 CVideoDlg::OnInitDialog()事件中对 hwndVideo 和 sel 变量进行初始化。

```
hwndVideo = ::capCreateCaptureWindow( "Capture Window", WS_VISIBLE|WS_CHILD, 1
0, 10, 320, 240, this->m_hWnd, 1);//初始化视频显示窗口
sel = -1;//初始化当前驱动序号选择
```

② 响应 CVideoDlg::OnOK()事件。

```
void CVideoDlg::OnOK()
{
    // TODO: Add extra validation here
    if(sel < 0)//没有选择驱动
        {
          MessageBox("No Avaiable Drivers!");
          return;
        }
    CWnd* pWnd = FromHandle(hwndVideo);
    pWnd->SendMessage(WM_CAP_DRIVER_CONNECT, sel, 0L);//驱动连接
    pWnd->SendMessage(WM_CAP_DRIVER_GET_CAPS,
                sizeof(CAPDRIVERCAPS), (LONG) (LPVOID) &CapDrvCaps);//返回当前驱动的信息
capPreviewRate(hwndVideo, 66 );//设置预览模式的帧率
capPreview(hwndVideo, TRUE );//启动预览模式
}
```

③ 响应按钮"视频源"的单击事件 CVideoDlg::OnButtonSource()。

```
void CVideoDlg::OnButtonSource()
{
    // TODO: Add your control notification handler code here
    if(CapDrvCaps.fHasDlgVideoSource)
        capDlgVideoSource(hwndVideo);//视频源对话框
}
```

④ 响应按钮"视频驱动"的单击事件 CVideoDlg:: OnButtonDriver()

```
void CVideoDlg::OnButtonDriver()
{
    // TODO: Add your control notification handler code here
    //sel from the drivers list
     CDlgDriver m_DlgDriver;
     if(m_DlgDriver.DoModal() == IDOK)
        sel = m_DlgDriver.sel;//得到当前用户选择的驱动序号
    OnOK();
}
```

⑤ 响应按钮"显示选择"的单击事件 CVideoDlg:: OnButtonDisplay()。

```
void CVideoDlg::OnButtonDisplay()
{
    // TODO: Add your control notification handler code here
    if (CapDrvCaps.fHasDlgVideoDisplay)
            capDlgVideoDisplay(hwndVideo);    //视频显示对话框
}
```

⑥ 响应按钮"停止"的单击事件 CVideoDlg::OnButtonStop()。

```
void CVideoDlg::OnButtonStop()
{
    // TODO: Add your control notification handler code here
    capPreview(hwndVideo, FALSE);  //停止预览模式
    capDriverDisconnect(hwndVideo);//断开当前驱动
}
```

（9）至此整个程序设计完成，程序运行后的界面如图 10.5 所示。

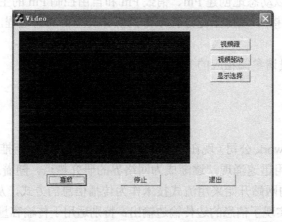

图 10.5　程序设计完成后运行的界面

10.4.2　使用 DirectShow 开发

随着技术的发展，微软公司在 ActiveMovie 和 Video for Windows 的基础上研发出的新一代基于 COM 的流媒体处理的开发包 DirectShow，与 DirectX 开发包一起发布，用来取代传统的 VFW。DirectShow 为多媒体流的捕捉和回放提供了强有力的支持。运用 DirectShow，可以很方便地从支持 WDM 驱动模型的采集卡上捕获数据，并且进行相应的后期处理乃至存储到文件中。这样使在多媒体数据库管理系统中，多媒体数据的存取变得更加方便。

DirectShow 广泛地支持各种媒体格式，包括 Asf、Mpeg、Avi、Dv、Mp3、Wave 等，使多媒体数据的回放变得轻而易举。另外，DirectShow 还集成了 DirectX 其他部分（如 DirectDraw、DirectSound）的技术，直接支持 DVD 的播放、视频的非线性编辑，以及与数码摄像机的数据交换。

DirectShow 使用 Filter Graph 的模型来管理整个数据流的处理过程，参加数据处理的各个功能模块被称为 Filter，每个 Filter 在 Filter Graph 中按照一定顺序连接成一条流水线，进行协同工作。Filter 大致分为 3 类，即 Source Filters、Transform Filters 和 Rendering Filters。Source Filters 主要负责取得数据，数据源主要通过文件、Internet、计算机里的采集卡和数字化仪；Rendering Filters 主要负责数据的最终去向，可以将数据传送给声卡、显卡，进行多媒体的演示，也可以输出到文件进行存储。这 3 个部分不是单由一个 Filter 去完成功能，而是有几个 Filter 协同工作的。除了系统提供了大量的 Filter 外，用户还可以自己定制 Filter，以完

成需要的功能。

在 DirectShow 系统上，Filter 是 COM 的组件，应用程序要按照一定的意图建立起相应的 Filter Graph，然后通过 Filter Graph Manager 来控制整个的数据处理过程。DirectShow 能在 Filter Graph 运行的时候接收到各种事件，并通过消息的方式发送到应用程序。这样，就实现了应用程序与 DirectShow 系统之间的交互。

Filter 可以与一个或多个 Filter 相连，连接的接口也是 COM 组件，被称为 Pin。Filter 利用 Pin 在各个 Filter 之间传输数据，每个 Pin 都是从 Ipin 这个 Com 对象派生出来的且都是 Filter 的私有对象，Filter 可以动态地创建 Pin、销毁 Pin 和自由控制 Pin 的生存时间。Filter 之间的连接（即 Pin 之间的连接），实际上是连接双方的媒体类型协商的过程，找出双方都能接受的一种媒体类型。

DirectShow 的开发请参阅相应的书籍和 MSDN 文档。

10.5 本章小结

自 Progressive Network 公司（现在为 RealNetwork 公司）1995 年推出第一个流产品以来，Internet 上的各种流应用迅速涌现，逐渐成为网络界的研究热点。随着这项技术的不断发展，现在已经有越来越多的网站开始采用流式技术作为传播信息的方式，从而使网站的内容变得丰富多彩。"流技术"实现了信息的边传输边输出，特别适用于传输容量大的声音、视频信息。采用流技术后，可实现较长时间的声音或视频内容的连续播放，画面质量也可按网络带宽达到不同的等级，同时可实现网上实时内容的同步传输和播放，用户不必等待整个信息传送完毕，就可以即时连续不断地观赏。

思考与练习

一、判断题

1. 渐进流式传输能像实时流式传输那样在传输期间根据用户连接的速度做调整。　（　　）

2. 流式传输的实现方案一般采用 HTTP/TCP 来传输控制信息，而用 RTP/UDP 来传输实时音/视频数据。　（　　）

3. 流式传输使用缓存系统来弥补延迟和抖动的影响，并保证数据包的顺序正确，从而使媒体数据能连续输出，而不会因为网络暂时拥塞使播放出现停顿。　（　　）

4. 流式传输使用 HTTP/TCP 协议传输实时数据。　（　　）

5. 为了能同时响应多个用户的服务要求，视频服务器一般采用时间片调度算法。　（　　）

二、选择题

1. 流媒体实现的关键技术是（　　）。
　　A. 流式传输　　　　B. 网络通信　　　　C. 数据压缩　　　　D. 数据存储

2. （　　）是网络视频的核心，直接决定着流媒体系统的总体性能。
　　A. 视频服务器　　　B. 流媒体客户端　　C. 网络服务器　　　D. 用户

3．下列哪些是流媒体常见的应用？（　　　）

（1）VOD　　　　　　（2）视频广播　　　　（3）视频会议　　　　（4）音乐播放

A．（1）（2）　　　　　　　　　　　　　B．（1）（2）（3）

C．（2）（3）（4）　　　　　　　　　　　D．（1）（2）（3）（4）

4．VFW 是以（　　　）方式对视频设备进行存取，可以很方便地控制设备数据流的工作过程。

A．数据驱动　　　　　B．消息驱动　　　　　C．事件驱动　　　　　D．对象驱动

5．VFW（Video For Windows）是美国微软公司（　　　）年推出的关于数字视频的一个软件包。

A．1991　　　　　　　B．1990　　　　　　　C．1992　　　　　　　D．1993

6．在视频服务器中，装载缓冲池可用 150Mbit/s 速率，而从缓冲池中向用户传送节目是用（　　　）速率。

A．10Mbit/s　　　　　B．1Mbit/s　　　　　C．2Mbit/s　　　　　D．8Mbit/s

7．目前应用最多的播放器有 RealNetworks 公司的（　　　）、Microsoft 公司的（　　　）和 Apple 公司的（　　　）。

A．RealPlayer　　　　B．QuickTime　　　　C．Media Player　　　D．Winamp

8．基于 ATM 的 VOD 系统，采用的视频服务器是以（　　　）为中心的宽带视频服务器。

A．CDMA　　　　　　B．MPSR　　　　　　C．CAMA　　　　　　D．SCSI

三、填空题

1．在网络上传输音/视频（A/V）等多媒体信息，目前主要有_____和_____两种方式。

2．流媒体技术不是单一的技术，它是建立在很多基础技术之上的技术。它的基础技术包括：_____、_____、_____、_____、_____。

3．实现流式传输有两种方法，即_____和_____。

4．一般而言，流媒体系统大致包括_____、_____、_____、_____和_____。

5．VFW 主要由_____、_____、_____、_____、_____、_____ 6 个模块组成。

6．开发视频捕获程序主要有以下 3 个步骤：_____；_____；_____。

7．实时流式传输需要特定服务器，如_____、_____与_____。实时流式传输还需要特殊网络协议，如_____或_____。

8．用户管理模块主要进行用户的_____、_____、_____和_____。

四、简答题

1．利用流媒体技术传输音视频信号与利用传统技术传输音视频信号，有何区别和联系？信号在发送端应做哪些特殊处理？

2．结合某种具体应用简述流媒体工作原理。

3．支持流媒体的协议有哪些？

4．举例说明音频和/或视频数据流的播放过程。

随着网络技术的发展，语音、图形、图像、视频等多媒体信息在网上的传播越来越广泛。如何安全存储和传输这些媒体信息成为信息安全的一个重要领域。本章在介绍多媒体信息安全的一些基本概念和当前采用的若干基本技术基础上，着重介绍几种常见的多媒体信息保护策略，如多媒体加密技术、多媒体信息隐藏技术及多媒体数字水印技术等。

11.1 概述

11.1.1 多媒体信息的威胁和攻击

对一个多媒体系统的攻击，最好通过观察正在提供信息的系统的功能来表征。一般而言，一个多媒体信息流从一个源流到一个目的地，正常流如图 11.1（a）表示。图 11.1（b）、图 11.1（c）、图 11.1（d）、图 11.1（e）显示了 4 种一般类型的攻击。

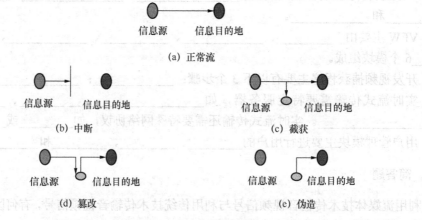

图 11.1　对安全的威胁

（1）中断：该系统的资产被破坏或变得不可利用或不能使用，这是对可用性的攻击。例如毁坏部分硬件、切断一条通信线路或某文件管理系统的失效等。

（2）截获：一个未授权方获取了对某个资产的访问，这是对机密性的攻击。该未授权方可以是一个人、一个程序或一台计算机。例如，在网络上搭线窃听以获取数据，违法复制文件或程序等。

（3）篡改：未授权方不仅获得了访问，而且篡改了某些资产，这是对完整性的攻击。例如改变数据文件的值，改变程序使它的执行结果不同，篡改在网络中传输的消息的内容等。

（4）伪造：未授权方将伪造的对象插入系统，这是对真实性的攻击。例如在网络中插入伪造的消息或为文件增加记录等。

这些攻击可根据被动攻击和主动攻击来进行分类，如图 11.2 所示。

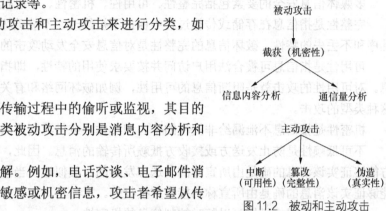

图 11.2　被动和主动攻击

1. 被动攻击

被动攻击本质上是在传输过程中的偷听或监视，其目的是从传输中获得信息。两类被动攻击分别是消息内容分析和通信量分析。

消息内容分析容易理解。例如，电话交谈、电子邮件消息和传送的文件可能包括敏感或机密信息，攻击者希望从传输中得知相关内容。

通信量分析更为微妙。假定我们用某种方法屏蔽了消息内容或其他信息通信量，即使对手获取了该信息也无法从消息中提取信息。屏蔽内容的常用技术是加密。如果已经用加密进行保护，对手仍能观察这些消息的模式，测定通信主机的位置和标识，来观察被交换消息的频度和长度，以此猜测正在发生的通信的性质。

被动攻击非常难以检测，因为它们并不会导致数据有任何改变。这些攻击是可以被防止的，因此，对付被动攻击的重点是防止而不是检测。

2. 主动攻击

主动攻击涉及对某些数据流的篡改或一个虚假流的产生。这些攻击还能进一步划分为 4 类，即伪装、重放、篡改消息和拒绝服务。

伪装就是一个实体假装为一个不同的实体。伪装攻击通常包括其他主动攻击形式中的一种。例如，鉴别序列能够被劫获并且在一个合法的鉴别序列发生后进行重放，通过伪装具有这些特权的实体，从而导致一个具有某些特权的授权实体获得某些额外特权。

重放涉及一个数据单元的被动获取及后继的重传，以产生一个未授权的效果。

消息的篡改只不过意味着一个合法消息的某些部分被改变，或消息被延迟或改变顺序，以产生一个未授权效果。例如，一条消息为"允许 John Smith 读机密文件 accounts"被篡改为"允许 Fred Brown 读机密文件 accounts"。

拒绝服务防止或禁止通信设施的正常使用或管理。这种攻击可能具有一种特定目标，例如，一个实体可能抑制所有的消息指向某个特定目的地（如安全审计服务）。另一种形式的拒绝服务是使整个网络崩溃，或者通过使网络不能工作的手段，或者滥发消息使之过载，以达到降低性能的目的。

主动攻击表现了与被动攻击相反的特点。虽然被动攻击难以检测，但可采用措施防止此类攻击。另一方面，完全防止主动攻击是相当困难的，因为这需要在所有时间都能对所有通信设施和路径进行物理保护。相反，防止主动攻击的目的是检测主动攻击，并从主动攻击引起的任何破坏或时延中予以恢复。因为检测具有某种威慑效应，因此它也许能起到防止攻击的作用。

11.1.2 多媒体信息安全的要素

多媒体信息安全的要素包括完整性、可用性、机密性、不可抵赖性和可控性。

完整性是指信息在存储或传输过程中保持不被修改、不被破坏、不被插入、不延迟、不乱序和不丢失的特性。破坏信息的完整性是对信息安全发动攻击的目的之一。

可用性是指信息可被合法用户访问并按要求使用的特性，即指当需要时可以取用所需信息。对可用性的攻击就是阻断信息的可用性，例如破坏网络和有关系统的正常运行，就属于这种类型的攻击。

机密性是指信息不泄漏给非授权的个人和实体，或供其利用的特性。

不可抵赖性是防止发送方或接收方抵赖所传输的消息。因此，当发送一个消息时，接收方能够证实该消息的确是由所宣称的发送方发送的。类似地，当接收到一个消息时，发送方能够证实该消息的确是由所宣称的接收方接收的。

可控性是指授权机构可以随时控制信息的机密性。

多媒体信息安全的基本要求是机密性、完整性和可用性。

11.2 多媒体信息保护策略

多媒体信息保护策略主要有数据置乱、数字信息隐藏、数字信息分存、数据加密、认证及防病毒等。

1. 数据置乱

数据置乱技术是指借助数学或其他领域的技术，对数据的位置或数据内容作变换，使之生成面目全非的杂乱数据，非法者无法从杂乱的数据中获得原始数据信息，从而达到保护数据安全的目的。置乱技术是一种可逆变换，具有周期性，合法接收者只要经过去乱过程，就可恢复原始数据信息。为了确保机密性，一般引入密钥。例如图像置乱，对数字图像的空间域（位置空间、色彩空间）或变换域进行变换，使生成的图像成为面目全非的杂乱图像，可有效地应用于数字图像信息安全处理过程的预处理和后处理，更大程度地保证数字图像安全。图像置乱算法往往基于矩阵理论与方法，如幻方排列、Arnold 变换、FASS 曲线、Gray 代码、生命模型等。

2. 数字信息隐藏

信息隐藏或被称为信息伪装，就是将秘密信息秘密地隐藏于另一非机密的信息之中。其形式可为任何一种数字媒体，如图像、声音、视频或一般的文档等。其首要目标是隐藏技术要好，也就是使加入隐藏信息后的媒体目标的质量下降尽可能地小，使人无法觉察到隐藏的数据，达到令人难以觉察的目的。例如数字图像信息隐藏，与经典密码学中的信息隐藏类似，将需要保密的数字图像信息隐藏在另外一幅公开图像中，充分利用公开图像本身所具有的迷惑性，降低攻击者的注意力，减少遭受攻击的机会，从而在很大程度上保护了数字图像的安全性。

3. 数字信息分存

数字信息分存是指为了进行信息安全处理，把信息分成 n 份，这 n 份信息之间没有互相包含关系。只有拥有 $m(m \leqslant n)$ 份信息后才可以恢复原始信息，而任意少于 m 份信息的情况都无法恢复原来的信息。数字信息分存技术的最大优点是丢失若干份信息并不影响原始信息的恢复，因而少数信息的失窃、泄露不会引起整个信息的丢失。例如数字图像分存，不仅可以实现保密信息的隐藏，还可以达到保密信息分散的目的。这样不仅使非法攻击者要耗费精力去获取所有恢复保密信息需要的内容，而且使保密信息拥有者们互相牵制，提高了信息的保密程度。

4. 数据加密

所谓数据加密，是指将原始数据信息（称为明文）经过加密密钥及加密函数转换，变成无意义的密文，合法接收方能将此密文经过解密函数、解密密钥还原成明文。数据加密技术的两个重要元素是算法和密钥。例如，若把加密技术用于音视频访问控制，那么加密的音频和视频必须经过解密后才能正确地重放，而解密需要密钥和解密算法。只要保护好密钥和加/解密算法，从理论上说，不知道密钥和算法的人，就不能正常地重放被加密的音频和视频。

5. 防病毒

计算机病毒是指蓄意编制或在计算机程序中插入的一组计算机指令或者程序代码，旨在干扰计算机操作，记录、毁坏、删除数据或自行传播到其他计算机和整个 Internet。计算机病毒能把自身附着在各种类型的文件上，具有独特的复制能力，可以很快地蔓延。

随着数字多媒体技术的发展，利用音频、视频文件或数据流等传播计算机病毒，是计算机病毒变化的一种新趋势。因此，多媒体信息保护的另一策略就是病毒防护。

11.3 多媒体加密技术

11.3.1 加密技术概述

密码学是与信息的机密性、数据完整性、身份鉴别和数据原发鉴别等信息安全问题相关的一门学科。在 20 世纪，密码学应用和发展取得了长足进展。特别是在两次世界大战中，密码学更是起到了重要的作用。不过，当时密码学研究和应用多属于军队、外交和政府行为。20 世纪 60 年代，计算机与通信系统的迅猛发展，为人们提出了新的课题，即如何保护私人的数字信息、如何通过计算机和通信网络安全地完成各项事务。正是这种需求，密码学技术逐渐应用于民间。

20 世纪 70 年代，IBM 公司设计出 DES 私钥密码体制，并在 1977 年被美国政府采纳为联邦信息处理标准，成为历史上最早的私钥密码体制。而密码学发展史上最为重要的里程碑是 1976 年 Diffie 和 Hellman 公钥密码学的思想。他们利用离散对数难解这一数学问题构造了如何安全交换数据及密钥的新方法。1978 年，Rivest、Shamir 和 Aldleman 设计出了第一个在实践中可用的公开密钥加密和签名方案，即 RSA。这个方案的安全性基于另一类数学难题，即大数难分解问题。1985 年，El Gamal 给出了另一个极具实用性的公钥密码体制，即 El Gamal 体制。这种体制的安全性仍然基于离散对数问题。

进入 20 世纪 90 年代，人们对公钥密码体制和私钥密码体制提出了新的安全要求。计算机处理能力的提高及传输技术的发展使 DES 的安全性受到严重的威胁。人们已能在 20 小时之内利用穷举法破译 56 位密钥的 DES 加密。因此美国政府制定了一种新型的联邦信息处理标准 AES，以代替 DES。同时，基于安全性和可操作性方面的考虑，密码工作者正设计新型的公钥密码体制，例如基于椭圆曲线和超椭圆曲线的有理点构成的基础交换群的椭圆密码公钥体制正成为研究的热门。

现代密码体制由一个将明文（P）和密钥（K）映射到密文（C）的操作构成，记为：

$$C \leftarrow K[P] \tag{11-1}$$

通常，存在一个逆操作，将密文和密钥 K^{-1} 映射到原来的明文：

$$P \leftarrow K^{-1}[C] \tag{11-2}$$

攻击者的目标通常是恢复密钥 K 和 K^{-1}。对一个优良的密码体制来说，除非遍历所有可能的值，是不可能恢复 K 和 K^{-1} 的，而且，无论攻击者俘获多少密文和明文都无济于事。

一个普遍接受的假设是，攻击者熟悉该加密函数；密码体制的安全性完全依赖于密钥的保密性。因此保护密钥不被泄漏最为重要。一般地，密钥使用越多，就越有可能被破译。因此，应对每一项任务都使用一个分离的密钥（被称为"会话密钥"）。会话密钥的分发是一件复杂的事，对此不过多地涉及。但可以这样说，会话密钥通常是被主密钥加密后传输的，而且通常来自于一个集中的密钥分发中心（KDC）。

在多媒体信息安全的诸多涉及面中，密码学主要为存储和传输中的多媒体信息提供如下 4 个方面的安全保护：

（1）机密性：这是只允许特定用户访问和阅读信息，任何非授权用户对信息都不可理解的服务。在密码学中，机密性通过数据加密得到。

（2）数据完整性：数据完整性即用以确保数据在存储和传输过程中未被未授权修改的服务。

（3）鉴别：这是一种与数据和身份识别有关的服务。鉴别服务包括对身份的鉴别和对数据源的鉴别。

（4）抗否认性：这是一种用于阻止用户否认先前的言论或行为的服务。密码学通过对称加密或非对称加密，以及数字签名等，并借助可信的注册机构或证书机构的辅助，提供这种服务。

密码学的主要任务是从理论上和实践上阐述、解决这 4 个问题。除此之外，密码学还对其他的欺骗和恶意攻击行为提供阻止和检测手段。

11.3.2 密码体制

当今主要有两种密码体制，即对称密码体制和非对称密码体制。

1. 对称密码体制

对信息进行明/密变换时，加密与解密使用相同密钥的密码体制即对称密码体制。在该体制中，记 E_k 为加密函数，密钥为 k；D_k 为解密函数，密钥为 k；m 表示明文消息，c 表示密文消息。对称密码体制的特点可用下式表示：

$$D_k(E_k(m)) = m \quad （对任意明文信息 m） \tag{11-3}$$

$$E_k(D_k(c)) = c \quad （对任意密文信息 c） \tag{11-4}$$

利用对称密码体制，可以为传输或存储的信息进行机密性保护。为了对传输信息提供机密性服务，通信双方必须在数据通信之前协商一个双方共知的密钥（即共享密钥）。如何安全地在通信双方得到共享密钥（即密钥只被通信双方知道，第三方无从知晓密钥的值）属于密钥协商的问题，不做讨论。这里假定通信双方已安全地得到了一对共享密钥 k。此时，通信一方（被称为发送方）为了将明文信息 m 秘密地通过公网传送给另一方（被称为接收方），使用某种对称加密算法 E_k 对 m 进行加密，得到密文 c：

$$c = E_k(m) \tag{11-5}$$

发送方通过网络将 c 发送给接收方，在公网上可能存在各种攻击，当第三方截获到信息 c 时，由于他不知道 k 值，因此 c 对他是不可理解的，这就达到了秘密传送的目的。在接收方，接收者利用共享密钥 k 对 c 进行解密，复原明文信息 m：

$$m = D_k(c) = D_k(E_k(m)) \tag{11-6}$$

对称密钥保护体制模型如图 11.3 所示。

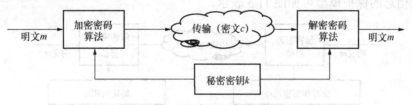

图 11.3　对称密钥保密体制模型

对于存储中的信息，信息的所有者利用对称加密算法 E 及密钥 k，将明文信息变化为密文 c 进行存储。由于密钥 k 是信息所有者私有的，因此第三方不能从密文中恢复明文信息 m，从而达到对信息的机密性保护目的。对存储信息的保护模型如图 11.4 所示。

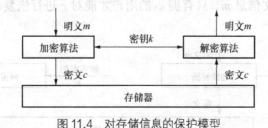

图 11.4　对存储信息的保护模型

2. 非对称密码体制

对信息进行明/密变换时，使用不同密钥的密码体制即非对称密码体制。在非对称密码体制中，每个用户都具有一对密钥，一个用于加密，一个用于解密。其中加密密钥可以在网络服务器、报刊等场合公开，而解密密钥则属用户的私有秘钥，只有用户知道。这要求所有非对称密码体制具有如下特点：由公开的加密密钥推导出私有解密密钥，在实际上是不可行的。所谓实际上不可行，即理论上是可以推导的，但几乎不可能实际满足推导的要求，如计算机的处理速度、存储空间的大小等等限制；或者说，推导者为推导解密密钥所花费的代价是无法承受的或得不偿失的。

假设明文仍记为 m，加密密钥为 k_1，解密密钥为 k_2，E 和 D 仍表示相应的加密/解密算法。非对称密码体制有如下的特点：

$$D_{k_2}(E_{k_1}(m)) = m \quad （对任意明文 m） \tag{11-7}$$

$$E_{k_1}(D_{k_2}(c)) = c \quad （对任意密文 c） \tag{11-8}$$

利用非对称密码体制，可对传输或存储中的信息进行机密性保护。

在通信中，发送方 A 为了将明文 m 秘密地发送给接收方 B，需要从公开刊物或网络服务器等处查寻 B 的公开加密密钥 k_1（k_1 也可以通过其他途径得到，如由 B 直接通过网络告知 A）。在得到 k_1 后，A 利用加密算法将 m 变换为密文 c 并发送给 B：

$$c = E_{k_1}(m) \tag{11-9}$$

在 c 的传输过程中，第三方因为不知道 B 的密钥 k_1，因此，不能从 c 中恢复明文信息 m，达到机密性保护的目的。接收到 c 后，B 利用解密算法 D 及密钥 k_1 进行解密：

$$m = D_{k_1}(E_{k_1}(m)) = D_{k_1}(c) \tag{11-10}$$

对传输信息的保护模型可如图 11.5 表示。

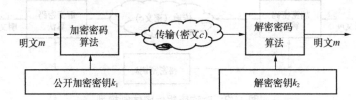

图 11.5　非对称密码体制对传输信息的保护模型

对于存储信息 m 的机密性保护，非对称密码体制有类似的工作原理：信息的拥有者使用自己的公钥 k_1 对明文 m 加密生成密文 c 并存储起来，其他人不知道存储者的解密密钥 k_2，因此无法从 c 中恢复出明文信息 m。只有拥 k_2 的用户才能对 c 进行恢复。图 11.6 是对存储信息的保护模型。

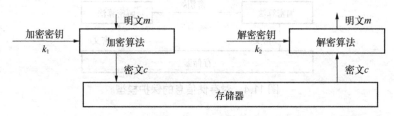

图 11.6　非对称密码体制对存储信息的保护模型

非对称密码体制也被称为公钥密码体制。与对称密码体制相比，采用非对称密码体制的保密体系的密钥管理较方便，而且保密性比较强，但实现速度比较慢，不适应于通信负荷较重的应用。

11.3.3　多媒体数据完整性与散列算法

利用非对称密码体制和对称密码体制可为多媒体数据提供机密性服务。然而生活中有许多多媒体信息是可以公开的，但信息的发布者却对信息必须是完整的十分在意。还有些重要的信息，既要求对数据保密，也要求数据真实可靠，不受到第三方的篡改。这些涉及数据安全的另一个重要方面——完整性保护。

人们使用散列函数为信息提供完整性服务。散列函数是一种单向函数，它将任何长度的信息作为输入，进行一系列模乘、移位等运算，输出固定长度的散列结果（称之为信息摘要）。单向性是指由输入产生输出计算容易实现，但由输出的信息摘要计算出原有输入是计算上不可行的。由于信息摘要值比较短（一般为几十个字节），因此可能有不同的输入产生相同的输出。一个好的散列函数要求具有较强的无碰撞特性，即要找出两个不同消息 x_1 和 x_2 具有相同的输出，即 $h(x_1) = h(x_2)$，是计算上不可行的。这里 h 代表散列函数。

下面看看散列函数如何为消息提供完整性保护。假定用户 A 希望给 B 发送一条消息 x，如果没有完整性保护，在网络上完全有可能受到第三方的恶意修改，导致消息 x 失真。为了提供完整性保护，假设 A 与 B 共享了一个秘密密钥 k。那么，A 和 B 可以约定一个散列方式，举例说 A 和 B 约定，对消息 x，进行如下计算：

$$y = h(x \parallel k) \tag{11-11}$$

这里 h 为散列函数，"$\parallel$" 表示两个串首尾相连。

由此产生一个定长的摘要 y。A 发送给 B 的消息不是 x，而是 $x \parallel y$。现在第三方企图修改 x 为 x' 时，由于 x' 必须粘上摘要 $h(x' \parallel k)$ 才是合法的消息，而第三方不知道 k，且 h 具有强无碰撞特性，因此不可能构造出 $h(x' \parallel k)$。这就意味着第三方不能修改 x。因为 B 通过计算 $h(x \parallel k)$，很容易验证 x 是否是真实的。用图 11.7 可以表示散列函数的保护模型。

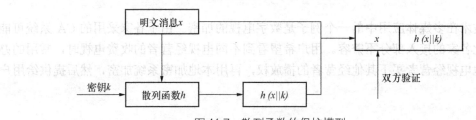

图 11.7　散列函数的保护模型

散列算法和基于对称或非对称密码体制的加密算法，都是使用数学中基本的移位运算、模乘运算及半加运算等基本的运算构成的密码变换。不同的是，前者一般是单向函数，而后者一般为单向陷门函数。即前者的变换是不可逆的，而后者是可逆的，只是如果不知道陷门，由原变换求其逆变换在计算上是不可行的。

11.3.4　抗抵赖与数字签名

说到签名，人们并不陌生。对文件的签名表示签名者将对文件内容负责。签名的真实性来源于手迹的难于模仿性。在电子商务时代，网上商务活动频繁。人们通过网络支付费用、买卖股票等。举例来说，A 通过网络发送一条消息，告诉银行从 A 的账户上给 B 支付 500 元。银行如何知道这条消息是由 A 发送的？进而，如果事后 A 否认曾发送过这条消息，银行如何向公证机关证明 A 确实发送过这条消息？这就涉及信息安全中的另一项重要的服务——抗抵赖服务。人们通过为消息附上电子数字签名，使签名者对消息的内容负责，而不可以在事后抵赖。

数字签名是基于公钥密码体制的。为了对消息 m 进行数字签名。用户 A 必须具有密钥对 $<k_1, k_2>$。其中 k_1 为公开的加密密钥，k_2 为私有的解密密钥。A 通过如下运算对消息 m 进行签名：

$$Sig = D_{k_2}(m) \tag{11-12}$$

A 将 $D_{k_2}(m)$ 作为消息 m 的签名与 m 组合。在上面支付的例子中，银行通过查找 A 的公钥 k_1，对签名进行计算：

$$E_{k_1}(Sig) = E_{k_1}(D_{k_2}(m)) = m \tag{11-13}$$

由此而知道消息确实来源于 A。第三方无从知晓 k_2，因此无法计算出 Sig。不难看出，在事后 A 无法否认曾发送此消息的行为：因为除了 A 之外，任何人都不能从 m 计算出 Sig 来。由此提供抗抵赖服务。用图 11.8 可以表示数字签名的工作流程。

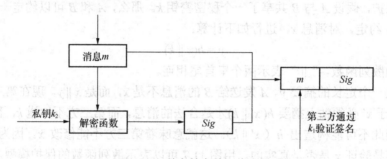

图 11.8　数字签名的工作流程

加密技术在多媒体应用中的一个例子是数字电视的加密。由于各家采用的 CA 系统可能不同，因此各家的接入部分不兼容。用户希望看到不同电视经营者的收费电视时，常用的办法是，本地电视经营者买下其他经营者的播放权，再用本地加密系统加密，然后提供给用户收看。

11.4　多媒体信息隐藏技术

11.4.1　信息隐藏概述

信息隐藏即将信息藏匿于一个宿主信号中，确保信息不被觉察到或不易被注意到，同时不影响宿主信号的知觉效果和使用价值。

信息隐藏与数据加密的区别如下。

（1）隐藏的对象不同。加密是隐藏内容，而信息隐藏主要是隐藏信息的存在性。隐蔽通信比加密通信更安全，因为它隐藏了通信的发送方、接收方，以及通信过程的存在，不易引起怀疑。

（2）保护的有效范围不同。传统的加密方法对内容的保护只局限在加密通信的信道中或其他加密状态下，一旦解密，则毫无保护可言；而信息隐藏不影响宿主数据的使用，只是在需要检测隐藏的那一部分数据时才进行检测，之后仍不影响其使用和隐藏信息的作用。

（3）需要保护的时间长短不同。如用于版权保护的鲁棒水印要求有较长时间的保护效力。

（4）对数据失真的容许程度不同。多媒体内容的版权保护和真实性鉴别往往需容忍一定程度的失真，而加密后的数据不容许一个比特的改变，否则无法解密。

传统的以密码学为核心技术的信息安全和信息隐藏技术不是互相矛盾、互相竞争的，而是互补的。例如，将秘密信息加密之后再隐藏，是保证信息安全的更好的办法，也更符合实际要求。

11.4.2　信息隐藏技术的分类

1. 按信息隐藏技术包含的内容进行分类

信息隐藏技术包含的内容十分广泛，Fabien 的分类如图 11.9 所示。

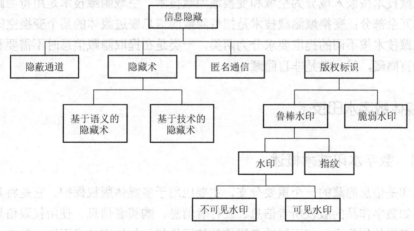

图 11.9　信息隐藏技术的分类

下面重点介绍几个相关术语。

（1）隐藏术

一般指那些进行秘密通信的技术总称，通常把秘密信息嵌入或隐藏在其他不受怀疑的数据中。隐藏的方法通常假设第三方不知道隐蔽通信的存在，而且主要用于互相信任的双方的点到点秘密通信。因此，隐藏术一般无鲁棒性。例如，在数据改动后，隐藏的信息不能被恢复。

（2）数字水印

数字水印就是向被保护的数字对象（如静止图像、视频、音频）嵌入某些能证明版权归属或跟踪侵权行为的信息，可以是作者的序列号、公司标识、有意义的文本等。同隐藏术相反，水印中的隐藏信息具有能抵抗攻击的鲁棒性。即使知道隐藏信息的存在，对攻击者而言，要毁掉嵌入的水印仍很困难。

（3）数据隐藏和数据嵌入

通常在不同的上下文环境中，它们一般指隐藏术，或者指介于隐藏术和水印之间的应用，在这些应用中嵌入数据的存在是公开的，但无必要保护它们。例如，嵌入的数据是辅助的信息和服务，它们可以是公开得到的，与版权保护和控制存取等功能无关。

（4）指纹和标签

有关数字产品的创作者和购买者的信息作为水印而嵌入，每个水印都是一系列编码中的唯一一个编码，即水印中的信息可以唯一地确定每一个数字产品的拷贝，因此称它们为指纹或者标签。

上述定义的四种分类是互相关联的，其中，隐藏术和版权标识是目前的研究热点。

2. 按不同载体、嵌入域及提取要求等进行分类

随着多媒体技术和 Internet 的迅猛发展，大量重要的文件和个人信息以数字化形式存储和传输，这些信息包括文本、图像、音频及视频等。这些都为秘密信息的隐藏提供了极好的载体。因此，信息隐藏技术按载体分为基于图像的隐藏技术、基于音频的隐藏技术、基于视频的隐藏技术、基于文本的隐藏技术等。

信息隐藏技术按嵌入域分为空域和变换域隐藏技术。空域隐藏技术是用待隐藏消息位替换载体中的冗余部分；变换域隐藏技术是把待隐藏的信息嵌进载体的某个变换空间中。

信息隐藏技术按不同的提取要求分为两类，一类是在提取隐藏信息时不需要利用原始载体，被称为盲隐藏，另一类是非盲隐藏。

11.5 多媒体数字水印技术

11.5.1 数字水印技术概述

数字水印是信息隐藏的一个重要分支，主要应用于多媒体版权保护。它是将具有特定意义的标记（如数字作品的版权所者信息、发行者信息、购买者信息、使用权限信息、公司标志等）嵌入多媒体作品中，却不影响多媒体的使用价值。与加密技术不同，数字水印并不能阻止盗版的发生，但当多媒体作品被盗版或出现版权纠纷时，可以从非法作品中提取出水印标记，并把该水印标记作为起诉盗版侵权的证据。数字水印还可应用在防伪认证领域。当多媒体作品被用于法庭、医学、新闻、出版和商业用途时，常需要认证作品的内容是否被修改、伪造或特殊处理过。使用数字水印技术就可以进行篡改认证甚至篡改恢复。数字水印也可以进行访问控制。未授权的非法拷贝一直是 DVD、CD 出版发行的一个严重问题，实际上，采用数字水印技术使数字音视频播放器能进行水印鉴别，若发现光盘中没有预先加载的水印，则表明该光盘是非法拷贝的，就可以拒绝播放。

1. 数字水印基本要求

现有的数字水印大多属于不可见水印，即水印嵌入多媒体作品后，人眼感觉不到水印信息的存在。当然也有可见水印，也就是水印嵌入多媒体作品后能被人眼感知到。现在网络上发布的一些新闻图片中经常出现的半透明标志就是可见水印，其目的是标志版权，防止非法

使用。不可见水印在版权保护领域的应用更为广泛，一方面人眼无法察觉水印的存在，降低了水印遭受攻击的概率，另一方面当出现版权纠纷时，通过水印检测器提取出水印标志，就可以证明作者的版权。如果没有特殊说明，后面章节中所说的数字水印指的是不可见水印。

一个实用的数字水印系统必须满足 3 个基本要求。

（1）不可见性。水印嵌入多媒体作品后不能被人眼感知，不能破坏原多媒体作品的欣赏、使用价值。

（2）鲁棒性。在版权保护系统中，水印必须能够经受住正常的信号处理操作，如压缩、滤波、扫描与复印、重采样、几何变形等。在内容认证系统中，要求严格的认证场合，数字水印的鲁棒性不能太强，否则难以检测出多媒体作品的信息变化。

（3）安全性。非法使用者可能通过各种手段来破坏或擦除水印信息。数字水印系统必须能够抵制各种恶意攻击。

2. 数字水印系统设计

数字水印系统设计包括 3 个部分，即水印生成、水印嵌入、水印检测。

水印生成是指为了提高水印信息的安全性，在水印嵌入之前利用加密或置乱技术对水印信息进行预处理。密钥是水印生成的一个重要组成部分，水印信息的加密或置乱都离不开密钥。

水印嵌入是指通过对多媒体嵌入载体的分析、水印嵌入点的选择、嵌入方法的设计、嵌入强度的控制等几个相关技术环节进行合理优化，寻求满足不可见性、鲁棒性、安全性等条件约束下的准最优化设计。嵌入点选择和嵌入强度控制等环节通常结合密钥进行。

数字水印生成和嵌入过程如图 11.10 所示。

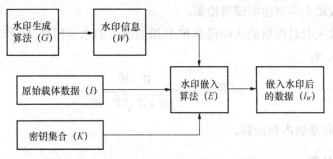

图 11.10 数字水印生成和嵌入过程

输入信息包括：通过水印生成算法 G 生成的水印信息 W、原始载体数据 I 和密钥集合 K。原始载体数据 I 代表原始多媒体作品，如图像、文档、音频、视频、图形等。

水印信息 W 可以是任何形式的数据，如字符、二值图像、灰度图像、彩色图像等。

水印生成算法 G 应保证水印的唯一性、有效性、不可逆性等属性。

水印的嵌入算法 E 很多，式（11-14）给出了水印嵌入算法的通用公式：

$$I_W = E(I, W, K) \tag{11-14}$$

式中，I_W 表示嵌入水印后的数据；I 表示原始载体数据；W 表示水印信息；K 表示密钥集合，是可选项，一般用于水印信号的生成。

水印检测是指对可疑作品进行检测，判断是否含有水印。水印检测存在两种结果：一种是直接提取出原始嵌入的水印信息，另一种是只能给出水印是否存在的二值决策，不能提取出原始水印信息。图 11.11 给出了水印检测过程。

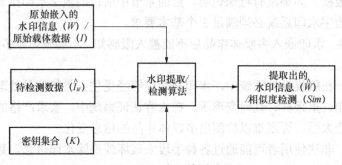

图 11.11 水印检测过程

输入信息包括：待检测数据 $\hat{I}_W$、密钥集合 K（即嵌入过程所使用的密钥）、原始载体数据 I、原始嵌入的水印信息 W。因此，水印检测算法的通用公式为：

$$\hat{W} = D(\hat{I}_W, K, I, W) \tag{11-15}$$

式中，$\hat{W}$ 表示提取出的水印信息；I 和 W 是可选项。

根据水印检测思想不同，若水印检测时只需要密钥，不需要原始载体数据和原始嵌入的水印信息，称为盲检测；若不需要原始载体数据，只需要原始嵌入的水印信息，称为半盲检测；若既需要原始载体数据又需要原始嵌入的水印信息，称为非盲检测。

一般来说，非盲检测数字水印鲁棒性比较强，但其应用受到存储成本的限制。目前研究的数字水印大多数属于半盲检测或盲检测。

水印检测一般采取对提取的水印信息 $\hat{W}$ 和原始嵌入的水印信息 W 作相关性检测，相关性检测的通用公式为：

$$\rho(W, \hat{W}) = \frac{W \cdot \hat{W}}{\sqrt{W \cdot W} \sqrt{\hat{W} \cdot \hat{W}}} \tag{11-16}$$

式中，· 表示两个向量的内积运算。

3．数字水印分类

数字水印可以按多种标准进行分类，常见的分类方法有：

（1）根据水印嵌入载体划分

根据水印载体类型的不同，数字水印可分为图像水印、视频水印、音频水印、图形水印、文档水印等。

图像水印是目前研究最多的一种数字水印，主要是利用图像中冗余信息和人眼视觉特性加载水印。视频水印就是加载在数字视频上的数字水印，利用视频数据中普遍存在的冗余数据和随机性，将与版权相关的水印信息嵌进视频数据中。音频水印利用音频数据的冗余信息和人类听觉系统特性来加载水印，主要用于保护数字声音作品（如 CD、广播节目等）。图形水印就是以图形作为水印嵌入载体的数字水印。随着计算机辅助设计（CAD）、计算机辅助制造（CAM）的广泛应用，各种图纸、3D 模型的知识版权保护日益迫切，图形水印也开始逐渐得到重视。文档水印是利用文档的特点来嵌入水印，例如通过调整文档中的行间距、字间距、字体等方法来嵌入水印。

（2）根据水印作用划分

根据水印嵌入多媒体后所产生的作用，数字水印可分为鲁棒水印、脆弱水印。

鲁棒水印的作用是保护数字作品的版权。要求嵌入的水印鲁棒性较高，能够承受大量有意或无意的破坏，若攻击者试图删除或破坏水印，将导致多媒体产品的彻底破坏。脆弱水印用于多媒体的篡改检测、鉴别真伪，指出篡改的位置、类型，并能对篡改的内容进行恢复。具体可分为完全脆弱水印和半脆弱水印。完全脆弱水印应用于认证严格的场合，如医疗图像、法律图片等。多媒体作品有任何一点改变，都要求水印能够检测出来。半脆弱水印应用于认证不太严格的场合，要求水印在经受正常的信号处理操作的情况下，能够检测出恶意篡改。

（3）根据水印嵌入方法划分

根据水印嵌入方法不同，数字水印可分为空（时）域水印和变换域水印。

空（时）域水印是直接在原始多媒体信号空间域或时间域上加载水印信息。变换域水印是先对原始多媒体信号进行变换（如 DFT、DCT、DWT 等），然后在变换域系数中嵌入水印。

下面按照水印嵌入载体类型介绍现有的多媒体数字水印算法。如不加以特殊说明，都是指鲁棒水印。

11.5.2 图像水印

1. 图像水印的嵌入与提取

以图像为载体的数字水印是当前水印技术研究的重点。图像水印技术主要分为图像水印嵌入和图像水印检测。从图像处理的角度看，图像水印嵌入相当于在强背景下（载体图像）叠加一个弱噪声信号（水印）。从数字通信的角度看，图像水印嵌入就是在一个宽带信道（载体图像）上用扩频通信技术传输一个窄带信号（水印）。嵌入的水印信息可以是无意义的伪随机序列或有意义的二值图像、灰度图像甚至彩色图像等。

图像水印的嵌入可以在图像空域进行，也可以在图像变换域进行。图像空域水印算法复杂度低，但抗攻击能力差。图像变换域数字水印算法通过修改频域（DFT 域、DCT 域、DWT 域）系数，把水印能量扩散到代表图像的主要能量中，在水印不可见性和鲁棒性之间达到了很好的平衡，而且与图像压缩标准 JPEG、JPEG2000 相兼容。

为了满足水印的不可见性，图像水印嵌入通常与人眼视觉特性相结合。人眼视觉系统分辨率受到一定的限制，因此只要迭加的水印信号的幅度低于人眼视觉的对比度门限，人眼视觉系统就无法感觉到水印信号的存在。该对比度门限值受图像亮度、纹理复杂性和信号频率的影响。背景越亮，纹理越复杂，门限就越高，这种现象被称为亮度掩蔽和纹理掩蔽。图像水印嵌入算法通常根据亮度掩蔽和纹理掩蔽调节水印嵌入强度或寻找适合水印嵌入的图像区域。

图像水印检测就是利用水印检测器在待检测图像中提取水印信息或判断是否含有水印信息，图像水印检测可被看作有噪信道中弱信号的检测问题。

一个好的图像水印系统应该能够抵抗各种针对图像水印的攻击。针对图像水印的攻击主要有 JPEG 压缩攻击、图像增强处理攻击、噪声攻击、几何变形攻击、打印扫描攻击、共谋攻击、嵌入多重水印攻击、Oracle攻击等。

JPEG是广泛采用的图像压缩算法，图像水印必须能够经受住某种程度的JPEG压缩攻击。图像增强处理攻击包括滤波、锐化、直方图修正、图像复原、颜色量化等。图像在传输和处理过程中存在着大量的加性噪声和非相关的乘性噪声，图像水印必须能抵御这些噪声。几何变形攻击包括水平翻转、旋转、剪切、尺度变换、行列删除等。共谋攻击是指通过获得同一幅图像的多个拷贝进行攻击。通过对这些图像进行统计平均或者取出所有图像的一小部分进行重新组合，就可以去除水印。打印扫描过程可能引进几何变形和类似噪声的失真，从而影响水印的检测。嵌入多重水印攻击就是在已经加有水印的图像中再嵌入一个水印，进行水印伪造。Oracle攻击是指攻击通过不断对加有水印的图像做小的修改，直到不能检测出水印。

2. 常用的图像水印算法

（1）空域图像水印算法

典型的空域图像水印算法有最低有效位算法（LSB算法）和基于统计的Patchwork算法。

LSB算法是最简单的空域图像水印算法。其基本思想就是用水印信息位代替图像像素的最低有效位（LSB）。图像的最低有效位也被称为最不显著位，是指图像的像素值用二进制表示时的最低位。

对一幅灰度图像进行位平面分解，就可以得到8个位平面二值图像。对图11.12所示的256×256的lena图像进行位平面分解，结果如图11.13所示。从图11.13可以看出，位平面越高，位平面二值图像越接近于原始灰度图像；位平面越低，位平面二值图像越接近于噪声图像。因此高位平面图像集中了原始图像的主要能量，水印信息替代高位平面图像，图像失真比较大，水印替代的位平面越高，图像失真越大。较低位平面图像集中了原始图像的细节信息，水印信息替代低位平面图像，不会引起原始图像的失真。

图 11.12　原始 lena 图像

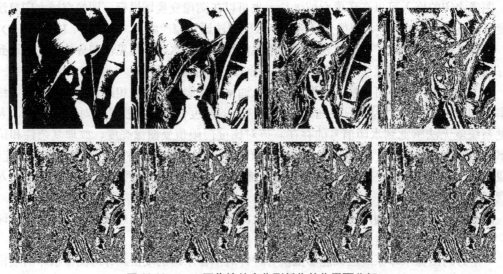

图 11.13　lena 图像按从高位到低位的位平面分解

现把 256×256 的灰度图像 lena（见图 11.12）作为载体图像，把 256×256 的二值图像 baboon 作为水印信息（见图 11.14），根据 LSB 算法原理进行水印嵌入。

在最低有效位平面进行水印嵌入，即用水印图像替代图 11.13 中最后一幅位平面图像。具体实现方法：首先把载体图像的每个像素值和 255（二进制表示为 11111110）作与运算，从而实现每个像素最低位置 0；然后把最低位置 0 后的像素值与其对应的二值水印位进行或运算，从而使水印位替代最低位。水印嵌入后的图像如图 11.15（a）所示，可以看出，水印图像很好地隐藏在载体图像中，从视觉上感觉不到水印的存在。

图 11.14　二值水印图像 baboon

　　(a) 在 LSB 位嵌入水印后的图像　　　　　　　(b) 在最高位嵌入水印后的图像

图 11.15　根据 LSB 算法原理进行水印嵌入

若在最高有效位平面进行水印嵌入，即用水印图像替代图 11.13 中第一幅位平面图像。具体实现仍可采用位运算来实现，嵌入后的图像如图 11.15（b）所示，可以看出水印嵌入后，严重破坏了载体图像的质量。

LSB 算法水印提取很简单，只要提取含水印图像的 LSB 位平面即可，而且是盲提取。具体实现时只要把待检测图像的每个像素值和 1（二进制表示为 00000001）作与运算即可。对图 11.15（a）进行水印提取，提取结果如图 11.16（a）所示。从图 11.16（a）可以看出，提取的图像与原始水印图像灰度值偏低，但是仍可清晰显示出轮廓，其主要原因在于位平面提取过程引入了噪声，可在水印嵌入之前对载体图像进行预处理抑制噪声，具体方法这里不详细介绍。

LSB 算法的缺点是对信号处理和恶意攻击的稳健性很差，对含水印图像进行简单的滤波、加噪等处理后，就无法进行水印的正确提取。对图 11.15（a）进行 3×3 的高斯滤波后，提取的水印图像如图 11.16（b）所示，此时提取的水印图像已经面目全非。

（2）变换域图像水印算法

变换域图像水印算法中最常用的是 DCT 域图像水印算法和小波域图像水印算法。本节以 DCT 域图像水印为例，介绍变换域图像水印算法实现过程。

图像经过 DCT 并且频谱平移后，位于最左上角的直流系数代表了图像的主要能量。其余交流系数按对角线之字形方向对应于图像低频、中频和高频。低频和中频系数具有较大值，能量较高。高频系数值比较小，能量较低，代表图像的细节。理论上来讲，任何频段都可以嵌入水印。由于在 DCT 直流系数中嵌入水印容易破坏图像质量，而在高频中嵌入水印，水印信息容易在图像压缩或滤波中去除，因此大部分 DCT 域图像水印算法都选择低频和中频系数，并结合人眼视觉特性进行水印嵌入。

(a) 对图 11.15 (a) 进行水印提取的图像　　　　(b) 对图 11.15 (a) 进行水印提取的图像

图 11.16　LSB 算法进行水印提取

DCT 域图像水印算法可分为全局 DCT 图像水印算法和分块 DCT 图像水印算法。全局 DCT 图像水印算法首先对整幅图像进行 DCT，然后修改 DCT 系数进行水印嵌入。分块 DCT 图像水印算法先对图像进行分块，然后对每一图像块或选择部分图像块进行 DCT，嵌入水印。下面介绍结合人眼视觉特性进行自适应嵌入的分块 DCT 图像水印算法。

读入 $M \times N$ 大小的灰度图像作为载体图像 $f(x, y)$，$0 \leqslant x < M, 0 \leqslant y < N$。

水印嵌入过程：

① 图像分块并对每个分块进行 DCT。首先载体图像 $f(x, y)$ 被分割为 K 个大小为 8×8 的图像块 $f_k(x', y')$，$0 \leqslant x', y' < 8$，$0 \leqslant k < K$。然后对每个图像块进行 DCT，得到 $F_k(u', v')$。

② 产生水印。首先读入 $m \times n$ 大小的二值图像作为水印信号 W。m、n 的大小受限于水印嵌入算法。

$$W = \{W(i, j), 0 \leqslant i < m, 0 \leqslant j < n\}, W(i, j) \in \{0, 1\}$$

然后按行顺序扫描转换成长度为 $m \times n$ 的一维二值序列，为增强水印鲁棒性，把水印序列进行调制，即：

$$W = \{x_i, 0 \leqslant i < m \times n\}, \ x_i \in \{1, -1\}$$

③ 嵌入水印。嵌入算法采用修改每个 DCT 分块的按对角线之字形顺序扫描的 l 个低频交流系数来嵌入水印，因此有 $m \times n = K \times l$。l 不宜取值太大，因为改变太多的交流系数，可能影响水印的不可见性和鲁棒性，算法中取 $l = 4$，即水印被嵌入 $F_k(0,1)$、$F_k(1,0)$、$F_k(1,1)$、$F_k(2,0)$ 中。水印嵌入公式为：

$$F_k(u', v') = \begin{cases} F_k(u', v') + \alpha_k x_i & k \leqslant i < (k+1)l \\ F_k(u', v') & \text{否则} \end{cases} \tag{11-17}$$

α_k 调节水印嵌入强度。根据人眼视觉特性，在纹理较复杂的图像块嵌入水印不容易引起人眼视觉失真，因此 α_k 取值比较大。在较平滑的图像块，α_k 取值就比较小。方差作为纹理复杂性的度量标准。纹理子块对应的方差比较小，方差比较大的是边缘块。8×8 子块方差的计算公式为：

$$\sigma_k^2 = \frac{1}{8 \times 8} \sum_{x'=0}^{7} \sum_{y'=0}^{7} [f_k(x', y') - m_k]^2$$

$$m_k = \frac{1}{8 \times 8} \sum_{x'=0}^{7} \sum_{y'=0}^{7} f_k(x', y')^2$$

m_k 代表子块的均值，σ_k^2 代表子块的方差。

④ DCT 反变换。对嵌入水印后的图像块进行 DCT 反变换就得到了包含水印的图像。

以 256×256 的 lena 图像作为载体图像，如图 11.17（a）所示。需要水印序列长度为 64×64，因此选取 64×64 大小的二值图像作为水印信息，如图 11.17（b）所示。嵌入结果如图 11.17（c）所示，可以看出视觉上感觉不到二值水印信息的存在。

(a) 载体图像　　　　　(b) 二值水印图像　　　　　(c) 嵌入水印后的图像

图 11.17　基于 DCT 的图像水印嵌入

水印提取过程如下。

设待测试图像为 $f^*(x, y)$。

按下式求待测试图像与原始图像的差值：

$$e(x, y) = f^*(x, y) - f(x, y) \tag{11-18}$$

通过对差值图像进行 DCT，提取水印信息。对差值图像 $e(x, y)$ 进行 8×8 大小分块。每个分块可表示为 $e_k(x', y'), 0 \leqslant x', y' < 8$，并对 $e_k(x' - y')$ 进行 DCT，得到 $E_k(u', v'), 0 \leqslant u', v' < 8$，提取 $E_k(u', v')$ 按对角线之字形排序的交流系数中的前 4 个低频系数，就可以得到每个 DCT 分块中嵌入的水印分量 W_k^*：

$$W_k^* = \{x_i^*, kl \leqslant i < (k+1)l\} \tag{11-19}$$

则提取的水印序列 W^* 为：

$$W^* = \{x_i^*, 0 \leqslant i < L\} = \bigcup_{k=0}^{K-1} W_k^* \tag{11-20}$$

对嵌入水印后的图像进行水印提取，提取的水印图像如图 11.18 所示。

图 11.18　提取出的水印图像

该算法对 JPEG 压缩、加性噪声及滤波等具有较强的鲁棒性。

11.5.3 视频水印

1．视频水印的嵌入和提取

视频水印是在图像水印的基础上逐渐发展起来的。随机序列、二值图像、灰度图像等都可以作为水印信息嵌入视频中。相比于静止图像，视频又有许多自身特点，视频水印算法并不能简单移植静态图像水印算法。因此，视频水印的嵌入和提取应该考虑到以下因素：

（1）与视频编码标准相结合

视频数据量大，相邻帧之间的内容具有高度相关性，存在着大量的数据冗余。视频在存储和传输中通常先要基于现有视频压缩标准进行压缩编码，因此结合视频压缩编码标准设计视频水印算法具有重要实用价值。

（2）包括时域掩蔽效应的人眼视觉模型的建立

现已建立了针对静止图像的比较精确的二维人眼视觉模型，但是包括时域在内的更为精确的三维人眼视觉模型尚未建立。时域反映了视频内容的运动信息，视频水印只有与更为完善的三维人眼视觉模型相结合，才能更好地解决视频编码中采用的运动补偿模式，因额外的水印信息而导致的视觉失真问题。

（3）随机检测性

视频水印要满足可以在视频的任何位置、任何时间内检测出水印，而不是在视频的开始位置按播放顺序一步步检测出水印。

（4）能够抵抗针对视频水印的特定攻击

视频作为一系列静止图像的集合，除会遭受图像水印面临的攻击外，还会遭受一些特定的攻击，如帧平均、帧重组、掉帧、速率改变等。一个好的视频水印算法应该能够抵抗这些攻击。

（5）实时处理性

视频水印不应该破坏视频的连续播放。因此要求视频水印算法具有低复杂度，能够实时地嵌入、检测水印。同时视频水印应该实现盲检测，以确保水印检测能够实时完成。

2．视频水印算法

最初，视频水印算法将视频看成一帧帧单个画面，再运用图像水印的方法嵌入水印。由于没有考虑到视频帧画面之间的强相关性，很容易受到帧平均等攻击。现在针对视频水印的研究已经非常广泛，人们提出了一些比较完善的视频水印算法。

根据视频水印嵌入位置的不同，视频水印算法分为 3 类，即原始视频水印算法，编码域视频水印算法和压缩域视频水印算法。视频水印提取/检测也分别位于这 3 个位置，如图 11.19 所示。

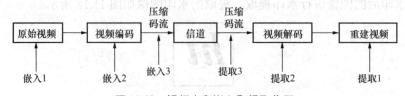

图 11.19　视频水印嵌入和提取位置

（1）原始视频水印算法

原始视频水印算法是水印直接嵌入在未压缩的原始视频的各帧像素中，算法思想与图像空域水印算法基本一致，水印既可以加载在亮度分量上，也可以加载在色差分量上。这类算法的优点是简单直接，复杂度低。缺点是一方面经过视频编码处理后，部分水印信息丢失，给水印的提取和检测带来不便。另一方面是对于已经压缩的视频，需要先解码，嵌入水印后再重新编码，算法运算量大，效率低，抗攻击能力差。

（2）编码域视频水印算法

编码域视频水印算法是在视频编码器中嵌入水印。由于现有的视频编码标准在编码阶段有分块 DCT 过程，因此此类算法等同于变换域水印算法。编码域视频水印算法一般通过修改编码阶段的 DCT 域中的量化系数，并且结合人眼视觉特性嵌入水印。其优点是水印仅嵌入在 DCT 系数中，不会显著增加数据比特率，容易设计出抵抗多种攻击的水印。缺点是存在误差积累，嵌入的水印数据量低，且没有成熟的三维时空视觉掩蔽模型。

一种简单的编码域视频水印算法是把扩频水印信号的 DCT 直流系数直接加载到视频 DCT 系数的直流分量上。例如水印只加载到帧内编码图像（I 帧）的亮度系数中，水印嵌入过程如下。

① 生成一个与 I 帧具有相同维数的伪随机序列作为水印信号。

② 将伪随机序列水印信号的信息位进行调制，得到扩频后的水印信号。然后将扩频水印信号分块（如 8 × 8），进行 DCT。

③ 将每个水印信号块的 DCT 直流分量加载到 I 帧图像相同位置的 DCT 块的直流分量上。水印提取算法非常简单，只要采用相关性检测即可。

该算法简单直接，但是没有考虑加载水印后引起的误差积累和码率扩大等因素，会明显降低视频质量。为此，Hartung 和 Girod 进行了改进，把水印能量同时嵌进 I 帧、P 帧和 B 帧的 DCT 系数上（包括直流系数 DC 和交流系数 AC）。

（3）压缩域视频水印算法

压缩域视频水印算法是将水印嵌入在视频压缩编码后的码流中，没有解码和再编码过程，提高了水印的嵌入和提取效率。缺点是视频编码标准的恒定码率限制了水印嵌入量的大小；视频解码误差限制了水印嵌入强度，水印嵌入后视觉上可能有可察觉的变化。

一个典型的压缩域视频水印算法是通过修改压缩视频流中的 VLC 码嵌入水印的算法。

在压缩过的 MPEG-2 视频码流中，可以直接获得的基本编码单位是可变长码字 VLC，它是对每个 DCT 系数的编码，每个 DCT 系数都有相应的 VLC 码字与之对应。

假设需要嵌入的水印序列为 $b_j(j = 0,1,2,\cdots,l-1)$ 包含 l 个比特，嵌入时选择视频流中特定的 VLC 对，根据 VLC 对中的一个 VLC 码的最不重要位（LSB）和对应的水印比特 b_j 的关系，用与之配对的 VLC 码替换该 VLC 码。为确保 VLC 码替换后不会影响视频图像的质量，所选取的两个可以互相替换的 VLC 码应满足以下 3 个条件：具有相同的行程长度；幅度（level）差值为 1；具有相同的 VLC 码长。

一对符合上述要求的 VLC 码字被称为可标记 VLC 码对。满足上述要求的帧间或帧内编码宏块的 VLC 码字，都可以用来嵌入水印信息。因为 DCT 系数中的 DC 系数与 AC 系数的编码方式不同，而且对 DC 系数的修改会引起视觉上的失真，因此只考虑 AC 系数的 VLC 码置换问题。

水印嵌入过程是扫描每一个宏块中的 VLC 码，如果找到一个可标记 VLC 码，经解码得到系数的幅度值，判定幅度值的最不重要位（LSB）：若其 LSB 与 b_j 相等，则不做替换；若其 LSB 与 b_j 不等，则用与之配对的 VLC 码替换；重复以上两步，直到水印信息比特全部嵌入后结束。

水印提取过程比较简单，与嵌入时一样，扫描每个宏块的 VLC 码，若找到一个可标记 VLC 码，其最不重要位就是要提取的水印信息位 b_j'，记录该信息位。依次做下去，直到找不到可标记 VLC 码时结束。

11.5.4　音频水印

1．音频水印的嵌入和提取

音频水印就是通过修改数字化音频的量化比特位数据来嵌入水印。随机序列、二值图像、灰度图像等都可以作为水印信息嵌入在音频中。音频水印嵌入和提取应考虑以下因素。

（1）水印嵌入量受限于采样频率。采样频率影响水印数据的嵌入量，因为它给出了可用频谱的上限。如果信号的采样频率为 8kHz，则引入的修改分量的频率不会超过 4kHz。对大多数音频水印算法而言，可用的数据空间与采样频率的增长至少呈线性关系。

（2）音频水印算法要有针对音频信号传输过程中变化的鲁棒性。由于传播途径不同，音频信号的幅度、量化方式和时域采样率在传输过程中都有可能发生改变，从而破坏水印信息，因此音频水印算法需要考虑音频信号的表述和传输路径，要求算法有很强的鲁棒性。

（3）音频水印算法要兼顾人耳听觉特性，满足不可感知性。首先，人的听觉具有掩蔽效应。当在一定的频率范围内，同时存在能量相差一定程度的一强一弱两个音频信号时，弱音将被强音掩蔽，人耳感觉不到。强音被称为掩蔽音，弱音被称为被掩蔽音。被掩蔽音刚能被听到时的强度被称为掩蔽阈值。对音频水印而言，音频载体是掩蔽音，水印信号是被掩蔽音。因此水印信息的嵌入强度应该低于掩蔽阈值。

掩蔽效果依赖于掩蔽音和被掩蔽音的时域和频域特性。因而，掩蔽可分为时域掩蔽和频域掩蔽。时域掩蔽局限在时间域，包括向前掩蔽、向后掩蔽和同时掩蔽。向前掩蔽是指掩蔽音出现之前被掩蔽音无法被听到。向后掩蔽是指掩蔽音消失后被掩蔽音无法被听到。同时掩蔽是在一定时间内掩蔽音对被掩蔽音发生了掩蔽效应。一般来说，向前掩蔽发生在隐蔽音出现前 5～20ms，向后掩蔽发生在掩蔽音消失后 50～200ms。频域掩蔽局限在频域，频域掩蔽计算一般依靠音频变换域频谱进行。

其次，人耳对音频信号的绝对相位不敏感，而只对其相对相位敏感。

最后，人耳对不同频率段声音的敏感度不同。人耳可以听见 20～18000Hz 的信号，但对 300～3400Hz 范围内的信号最为敏感，幅度很低的信号也能被听见。在低频区和高频区，能被人耳听到的掩蔽信号的幅度要高得多。

（4）音频信号具有特定的攻击，如回声、时间缩放。

2．音频水印算法

根据水印加载方式的不同，音频数字水印算法也可以分为两类，即时域音频水印算法、变换域音频水印算法。

（1）时域音频水印算法

时域音频水印算法可以提供简捷有效的水印嵌入方案，具有较大的信息嵌入量，但对语音信号处理的鲁棒性较差。常用的时域音频水印算法有最低有效位法（LSB）、回声隐藏法等。

回声隐藏法是一种经典的时域音频水印算法，利用了人类听觉系统的特性——音频信号在时域的向后掩蔽效应。对于人耳来说，音频信号就像是从耳机里听到的声音，没有回声；经过回声隐藏的水印数据就像是从扬声器里听到的声音，由所处空间如墙壁、家具等物体产生的回声。因此回声隐藏与其他方法不同，它不是将水印数据当作随机噪声嵌进载体数据中，而是利用载体数据的环境特征（回声）来嵌入水印信息，对一些有损压缩算法具有一定的稳健性。

回声隐藏法的基本原理是在音频序列 $f(t)$ 中引入回声 $\alpha f(t-\Delta t)$，通过修改信号和回声之间的延迟 Δt 来嵌入水印信息。提取水印时，计算每一个信号片段中信号倒谱的自相关函数，在时延 Δt 上会出现峰值。

具体嵌入算法如下。

① 将一个音频数据文件分成若干包含相同样点数的片段，每个片段时间为几个到几十个毫秒，样点数记为 N。每段用来嵌入 1bit 的水印信息。

② 对每段信号进行水印嵌入。设每段音频序列表示为 $S=\{s(n), 0 \leqslant n < N\}$。对每段音频信号，按式（11-21）得到含有回声的音频序列 Y：

$$y(n)=\begin{cases} s(n), & 0 \leqslant n < m \\ s(n)+\lambda s(n-m), & m \leqslant n < N \end{cases} \tag{11-21}$$

式中，m 是信号和回声间的延时，一般取 $m \ll N$；λ 为衰减系数。

通过修改 m 来嵌入水印信息。对每段信号，选择 $m=m_0$，则在该段信号中嵌入水印比特"0"；选择 $m=m_1$，则在该段信号中嵌入比特"1"。

③ 将所有含回声的信号段串联成连续信号。

水印提取算法如下：对一个音频回声信号，提取水印的关键在于确定回声的延时，将回声从原始信号中分离出来。由于代表回声的脉冲幅值与载体信号相关度很小，因此它很难被检测到，使用复倒谱的自相关可以解决这个问题。

设回声信号 $y(n)$ 的复倒谱自相关为 $\hat{y}(n)$。由于 $y(n)$ 复倒谱会在回声延时处出现一个峰值，所以 $\hat{y}(n)$ 在回声延时处也会出现一个极大值。由于引入的回声延时只有 m_0 和 m_1 两种可能，因此只要比较 $\hat{y}(n)$ 在 m_0 和 m_1 处的取值，根据其中的较大者即可判断回声延时，从而确定嵌入的比特信息。

（2）变换域音频水印算法

常见的变换域音频水印算法有 DFT 音频水印算法、DCT 音频水印算法和 DWT 音频水印算法。

DFT 音频水印的经典算法是相位水印算法。它利用了人类听觉系统对声音的绝对相位不敏感，但对相对相位敏感这一特性。水印嵌入算法如下。

① 将原始音频序列分割成等长的小段。在每段中嵌入相同的水印，水印的长度等于每段的长度。

② 对每个音频片段进行 DFT，生成相位矩阵和幅度矩阵。计算并存储相邻段对应频率点的相位差。利用水印信息和相位差矩阵修改相位矩阵。

③ 利用修改的相位矩阵和原始幅度矩阵进行 IDFT，生成含水印的音频信号。

提取水印时，首先要获得含水印音频信号的同步信息、信号段的长度。具体分三步：在已知信号段长度的情况下，将待检测的音频信号分段：提取出第一段，对它做 DFT，计算相位值：根据相应的阈值，对相位值进行检测，得到 0 或 1 值，构成水印序列。

11.5.5 图形水印

1. 图形水印的嵌入和提取

图形水印通过修改具有特定组织形式的图形表示数据信息来嵌入水印，嵌入的水印信息可以是随机序列、二值图像、灰度图像等。图形水印的嵌入和提取应该考虑以下因素：

（1）图形数据特点

图形数据没有固有的数据顺序和明确的采样率概念，因此图形中的数据不具有像图像、音频、视频那样方便、可以直接使用的数据工具（如 DFT、DCT、DWT 等）。

图形数据中不但包含几何信息还有拓扑信息。几何信息描述图形的坐标信息，拓扑信息描述图形的点、线、面之间的关系。

图形中冗余的信息量少。由于图形一般采用参数化的矢量方式表示，因而整个图形的数据量要少得多，可用于编码水印信息的冗余信息也要少得多，严重影响了水印容量。

（2）要求更为严格的不可见性

在图形中嵌入水印后，不仅要保证感官上的不可察觉，对用于生产和设计的图形（如基于 CAD 模型的图形），还要保证在功能上不影响原模型的使用功能。有时候尺寸差 1mm，就会导致模型不可用。

（3）针对图形水印的攻击

图形数据表示形式很多，因此图形水印攻击方法很多，针对三维模型的攻击方法更多，如模型的位移、旋转、均匀或不均匀缩放、网格压缩、网格简化、不同系统间模型格式转换等。图形水印算法应该具有较强的抗攻击能力。

2. 三维模型水印算法

现有的图形水印算法主要集中在三维模型水印研究，因此本小节仅介绍三维模型水印算法。在介绍三维模型水印前，先简单介绍三维模型的数据组织形式。

（1）三维模型数据组织

二维平面中的一个点，可以在欧几里得空间中用笛卡尔坐标指定。如图 11.20（a）所示。同样，三维信息也能够被欧几里得三维空间模拟，在这个空间中一个点被 3 个坐标指定，即 (x, y, z)，如图 11.20（b）所示。

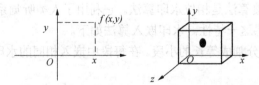

(a) 笛卡尔坐标系的二维平面　(b) 欧几里得空间的三维数据点

图 11.20　2D 和 3D 空间点表示

计算机对三维数据的表示，并不是对每一个点来描述，而是采用特定的模型来描述三维数据信息。三维模型把三维对象视为大小不一且具有一定方向的曲面的集合，曲面有很多表示方法。网格法是广泛使用的建模方法，其曲面用一系列多边形网格构成的面片来表示或逼近，最常用的是三角形面片。

在三角网格模型中，一个三维物体由成千上万个三角面片组成，而每一个三角面片则由三维空间中的 3 个点和 3 条线构成。在存储过程中，无须存储三维数据中的每一个三维数据点，只需要存储能勾勒出三维数据轮廓的点和线，并且存储这些任意点和线之间的关系。

如图 11.21 所示，*A*、*B*、*C*、*D*、*E*、*F*、*G*、*H*、*I* 为三维空间中的一些任意点，这些点之间会存在不同的关系，不同关系的组织会形成不同的三维物体，这种关系在图 11.21 中表现为有直线连接或者没有直线连接两种。

图 11.21 的空间点关系组织形成的三维空间体数据由 16 个三角面片组成，每个面有不同的尺寸和方向，通过排列这些面，可以模拟简单的三维模型。通过改变面的尺寸和方向，可以制成弯曲、扭转等，可以模拟非常复杂的三维模型。给定位置内的面数越多，所表现的细节也就越多，通过增加更多的细节，会使模型更加具体化。

图 11.22 为一个三维茶壶的三角面片网格图。通常所使用的 **3ds** 格式数据就采用这种三角面片数据格式，其中的点用其三维空间中的坐标来表示。设 *x*、*y*、*z* 为某一点的 3 个坐标值，*i* 是此点的索引值，则三角面片由点索引构成。设 T_k 为一个三维图形的第 *k* 个三角面片，则：

$$T_k = (i_m, i_n, i_l)$$

式中，i_m, i_n, i_l 分别是该三角形面片的三个点的索引值。

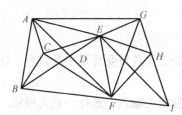

图 11.21　三角形面片描述数据　　　　图 11.22　一个具体的三维数据的三维组织形式

这样组织起来的数据只会有一个简单甚至是很粗糙的轮廓，几乎不能看到其形状，而进一步细化的工作需要靠给三维数据贴纹理来完成，也就是给每一个三角面片贴上一幅二维的图像，以满足人眼视觉效果。

（2）三维模型水印算法

三维模型水印并不是通过改变三维模型的二维纹理图像来嵌入水印，而是通过改变三维模型中的三维数据几何信息来嵌入水印。原因在于纹理只是三维数据的附加信息，容易受损或者被替换，而影响三维数据本质特征的则是它的三维点和几何关系信息。几何关系作为点之间的关系是不能被改变的，否则会引起三维数据视觉上的巨大改变。

由于网格法是普遍采用的三维模型建模方法，因此三维模型水印算法研究主要集中在网格水印算法。网格水印算法按嵌入域的不同分为空域网格水印算法和变换域网格水印算法。

空域网格水印算法是直接在原始网格中通过调整网格几何、拓扑和其他属性参数嵌入水印，具体可分为几何体直接嵌入和构造几何向量间接嵌入。几何体直接嵌入就是直接在顶点坐标、边长、多边形面积或这些几何量的比例中嵌入水印数据。构造几何向量间接嵌入则在嵌入水印数据之前先对网格数据进行处理，得到非直观的嵌入基元，如调整网格曲面法向量分布嵌入水印。

变换域网格水印先对网格数据信息进行处理，然后把三维模型通过频域变换，转化为一组不同分辨率层次的频域系数和一个粗糙模型。通过修改频域系数嵌入水印，然后再通过逆变换得到嵌入水印后的模型。不同于图像是对采样点灰度值进行变换得到频谱信息，这里的频域变换往往利用网格的拓扑关系和图论理论得到频谱信息。例如将三维模型的每个顶点与离它距离最近的 K 个顶点建立虚拟连接，根据该连接关系建立矩阵，求解出该矩阵的特征值和特征向量，把顶点坐标投影到特征向量上得到顶点的频域系数。也可以根据网格的拓扑关系构造数据矩阵，再对该数据矩阵运用常用的变换（DFT、DCT、DWT 等）得到频谱信息。

11.6 本章小结

多媒体信息安全是信息安全的一个重要方面。多媒体信息安全的基本技术包括知识产权管理和保护、多媒体信息的保护、数字水印等。其要素包括机密性、完整性、可用性、可控性和不可抵赖性。良好的安全性是保证多媒体信息的采集、存储、加工、传输、回放及知识产权等得以正常和规范地进行的基本要素。

思考与练习

一、判断题

1. 置乱技术是一种不可逆变换，具有周期性，合法接收者只要经过去乱过程，就可恢复原数据信息。　　　　　　　　　　　　　　　　　　　　　　　　　　（　　）

2. 散列函数是一种双向函数，它将任何长度的信息作为输入，进行一系列模乘、移位等运算，输出固定长度的散列结果（一般称之为信息摘要）。　　　　　　　　（　　）

3. 信息隐藏将信息藏匿于一个宿主信号中，确保信息不被觉察到或不易被注意到，同时不影响宿主信号的知觉效果和使用价值。　　　　　　　　　　　　　　　　（　　）

4. 传统的以密码学为核心技术的信息安全和信息隐藏技术是互相矛盾、互相竞争的。
　　　　　　　　　　　　　　　　　　　　　　　　　　　　　　　　　　　（　　）

5. 视频水印是目前研究最多的一种数字水印，利用视频数据中普遍存在的冗余数据和随机性，将与版权相关的水印信息嵌进视频数据中。　　　　　　　　　　　　（　　）

二、选择题

1. 密码学主要为存储和传输中的多媒体信息提供以下哪几个方面的安全保护？（　　）

　　（1）机密性　　　　　（2）数据完整性　　　　（3）鉴别　　　　（4）抗否认性

　　A.（1）（2）　　　　B.（1）（2）（4）　　　C.（2）（4）　　　D.（1）（2）（3）（4）

2. 信息隐藏与数据加密的区别有（　　）。

　　（1）隐藏的对象不同　　　　　　　　　　（2）保护的有效范围不同

（3）需要保护的时间长短不同　　　　（4）对数据失真的容许程度不同

A．（1）（2）　　　B．（2）（4）　　　C．（2）（3）（4）　D．（1）（2）（3）（4）

3．根据水印的作用，数字水印可以分为（　　　）。

（1）鲁棒水印　　　（2）脆弱水印　　　（3）图像水印　　　（4）时域水印

A．（1）（2）　　　B．（3）（4）　　　C．（1）（3）　　　D．（2）（4）

4．变换域图像水印算法中最常用的是（　　　）。

（1）DCT 域图像水印算法　　　　　　（2）LSB 算法

（3）小波域图像水印算法　　　　　　（4）基于统计的 Patchwork 算法

A．（1）（2）　　　B．（1）（3）　　　C．（2）（4）　　　D．（2）（3）

5．下列哪个不是多媒体信息安全的基本要求？（　　　）

A．机密性　　　　B．完整性　　　　C．可用性　　　　D．不可抵赖性

三、填空题

1．被动攻击本质上是在传输过程中的偷听或监视，其目的是从传输中获得信息。两类被动攻击分别是＿＿＿＿＿＿＿和＿＿＿＿＿＿＿。

2．一个实用的数字水印系统必须满足 3 个基本要求，即＿＿＿＿＿、＿＿＿＿、＿＿＿＿。

3．数字水印系统设计包括 3 个部分，即＿＿＿＿＿、＿＿＿＿＿、＿＿＿＿＿。

4．一个好的图像水印系统应该能够抵抗各种针对图像水印的攻击。针对图像水印的攻击主要有＿＿＿＿＿、＿＿＿＿＿、＿＿＿＿＿等。

5．根据视频水印嵌入位置的不同，视频水印算法分为 3 类，即＿＿＿＿＿＿＿、＿＿＿＿＿＿＿和＿＿＿＿＿＿＿。

四、简答题

1．多媒体安全的基本要素是什么？为什么要研究多媒体的安全问题？

2．常见的多媒体攻击有哪些？

3．多媒体信息保护的重要策略有哪些？

4．简述信息隐藏技术的分类以及主要应用。

5．试给出 DCT 域图像水印的嵌入与提取过程。

6．给出音频水印的主要特点。

前面章节介绍了使用 VC++实现多媒体应用的实例，本章介绍一种更为简单的多媒体应用的开发方法——使用 Java 开发多媒体应用，重点介绍用 Java 处理图形、图像、音频、视频、动画等多媒体数据的基本实现方法。

12.1 概述

Java 是 SUN Microsystems 公司推出的跨平台的程序开发工具，其程序设计风格与传统设计方法不同，采用面向对象方式并拥有较好的安全性和可移植性，在 Internet 时代成为非常流行的语言。它具有平台无关灵活性、创作工具简单和开发速度较快的特点。Java 语言提供了丰富的 API 来实现多媒体接口。利用 Java，可以编程处理文本、图形、图像、音频、视频、动画等多媒体数据，以设计或构造适合不同需求的多媒体应用系统。在多媒体程序设计方面，Java 不但提供了控制对象及多媒体应用接口，还支持众多第三方多媒体库及 API 函数的调用。

Java 多媒体技术涉及 3 个重要方面。

（1）播放。实现对于多媒体文件和内容的显示、播放、解码。

（2）创建。通过 API 来实现对几何形状、文字和图像等的绘制，以及对绘制过程的控制。

（3）处理。对媒体文件的读取、编码和操作等。

Java 应用程序可以通过 Java Advanced Imaging（JAI）、Java Media Framework（JMF）、Java 3D 等 API 来实现以上 3 个重要方面。Swing 工具也提供了对图形与图像的广泛支持。

12.2 Java 基本图像处理技术

12.2.1 Java 坐标系统及文件格式

在进行图形操作时，要使用绘图区或容器的坐标系统。另外，如何用坐标系统定义窗体和控件在应用程序中的位置，也是很重要的。

在 Java 图形绘制引擎接口 Graphics 中，坐标系统是一个二维网格，可定义屏幕上、窗体中或其他容器中的位置。使用窗体中的坐标（x, y），可定义网格上的位置。其中 x 值是沿 x 轴的位置，最左端的值是 0；y 值是沿 y 轴的位置，最上端的值是 0。

Java 可以支持的图形格式有位图（.bmp）文件、便携式网络图形（.png）文件、GIF（.gif）文件及 JPEG（.jpg）文件，还可以通过增加编码解码包来支持更多的格式。

12.2.2　Image 类和相关函数

在 Image 类中封装了对图像最基本的操作，包括图像的载入、显示、缩放等。

1．getImage 图像的载入

作用：把 Image 对象与图像文件联系起来。

语法：

Image getImage(URL url)，其中 url 指明图像所在位置和文件名。

Image getImage(URL url,String name)，url 指明图像所在位置，name 是文件名。

例如，以下代码声明 Image 对象，并用 getImage() 对象与图像文件联系起来：

```
Image img = getImage(getCodeBase(),"family.jpg");
```

URL（Uniform Resource Location，统一资源定位符）对象用于标识资源的名字和地址，在 WWW 客户端访问 Internet 网上资源时使用。确定图像位置的方法有两种——绝对位置与相对位置。取得相对位置的方法有：

URL getCodeBase()，取小应用程序文件所在的位置。

URL getDocumentBase()，取 HTML 文件所在的位置。

例如：

```
URL picURLA = new URL(getDocumentBase(),"imageSample1.gif"),
    picURLB = new URL(getDocumentBase(),"pictures/imageSample.gif");
Image imageA = getImage(picURLA),imageB = getImage(picURLB);
```

如果需要获取图像的尺寸信息，可以使用的方法有：getWidth(ImageObserver observer)，取宽度；getHeight(ImageObserver observer)，取高度。

2．drawImage 显示图像

作用：在 paint 方法中绘制图像。

函数声明：

```
boolean drawImage(Image img,int x,int y,ImageObserver observer)
boolean drawImage(Image img,int x,int y,Color bgcolor,ImageObserver observer)
boolean drawImage(Image img,int x,int y,int width,int height,ImageObsever observer)
boolean drawImage(Image img,int x,int y,int width,int height,Color bgcolor,
ImageObsever observer)
```

参数说明：参数 img 是 Image 对象，x, y 是绘制图像矩形坐标系统的左上角位置，observer 是加载图像时的图像观察器，bgcolor 是显示图像用的底色，width 和 height 是显示图像的矩形区域，当这个区域与图像的大小不同时，显示图像就会有缩放处理。

另外，Java 还提供了一个 ImageIcon 类作为 Icon 接口的实现，它根据 Image 绘制 Icon。

可使用 MediaTrackcr 装载由 URL、文件名或字节数组创建图像，以监视该图像的加载状态。ImageIcon 类比 Image 类简单，可以直接建立对象。

12.2.3 图像显示方法程序实例

下面介绍的代码可以装载和显示图片，首先按照其原始大小显示，之后按 Applet 的宽度和高度减掉 120 像素大小缩放图片，最后再使用 ImageIcon 进行显示。

```java
import java.applet.Applet;
import java.awt.*;
import javax.swing.*;
public class LoadImageAndScale extends JApplet {
  private Image logo1;
  private ImageIcon logo2;
  //装载图片
  public void init()
  {
      logo1 = getImage( getDocumentBase(), "logo.gif" );
      logo2 = new ImageIcon( "logo.gif" );
  }
//绘制图片
public void paint( Graphics g )
{
    //按原图大小绘制
    g.drawImage( logo1, 0, 0, this );
    //按 Applet 的宽度和高度减掉 120 像素大小缩放图片
    g.drawImage( logo1, 0, 120, getWidth(), getHeight() - 120, this );
    //用 ImageIcon 来快速装载图片
    logo2.paintIcon( this, g, 180, 0 );
  }
}
```

12.3 Java 图像处理技术

12.3.1 连续显示一组图片

在很多时候，经常需要连续显示一组事先排列好的图片组来得到动画效果。在 Java 中，可以借助以下方法而不使用视频播放器或者 Flash 插件，实现一组图片的动画效果：一是使用 Timer 类，使程序以固定时间间隔来运行某个事件 ActionEvents，语法为 Timer (animationDelay, ActionListener)。这里的 ActionListener 是关联事件 ActionEvents 的监听例程。二是使用方法重绘 repaint。调用父类的 paintComponent 来保证 Swing 中的组件可以正常显示。

程序示例如下：

```java
import java.awt.*;
import java.awt.event.*;
import javax.swing.*;
public class LogoAnimator extends JPanel implements ActionListener {
```

```java
protected ImageIcon images[];    //存放图片组
protected int totalImages = 30,
            currentImage = 0,
            animationDelay = 50; //间隔50ms播放
protected Timer animationTimer;
public LogoAnimator()
{
    setSize( getPreferredSize() );
    images = new ImageIcon[ totalImages ];
    for ( int i = 0; i < images.length; ++i )
    images[ i ] =
        new ImageIcon( "images/anime" + i + ".gif" );//图片存放位置
    startAnimation();
}
public void paintComponent( Graphics g )
{
    super.paintComponent( g );
    //确定图片加载完全后显示图片
    if ( images[ currentImage ].getImageLoadStatus() ==
    MediaTracker.COMPLETE ) {
     images[ currentImage ].paintIcon( this, g, 0, 0 );
     currentImage = ( currentImage + 1 ) % totalImages;
     }
}
//强制重绘
public void actionPerformed( ActionEvent e )
{
    repaint();
}
//开始播放
public void startAnimation()
{
    if ( animationTimer == null ) {
      currentImage = 0;
      animationTimer = new Timer( animationDelay, this );
      animationTimer.start();
    }
    else  //  实现循环播放
        if ( ! animationTimer.isRunning() )
                animationTimer.restart();
}
//停止播放
public void stopAnimation()
{
    animationTimer.stop();
}
//显示尺寸控制
public Dimension getMinimumSize()
{
return getPreferredSize();
```

```
        }
        public Dimension getPreferredSize()
        {
            return new Dimension( 160, 80 );
        }
        //主程序
        public static void main( String args[] )
        {
            LogoAnimator anim = new LogoAnimator();
            JFrame app = new JFrame( "Animator test" );
            app.getContentPane().add( anim, fBorderLayout.CENTER );
            //加入监听
            app.addWindowListener(
                new WindowAdapter() {
                    public void windowClosing( WindowEvent e )
                    {
                        System.exit( 0 );
                    }
                }
            );
            //在图片周围留出10像素和30像素的空白边界
            app.setSize( anim.getPreferredSize().width + 10,
                    anim.getPreferredSize().height + 30 );
            app.show();
        }
    }
}
```

程序运行后，图片会成组滚动显示，类似于动画效果。

12.3.2 图片热区的实现

在制作多媒体程序时，不可避免地要涉及图像的显示。对于整幅图片，经常需要在图像中设定作用区域，这样当用户的鼠标移动到作用区域的时候，该区域可以变色显示，或者单击后自动链接到某个设定的 URL，这就是广泛使用的图片热点或者热区功能。

下面介绍一种在 Java 中实现这一功能的简单方法。把图像装载后，用 mouseMoved 句柄来发现鼠标的位置，给出相应的提示信息。

```
// ImageMap.java
// 显示一张热图
import java.awt.*;
import java.awt.event.*;
import javax.swing.*;
public class ImageMap extends JApplet {
    private ImageIcon mapImage;
    private int width, height;
    public void init()
    {
        addMouseListener(
            new MouseAdapter() {
                public void mouseExited( MouseEvent e )
```

```
            {
                showStatus( "Pointer outside applet" );
            }
        }
    );
    addMouseMotionListener(
        new MouseMotionAdapter() {
            public void mouseMoved( MouseEvent e )
            {
                showStatus( translateLocation( e.getX() ) );
            }
        }
    );
    mapImage = new ImageIcon( "icons2.gif" );
    width = mapImage.getIconWidth();
    height = mapImage.getIconHeight();
    setSize( width, height );
}
public void paint( Graphics g )
{
    mapImage.paintIcon( this, g, 0, 0 );
}
public String translateLocation( int x )
{
        int iconWidth = width / 6;
        if ( x >= 0 && x <= iconWidth )
            return "Common Programming Error";
        else if ( x > iconWidth && x <= iconWidth * 2 )
            return "Good Programming Practice";
        else if ( x > iconWidth * 2 && x <= iconWidth * 3 )
            return "Performance Tip";
        else if ( x > iconWidth * 3 && x <= iconWidth * 4 )
            return "Portability Tip";
        else if ( x > iconWidth * 4 && x <= iconWidth * 5 )
            return "Software Engineering Observation";
        else if ( x > iconWidth * 5 && x <= iconWidth * 6 )
            return "Testing and Debugging Tip";
        return "";
    }
}
```

12.4　Java 音频处理技术

在多媒体应用中，数字音频可在许多方面改进多媒体的表达能力，它是对多媒体节目的一种有利补充，为多媒体应用程序增加吸引人的效果。本章所讨论的数字音频包括语音、音效和音乐，这 3 种音频形式在多媒体应用中起着不同的作用。语音解说可用来减少在屏幕上显示大段文字，通过使用另一条交流渠道增进理解，并通过与用户的会谈和交流来增加对软件的兴趣。音效可用来增加真实感，使用特殊音响效果，可增强图像和播音信息。音乐可用来确定一种心境或为用户提供特定场合的暗示，并提高了多媒体软件的专业质量。下面介绍 Java 中一些输出声音的方法。

12.4.1 利用 Java Sound 播放

实际应用中，可以通过在 Applet 中加入 Play 语句来实现基本的声音播放。Java 对于一些基本的声音格式（如.au, .wav, .aif, .mid 等），都提供了支持。JMF（Java Media Framework）还有对更多声音格式的解码。

最常用的有关发声的 API 函数是 Play，其使用格式有如下两种。

```
play( location, soundFileName );
play( soundURL );
```

其中，location 是文件的本地位置，soundFileName 为声音文件的名字，另外直接用声音文件的 URL 地址来实现播放。

12.4.2 利用 Java Sound 实现录音

Java 的录音功能可以从 AudioSystem 中获取。首先需要规定好 AudioFormat，然后利用 AudioStream 来调用麦克风实现录音。其中，AudioInputStream 有两个构造函数：AudioInputStream(TargetDataLine line)；AudioInputStream(InputStream stream, AudioFormat format, long length)。

第二个函数，InputStream stream 指的是音频的数据流，AudioFormat format 指的是音频的形式，length 表示 stream 中包含多少个 frame，计算方法是 stream.length/frameSize，其中 frameSize 表示一个 frame 占用的字节数。frameSize=channelCount*sampleSize，一个 frame 记录的是当前时刻各个声道的音频值。采样率指的是一秒钟在某个声道的取样数，也就是一秒钟内的 frame 数。sampleRate=frameRate。

音频写入函数 AudioSystem.write()有两个重载函数。

write(AudioInputStream stream,AudioFileFormat.Type fileType, File out)：写进文件。

write(AudioInputStream stream, AudioFileFormat.Type fileType, OutputStream out)：写进 OutputStream。

AudioSystem.write()函数是线程阻塞的，只要 AudioInputStream 没有结束，就会一直等待输入。所以必须另开一个线程来录音，否则就无法关闭录音了。下面的例子可以实现最简单的录音功能。

```
File outputFile = new File("recoder.wav");
AudioFormat audioFormat = new AudioFormat(
        AudioFormat.Encoding.PCM_SIGNED, 44100.0F, 16, 2, 4, 44100.0F,
        false);
DataLine.Info info = new DataLine.Info(TargetDataLine.class,
        audioFormat);
TargetDataLine targetDataLine = (TargetDataLine) AudioSystem
        .getLine(info);
targetDataLine.open(audioFormat);
targetDataLine.start();
```

```
new Thread() {
    public void run() {
        AudioInputStream cin = new AudioInputStream(targetDataLine);
        try {
            AudioSystem.write(cin, AudioFileFormat.Type.WAVE,
                    outputFile);
            System.out.println("over");
        } catch (IOException e) {
            e.printStackTrace();
        }
    };
}.start();
System.out.println("录音开始，完成后请按回车键结束录音");
System.in.read();
targetDataLine.close();
```

12.4.3 使用 AudioClip 循环播放小段音频

AudioClip 接口也用来进行音频的播放、停止和循环操作。这里 AudioClip 对象及其方法 getAudioClip()都属于 java.applet 包。装载音频的方法有两种格式——getAudioClip(location, filename)和 getAudioClip(soundURL)。

一旦音频文件成功装载，就可以使用以下方法来实现播放：play——播放声音一次； loop——循环播放；stop——停止当前的播放。

在这一方法的基础上，可以编写以下程序来实现简单的播放器。

```java
import java.applet.*;
import java.awt.*;
import java.awt.event.*;
import javax.swing.*;
public class LoadAudioAndPlay extends JApplet {
    private AudioClip sound1, sound2, currentSound;
    private JButton playSound, loopSound, stopSound;
    private JComboBox chooseSound;
    //初始化
    public void init()
    {
        Container c = getContentPane();
        c.setLayout( new FlowLayout() );
        String choices[] = { "Welcome", "Hi" };
        chooseSound = new JComboBox( choices );
        chooseSound.addItemListener(
            new ItemListener() {
                public void itemStateChanged( ItemEvent e )
                {
                    currentSound.stop();
                    currentSound =
                        chooseSound.getSelectedIndex() == 0 ? sound1 : sound2;
                }
            }
        );
```

```
                );
                c.add( chooseSound );
                ButtonHandler handler = new ButtonHandler();
                playSound = new JButton( "Play" );
                playSound.addActionListener( handler );
                c.add( playSound );
                loopSound = new JButton( "Loop" );
                loopSound.addActionListener( handler );
                c.add( loopSound );
                stopSound = new JButton( "Stop" );
                stopSound.addActionListener( handler );
                c.add( stopSound );
                sound1 = getAudioClip(getDocumentBase(), "welcome.wav" );
                sound2 = getAudioClip(getDocumentBase(), "hi.au" );
                currentSound = sound1;
        }
        //停止播放
        public void stop()
        {
            currentSound.stop();
        }
        private class ButtonHandler implements ActionListener {
            public void actionPerformed( ActionEvent e )
            {
                if ( e.getSource() == playSound )
                    currentSound.play();
                else if ( e.getSource() == loopSound )
                    currentSound.loop();
                else if ( e.getSource() == stopSound )
                    currentSound.stop();
            }
        }
    }
```

12.4.4 播放音频的其他方法

　　AudioSystem 是 javax.sound 包的重要入口类，播放音频也可以是以它为中心展开的，其中 AudioSystem 的默认输入设备是麦克风，默认输出设备是扬声器，SourceDataLine 和 TargetDataLine 都可以通过 AudioSystem 获得。SourceDataLine 意思是“源数据流”，是指 AudioSystem 的输入流，把音频文件写进 AudioSystem 中，AudioSystem 就会播放音频文件。TargetDataLine 意思是“目标数据流”，是 AudioSystem 的输出流，是 AudioSystem 的 target。所以，当播放文件时，把文件内容写入 AudioSystem 的 SourceDataLine；当录音时，把 AudioSystem 的 TargetDataLine 中的内容读入内存。根据这些方法，最简单的播放器可以按如下程序实现。

```
AudioInputStream cin=
    AudioSystem.getAudioInputStream(new File("haha.wav"));
AudioFormat format = cin.getFormat();
```

```
DataLine.Info info = new DataLine.Info(SourceDataLine.class, format);
SourceDataLine line = (SourceDataLine) AudioSystem.getLine(info);
line.open(format);//或者 line.open();format 参数可选
line.start();
int nBytesRead = 0;
byte[] buffer = new byte[512];
while (true) {
    nBytesRead = cin.read(buffer, 0, buffer.length);
    if (nBytesRead <= 0)
        break;
    line.write(buffer, 0, nBytesRead);
}
line.drain();
line.close();
```

12.4.5 播放 MP3 音频

MP3 自问世以来，因其声音还原好，压缩率高而深受欢迎。将 MP3 使用在多媒体应用软件中会大大减少存储空间。然而播放非 PCM 格式的音频时，必须有对应的解码器将相应格式转化为 PCM 格式才能够播放。这里可以引入如 JLayer 这样的 MP3 解码器。然后使用MP3SPI 这一基于 JLayer 和 Tritonus 的接口。在将 jlayer.jar 和 mp3spi.jar 和 tritonus.jar 3 个 jar包放到 classpath 中后，解码时会自动查找相应的解码器进行解码。代码如下。

```
AudioInputStream stream = AudioSystem
        .getAudioInputStream(new File("haha.mp3"));
AudioFormat format = stream.getFormat();
if (format.getEncoding() != AudioFormat.Encoding.PCM_SIGNED) {
    format = new AudioFormat(AudioFormat.Encoding.PCM_SIGNED,
            format.getSampleRate(), 16, format.getChannels(),
            format.getChannels() * 2, format.getSampleRate(), false);
    stream = AudioSystem.getAudioInputStream(format, stream);
}
DataLine.Info info = new DataLine.Info(SourceDataLine.class,
        stream.getFormat());
SourceDataLine sourceDataLine = (SourceDataLine) AudioSystem
        .getLine(info);
sourceDataLine.open(stream.getFormat(), sourceDataLine.getBufferSize());
sourceDataLine.start();
int numRead = 0;
byte[] buf = new byte[sourceDataLine.getBufferSize()];
while ((numRead = stream.read(buf, 0, buf.length)) >= 0) {
    int offset = 0;
    while (offset < numRead) {
        offset += sourceDataLine.write(buf, offset, numRead - offset);
    }
    System.out.println(sourceDataLine.getFramePosition() + " "
            + sourceDataLine.getMicrosecondPosition());
}
sourceDataLine.drain();
```

```
sourceDataLine.stop();
sourceDataLine.close();
stream.close();
```

12.5　Java 视频处理技术

12.5.1　JMF

　　JMF（Java Media Framework）软件是 Java Media 系列软件的一部分。Java Media 系列软件包括 Java 3D、Java 2D、Java Sound 和 Java Advanced Imaging 等 API。采用各种 Java Media API，软件开发人员就能容易、快速地为他们已有的各种应用程序和客户端 Java 小程序增添丰富的媒体功能，如流式视频、3D 图像和影像处理等。就是说，各种 Java Media API 发挥了 Java 平台的固有优势，将"编写一次，到处运行"的能力扩展到了图像、影像和数字媒体等各种应用领域，从而大大缩减了开发时间和降低了开发成本。

12.5.2　播放器的创建和实现

　　下面的例子用 JMF 来实现在一个 Applet 中播放本地 MPEG 格式视频文件。

```java
package com.bird.jmf;
import java.awt.BorderLayout;
import java.awt.Component;
import java.awt.Dimension;
import java.awt.Frame;
import java.awt.Panel;
import java.awt.event.WindowAdapter;
import java.awt.event.WindowEvent;
import java.io.IOException;
import java.net.MalformedURLException;
import java.net.URL;
import javax.media.CannotRealizeException;
import javax.media.ControllerEvent;
import javax.media.ControllerListener;
import javax.media.EndOfMediaEvent;
import javax.media.Manager;
import javax.media.MediaLocator;
import javax.media.NoPlayerException;
import javax.media.Player;
import javax.media.PrefetchCompleteEvent;
import javax.media.RealizeCompleteEvent;
import javax.media.Time;
@SuppressWarnings({ "restriction", "unused" })
public class JMFSample implements ControllerListener {
 public static void main(String[] args) {
  JMFSample sp = new JMFSample();
  sp.play();
 }
```

```java
private Player mediaPlayer;
private Frame f;
private Player player;
private Panel panel;
private Component visual;
private Component control = null;
public void play(){
 f = new Frame("JMF Sample1");
 f.addWindowListener(new WindowAdapter() {
  public void windowClosing(WindowEvent we) {
   if(player != null) {
    player.close();
   }
   System.exit(0);
  }
 });
 f.setSize(500,400);
 f.setVisible(true);
URL url = null;
try {
  //准备一个要播放的视频文件的 URL
  url = new URL("file:/d:/2.mpg");
} catch (MalformedURLException e) {
 e.printStackTrace();
}
try {
 //通过调用 Manager 的 createPlayer 方法来创建一个 Player 的对象
 //这个对象是媒体播放的核心控制对象
 player = Manager.createPlayer(url);
} catch (NoPlayerException e1) {
 e1.printStackTrace();
} catch (IOException e1) {
 e1.printStackTrace();
}
//对 player 对象注册监听器，能够在相关事件发生的时候执行相关的动作
player.addControllerListener(this);
//让 player 对象进行相关的资源分配
player.realize();
}
private int videoWidth = 0;
private int videoHeight = 0;
private int controlHeight = 30;
private int insetWidth = 10;
private int insetHeight = 30;
//监听 player 的相关事件
public void controllerUpdate(ControllerEvent ce) {
 if (ce instanceof RealizeCompleteEvent) {
  //player 实例化完成后进行 player 播放前预处理
  player.prefetch();
```

```
    } else if (ce instanceof PrefetchCompleteEvent) {
  if (visual != null)
   return;
  //取得player中的播放视频的组件，并得到视频窗口的大小
  //把视频窗口的组件添加到Frame窗口中
  if ((visual = player.getVisualComponent()) != null) {
   Dimension size = visual.getPreferredSize();
   videoWidth = size.width;
   videoHeight = size.height;
   f.add(visual);
  } else {
   videoWidth = 320;
  }
  //取得player中的视频播放控制条组件，并把该组件添加到Frame窗口中
  if ((control = player.getControlPanelComponent()) != null) {
   controlHeight = control.getPreferredSize().height;
   f.add(control, BorderLayout.SOUTH);
  }
  //设定Frame窗口的大小，使满足视频文件的默认大小
  f.setSize(videoWidth + insetWidth, videoHeight + controlHeight + insetHeight);
  f.validate();
  //启动视频播放组件开始播放
  player.start();
  mediaPlayer.start();
 } else if (ce instanceof EndOfMediaEvent) {
  //当播放视频完成后，把时间进度条恢复到开始，并再次重新开始播放
  player.setMediaTime(new Time(0));
  player.start();
 }
 }
}
```

12.5.3 利用第三方解码库实现播放和编解码

可以通过 JNI 调用现有的第三方视频解码库来完成视频解码的任务，而视频的显示、控制的逻辑则交由 Java 来完成。这样便能够实现一个效率较高的视频播放器。

以下是一个简单的播放器，使用 VLC 中提供的内嵌视频播放组件 EmbeddedMediaPlayer Component，通过其中的 MediaPlayer 中的 PlayMedia 方法，可以直接播放视频，视频会渲染到 EmbeddedMediaPlayerComponent 上。EmbeddedMediaPlayerComponent 这个组件中也提供了很多其他功能。

```
package tutorial;
import java.awt.event.WindowAdapter;
import java.awt.event.WindowEvent;
import javax.swing.JFrame;
import javax.swing.SwingUtilities;
import uk.co.caprica.vlcj.component.EmbeddedMediaPlayerComponent;
import uk.co.caprica.vlcj.discovery.NativeDiscovery;
```

```
public class Tutorial {
    private final JFrame frame;
    private final EmbeddedMediaPlayerComponent mediaPlayerComponent;
    public static void main(final String[] args) {
        new NativeDiscovery().discover();
        SwingUtilities.invokeLater(new Runnable() {
            @Override
            public void run() {
                new Tutorial(args);
            }
        });
    }
    public Tutorial(String[] args) {
        frame = new JFrame("My First Media Player");
        frame.setBounds(100, 100, 600, 400);
        frame.setDefaultCloseOperation(JFrame.DO_NOTHING_ON_CLOSE);
        frame.addWindowListener(new WindowAdapter() {
            @Override
            public void windowClosing(WindowEvent e) {
                mediaPlayerComponent.release();
                System.exit(0);
            }
        });
        mediaPlayerComponent = new EmbeddedMediaPlayerComponent();
        frame.setContentPane(mediaPlayerComponent);
        frame.setVisible(true);
        mediaPlayerComponent.getMediaPlayer().playMedia(args[0]);
    }
}
```

12.6 Java 图形绘制技术

由 Sun 公司与 Adobe 系统公司合作推出的 Java 2D API，提供了一个功能强大而且非常灵活的二维图形框架。Java 2D API 扩展了 java.awt 包中定义的 Graphics 类和 Image 类，提供了高性能的二维图形、图像和文字，同时又维持了对现有 AWT 应用的兼容。

12.6.1 Graphics 对象的使用

绘制图形时，可以在 Graphics 对象或者 Graphics2D 对象上进行，它们都代表了需要绘图的区域，选择哪个取决于是否要使用所增加的 Java2D 的图形功能。但要注意的是，所有的 Java2D 图形操作都必须在 Graphics2D 对象上调用。Graphics2D 是 Graphics 的子类，同样包含在 java.awt 包中。

Graphics 类支持几种确定图形环境状态的特性，以下列出部分特性。

（1）Color：当前绘制颜色，它属于 java.awt.Color 类型。所有的绘制、着色和纯文本输出都将以指定的颜色显示。

（2）Font：当前字体，它属于 java.awt.Font 类型。它是将用于所有纯文本输出的字体。

（3）Clip：java.awt.Shape 类型的对象，它充当用来定义几何形状的接口。该特性包含的形状定义了图形环境的区域，绘制将作用于该区域。通常情况下，这一形状与整个图形环境相同，但也并不一定如此。

（4）ClipBounds：java.awt.Rectangle 对象，它表示将包围由 Clip 特性定义的 Shape 的最小矩形。它是只读特性。

（5）FontMetrics：java.awt.FontMetrics 类型的只读特性。该对象含有关于图形环境中当前起作用的 Font 的信息。如同我们将看到的那样，获取此信息的这种机制已被 LineMetrics 类所取代。

（6）Paint Mode：该特性控制环境使用当前颜色的方式。如果调用了 setPaintMode()方法，那么所有绘制操作都将使用当前颜色。如果调用了 setXORMode()方法（该方法获取一个 Color 类型的参数），那么就用指定的颜色对像素做"XOR"操作。XOR 具有在重新绘制时恢复初始位模式的特性，因此它被用作橡皮擦除和动画操作。

12.6.2　基本的 Java 2D 图形绘制

基于 Graphics2D 类，可以用以下代码来绘制直线、矩形、椭圆、旋转图形等。

```java
import java.awt.Graphics2D;
import java.awt.geom.Ellipse2D;
import java.awt.geom.Line2D;
import java.awt.geom.Rectangle2D;
import java.awt.image.BufferedImage;
import java.io.File;
import java.io.IOException;
import javax.imageio.ImageIO;
public class DrawGraphics{
    private BufferedImage image;
    private  Graphics2D graphics;
    public void init(){
        int width=480,hight=720;
        image =
new BufferedImage(width,hight,BufferedImage.TYPE_INT_RGB);
        //获取图形上下文
        graphics = (Graphics2D)image.getGraphics();
    }

    /**
     * 创建一个(x1,y1)到(x2,y2)的 Line2D 对象
     * @throws IOException
     */
    public void drawLine() throws IOException{
        init();
        Line2D line=new Line2D.Double(2,2,300,300);
        graphics.draw(line);
        graphics.dispose();
        outImage("PNG","D:\\Line.PNG");
```

```
    }
    /**
     * 创建一个左上角坐标是(50,50)，宽是 300，高是 400 的一个矩形对象
     * @throws IOException
     */
    public void drawRect() throws IOException{
        init();
        Rectangle2D rect = new Rectangle2D.Double(50,50,400,400);
        graphics.draw(rect);
        graphics.fill(rect);
        graphics.dispose();
        outImage("PNG","D:\\Rect.PNG");
    }
    /**
     * 创建了一个左上角坐标是(50,50)，宽是 300，高是 200 的一个椭圆对象,如果高、宽一样,
则是一个标准的圆
     *
     * @throws IOException
     */
    public void drawEllipse() throws IOException{
        init();
        Ellipse2D ellipse=new Ellipse2D.Double(50,50,300,200);
        graphics.draw(ellipse);
        graphics.fill(ellipse);
        graphics.dispose();
        outImage("PNG","D:\\ellipse.PNG");
    }
    /**
     * 输出绘制的图形
     * @param type
     * @param filePath
     * @throws IOException
     */
    public void outImage(String type,String filePath) throws IOException{
        ImageIO.write(image,type, new File(filePath));
    }

    public static void main(String[] args) throws IOException{
        DrawGraphics dg = new DrawGraphics();
        dg.drawLine();
        dg.drawRect();
        dg.drawEllipse();
    }
}
```

12.6.3 绘制贝塞尔曲线程序实例

Java 2D 提供的 QuadCurve2D（二阶贝塞尔曲线）及 CubicCurve2D（三阶贝塞尔曲线）
等相关的类，使用它们可以很容易地画出贝赛尔曲线。其中 QuadCurve2D 为 3 个数据，中间

一个为控制点，CubicCurve2D 为 4 个数据，中间两个为控制点。代码如下。

```java
import java.awt.*;
import java.awt.event.*;
import javax.swing.*;
import java.awt.geom.*;
public class DrawDemo1 extends JFrame
{
  public JPanel contentPane;      //绘图窗口
  public Graphics2D comp2D;       //绘图对象
  JPanel jPanel1 = new JPanel();//控件容器
  JButton jButton1 = new JButton();
  JButton jButton2 = new JButton();
  //构造函数
  public DrawDemo1() {
    enableEvents(AWTEvent.WINDOW_EVENT_MASK);
    try {
      jbInit();
    }
    catch(Exception e) {
      e.printStackTrace();
    }
  }
  //控件初始化
  private void jbInit() throws Exception {
    contentPane = (JPanel) this.getContentPane();
    contentPane.setLayout(new BorderLayout());
    this.setSize(new Dimension(400, 300));
    this.setTitle("Frame Title");
    //contentPane.setSize(400,240);
    jPanel1.setLayout(null);
    jButton1.setBounds(new Rectangle(30, 235, 150, 31));
    jButton1.setText("二阶贝塞尔");
    jButton1.addActionListener(new java.awt.event.ActionListener() {
      public void actionPerformed(ActionEvent e) {
        jButton1_actionPerformed(e);
      }
    });
    jButton2.setBounds(new Rectangle(200, 235, 150, 30));
    jButton2.setText("三阶贝塞尔");
    jButton2.addActionListener(new java.awt.event.ActionListener() {
      public void actionPerformed(ActionEvent e) {
        jButton2_actionPerformed(e);
      }
    });
    contentPane.add(jPanel1, BorderLayout.CENTER);
    jPanel1.add(jButton1, null);
    jPanel1.add(jButton2, null);
  }
  public static void main(String[] args) {
```

```
    DrawDemo1 frame=new DrawDemo1();
    frame.show();
    frame.comp2D=(Graphics2D)frame.contentPane .getGraphics();
    frame.comp2D.setBackground(Color.white);
    frame.comp2D.clearRect(0,0,401,221);
  }
//Overridden so we can exit when window is closed
protected void processWindowEvent(WindowEvent e) {
  super.processWindowEvent(e);
  if (e.getID() == WindowEvent.WINDOW_CLOSING) {
    System.exit(0);
  }

}

void jButton1_actionPerformed(ActionEvent e){
  double[] x1={50,180,300};
  double[] y1={100,190,100};
  comp2D.clearRect(0,0,401,221);
   //笔宽度
  float thick = 1f;
  comp2D.setPaint(Color.red);
  QuadCurve2D.Double qc=new QuadCurve2D.Double();
  qc.setCurve(x1[0],y1[0],x1[1],y1[1],x1[2],y1[2]);
  comp2D.draw(qc);
  comp2D.drawLine((int)x1[1]-5,(int)y1[1],(int)x1[1]+5,(int)y1[1]);
  comp2D.drawLine((int)x1[1],(int)y1[1]-5,(int)x1[1],(int)y1[1]+5);
  comp2D.setPaint(Color.blue);
  x1[1]=180;
  y1[1]=30;
  qc.setCurve(x1[0],y1[0],x1[1],y1[1],x1[2],y1[2]);
  comp2D.draw(qc);
  comp2D.drawLine((int)x1[1]-5,(int)y1[1],(int)x1[1]+5,(int)y1[1]);
  comp2D.drawLine((int)x1[1],(int)y1[1]-5,(int)x1[1],(int)y1[1]+5);
}
void jButton2_actionPerformed(ActionEvent e) {
  double[] x1={50,80,200,300};
  double[] y1={100,70,190,100};
  comp2D.clearRect(0,0,401,221);
   //笔宽度
  float thick = 1f;
  comp2D.setPaint(Color.red);
  CubicCurve2D.Double qc=new CubicCurve2D.Double();
  qc.setCurve(x1[0],y1[0],x1[1],y1[1],x1[2],y1[2],x1[3],y1[3]);
  comp2D.draw(qc);
  comp2D.drawLine((int)x1[1]-5,(int)y1[1],(int)x1[1]+5,(int)y1[1]);
  comp2D.drawLine((int)x1[1],(int)y1[1]-5,(int)x1[1],(int)y1[1]+5);
  comp2D.drawLine((int)x1[2]-5,(int)y1[2],(int)x1[2]+5,(int)y1[2]);
  comp2D.drawLine((int)x1[2],(int)y1[2]-5,(int)x1[2],(int)y1[2]+5);
```

```
    float dash1[] = {10.0f};
    //画虚线
    BasicStroke dashed = new BasicStroke(1.0f,
                                BasicStroke.CAP_BUTT,
                                BasicStroke.JOIN_MITER,
                                    10.0f, dash1, 0.0f);


    comp2D.setStroke(dashed);
    comp2D.setPaint(Color.darkGray);
    comp2D.drawLine((int)x1[1],(int)y1[1],(int)x1[2],(int)y1[2]);
    //画实线
    BasicStroke stroke = new BasicStroke(1.0f);
    comp2D.setStroke(stroke);
    comp2D.setPaint(Color.blue);
    x1[1]=180;
    y1[1]=70;
    x1[2]=80;
    y1[2]=190;
    qc.setCurve(x1[0],y1[0],x1[1],y1[1],x1[2],y1[2],x1[3],y1[3]);
    comp2D.draw(qc);
    comp2D.drawLine((int)x1[1]-5,(int)y1[1],(int)x1[1]+5,(int)y1[1]);
    comp2D.drawLine((int)x1[1],(int)y1[1]-5,(int)x1[1],(int)y1[1]+5);
    comp2D.drawLine((int)x1[2]-5,(int)y1[2],(int)x1[2]+5,(int)y1[2]);
    comp2D.drawLine((int)x1[2],(int)y1[2]-5,(int)x1[2],(int)y1[2]+5);
    comp2D.setStroke(dashed);
    comp2D.setPaint(Color.darkGray);
    comp2D.drawLine((int)x1[1],(int)y1[1],(int)x1[2],(int)y1[2]);
    comp2D.setStroke(stroke);
  }
}
```

12.7 本章小结

　　本章以 Sun 公司的 Java 开发环境为例，阐述了使用 Java 进行多媒体编程的基本技术。反映多媒体技术最新发展方向及多媒体应用软件开发的指导性基本技术，介绍了多媒体项目的开发方法和一些基本的实现技术。

思考与练习

一、简答题

1. 在 Windows 系统中，对多媒体设备进行控制的方法有哪些？
2. 用 Java 播放视频文件时，可以选哪几种不同方式？
3. 试叙述一个多媒体应用软件的制作过程。

二、上机题

1．使用 Java 编程实现一个简易的绘图软件，可以绘制基本的图形（如直线、圆、三角形、矩形等），并能对其进行着色。绘图完成后保存为 BMP 文件。

2．使用 Java 编程实现 MP3 播放器。

3．请尝试使用 Java 编程实现用不同的方法播放 AVI 文件。

参 考 文 献

[1] 林福宗. 多媒体技术基础 [M]. 北京：清华大学出版社，2017.

[2] 钟玉琢. 多媒体计算机与虚拟现实技术 [M]. 北京：清华大学出版社，2009.

[3] 马华东. 多媒体技术原理及应用 [M]. 北京：清华大学出版社，2008.

[4] 赵子江. 多媒体技术应用教程 [M]. 北京：机械工业出版社，2013.

[5] 胡晓峰，吴玲达，老松杨，等. 多媒体技术教程 [M]. 北京：人民邮电出版社，2015.

[6] 钟玉琢. 多媒体技术基础及应用 [M]. 北京：清华大学出版社，2012.

[7] 蔡安妮，等. 多媒体通信技术基础 [M]. 北京：电子工业出版社，2017.

[8] 龚声蓉，刘纯平，赵勋杰，等. 数字图像处理与分析 [M]. 北京：清华大学出版社，2015.

[9] 龚声蓉等. 计算机图形技术 [M]. 北京：中国林业出版社，2006.

[10] 鲁宏伟，汪厚洋. 多媒体计算机技术 [M]. 北京：电子工业出版社，2011.